U0949022

21 世纪高等院校应用型规划教材

C#程序设计实用教程

主编 李正夫

副主编 陈明华 林跃进

参编 周 慧

机 械 工 业 出 版 社

本书是一本讲解 C#语言和.NET 技术的教材，主要内容包括：.NET 概述、C#语法基础、控制语句、面向对象技术、集合和泛型、常用类和数据结构、Windows 窗体和控件、GDI+、文件和流操作、线程和进程、ADO.NET 和 Web 编程等。本书结合微软公司 Visual Studio 2008 和.NET 平台进行讲解，同时每一章后都安排有针对性的练习题。全书各章都精心编排了相关实例，同时为了帮助读者更好地在实际项目中体会本书所讲内容，特别安排了五个综合项目，供读者学习参考。

本书内容翔实、结构合理清晰、实用性强。初学者可以很容易借助本书掌握 Visual Studio 2008 和.NET 平台的使用，开始 C#编程开发之旅。有一定基础的读者也可以从本书中获得很多有价值的参考信息。本书适合作为高等院校 C#语言课程的教材，也可作为初中级编程人员的自学参考书。

图书在版编目（CIP）数据

C#程序设计实用教程 / 李正夫主编. —北京：机械工业出版社，2011.5
(2014.6 重印)
21 世纪高等院校应用型规划教材
ISBN 978-7-111-33823-9

Ⅰ. ①C… Ⅱ. ①李… Ⅲ. ①C 语言－程序设计－高等学校－教材
Ⅳ. ①TP312

中国版本图书馆 CIP 数据核字（2011）第 046202 号

机械工业出版社（北京市百万庄大街 22 号 邮政编码 100037）
责任编辑：唐德凯
责任印制：刘 岚

北京诚信伟业印刷有限公司印刷

2014 年 6 月第 1 版・第 2 次印刷
184mm×260mm・19.75 印张・482 千字
3001－4800 册
标准书号：ISBN 978-7-111-33823-9
定价：35.00 元

凡购本书，如有缺页、倒页、脱页，由本社发行部调换

电话服务
社服务中心：（010）88361066
销 售 一 部：（010）68326294
销 售 二 部：（010）88379649
读者购书热线：（010）88379203

网络服务
门户网：http://www.cmpbook.com
教材网：http://www.cmpedu.com

出 版 说 明

进入信息时代，我国高等教育面临的情况发生了巨大变化。信息技术日新月异，使得与其相关的课程知识结构更新迅速。由于社会对应用型人才的需求日趋强烈，高校也越来越注重对学生实践能力的培养。大多数高校的上机环境、教师的业务水平和工作条件都得到了明显改善，为教学模式、方法与手段的改革提供了必备的条件。多媒体教室的建设、学生上机时数的增加，实验室建设这一系列措施对教材的建设提出了新的要求。

为了切实体现教育思想和教育观念的转变，依据高等院校教学内容、教学方法和教学手段的现状，机械工业出版社推出了这套“21 世纪高等院校应用型规划教材”。

本教材系列以建设“一体化设计、多种媒体有机结合的立体化教材”为宗旨，其目标是：建设一批符合应用型人才培养目标的、适合应用型人才培养模式的系列精品教材。本系列教材的编写者均为相关课程的一线主讲教师，教材内容注重理论与实际应用相结合，其中大力补充新知识、新技术、新工艺、新成果，非常适合各类高等院校、高等职业学校的教学。

为方便老师授课，本套教材为主干课程配备了电子教案、实验指导、习题解答等相关辅助内容。

机械工业出版社

前　言

在过去的十年时间里，越来越多的程序设计人员开始使用.NET 平台，现在.NET 平台甚至已成为 Windows 和 Web 开发的首选。可以预见，.NET 平台和 C#语言在未来的日子里将有更大的发展前景。

C#语言是微软公司在推出.NET 平台时提供的一种全新的、完全面向对象的语言。C#语言从 C、C++语言发展而来，既保持了原来 C、C++的强大功能，又对其进行了一定的简化，使得编程人员可以更加专注于程序部分，提高编程质量。C#语言已经成为.NET 平台上进行 Windows 和 Web 开发的无可争议的首选语言。

本书是一本关于 C#语言的教材，全面介绍 C#编程的各种知识，从 C#语言本身一直到 Windows 和 Web 编程，还有一些深入技术，如 GDI+和线程等。本书结合 Visual Studio 2008 和.NET 平台进行 C#的讲解，使读者在掌握 C#语言的同时，掌握 Visual Studio 2008 这个强大的编程工具，掌握.NET 平台的基础知识。

本书主要分为以下个部分。

第 1 章～第 3 章讲述 C#语法基础，主要讲述使用 C#编程的基本技术和基本语法规范。

第 4 章和第 5 章讲解面向对象部分，主要讲述面向对象技术，是使用.NET 平台进行编程的基础，同时也是 C#语言精华所在，是初学者升华为中级编程人员的必经之路。

第 6 章和第 7 章讲解了在编程中常用的一些结构和类。

第 8 章和第 9 章详细介绍了 Windows 桌面应用开发技术和 GDI+绘图技术。

第 10 章和第 11 章讲解了文件和线程操作。

第 12 章讲解了 ADO.NET 和数据库操作的相关技术。

第 13 章讲解了 Web 编程的知识，读者可以使用本章知识开始架设网站。

本书特别安排了 5 个跨章节的综合实例，有助于读者在项目中学习和掌握各个知识点，使读者能够从实际应用出发，灵活应用所学内容。

本书由李正夫、陈明华、林跃进、周慧编写。本书在编写过程中，得到了姜金程、刘忠萃、刘菡嵋、陈澎、庄红艳等老师的大力帮助，在此表示感谢！

由于作者水平有限，书中难免有疏忽和遗漏之处，敬请广大读者谅解，并给予批评指正。作者邮箱为 lizhengfu@neusoft.edu.cn。

编者

目 录

第 1 章　.NET 概述

通过本章的学习，读者将对 C#有一个总体的了解和认知。提到 C#，就不能不介绍.NET，因为 C#语言是和.NET 一起使用的，C#编译器专门用于.NET，使用 C#编写的所有代码总是在.NET Framework 中运行。本章的主要内容如下：

- .NET
- .NET Framework 的组成
- C#与其他语言的比较
- Visual Studio 2008 的安装及简介

1.1　.NET

对于.NET 有多种不同的解释。通过下面的这些说法，读者可以体会到.NET 是一个综合的平台、是一种功能强大的工具、是一组技术的总称。

“Microsoft® .NET 是 Microsoft XML Web services 平台。XML Web services 允许应用程序通过 Internet 进行通信和共享数据，而不管采用的是哪种操作系统、设备或编程语言。Microsoft .NET 平台提供创建 XML Web services，并将这些服务集成在一起，对个人用户的好处是无缝的、吸引人的体验。”

——http://www.microsoft.com

“.NET 是革命性的新平台，它构建于开放的 Internet 协议和标准之上，提供能够以新的方式进行计算的通信的工具和服务。”

——微软公司

“.NET 代表一个集合、一个环境、一个可以作为平台支持下一代 Internet 的可编程结构。.NET 最终的目的就是让用户在任何地方、任何时间、以及利用任何设备都能访问所需要的信息、文件和程序。”

——微软总裁兼首席执行官史提夫·鲍尔默

使用.NET 不仅可以开发与 Internet 或网络相关的应用程序（如 Web Service 应用程序），还可以实现 Windows 平台上几乎任何类型的软件或组件的开发，甚至支持移动项目的开发。

1.2　.NET 平台的组成

.NET 平台的组成如图 1-1 所示。.NET 平台包含底层操作系统、辅助产品、Web 服务、框架和集成开发工具 5 个组成部分。

.NET 平台是工作于操作系统之上，基于微软的操作系统的，主要用于 Windows 2000 以上版本的操作系统，如 Windows XP、Windows 2003、Widnows Vista，及 Windows 7，也可以用于嵌入式操作系统 Windows CE。操作系统是各种设备得以运行的基础，也是.NET 平台的一个基本组成部分。.NET 平台是可以跨操作系统的，这从.NET 平台可以在多个版本的 Windows 系统上运行就可以看出，但这里的“跨操作系统”是不完全的，.NET 平台现在还不能运行于 Linux、UNIX 等开源的操作系统之上。随着后续章节的学习，读者还会看到，.NET 平台实现跨操作系统在技术上是完全可行的。现在之所以还未实现，仅是因为微软公司出于商业角度的考虑。值得一提的是，有些第三方的公司和组织正在开发基于其他操作系统的.NET 平台，目前，有一些产品已正式发布的，有兴趣的读者可以自行安装和使用。

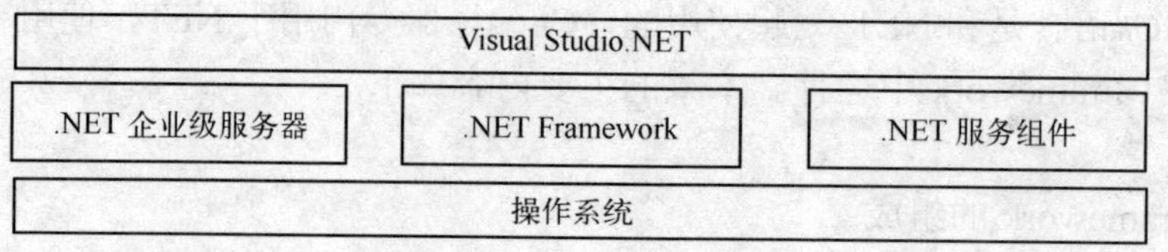

图 1-1　.NET 平台的组成

操作系统之上的是.NET 企业级服务器、.NET Framework 和.NET 服务组件。.NET 企业级服务器为广泛的应用程序业务信息管理问题提供解决方案，这些问题包括：数据库管理、应用程序部署和配置控制、业务和业务数据交换、消息处理和工作流管理。Application Center、BizTalk Server、Commerce Server、Exchange Server、Host Integration Server、Internet Security and Acceleration Server 和 SQL Server 等都是.NET 企业级服务器。实际上，在使用.NET 技术来开发应用程序时，完全可以使用其他厂商的服务器产品来替换.NET 企业级服务器，如数据库服务器就可以选用 Oracle、DB2、MySQL 等，并不仅限于微软的 SQL Server 系列。

.NET 服务组件是在.NET 平台中的关键性技术——Web 服务，全称为 XML Web Service。这里的服务组件指的是微软公司已开发的、由.NET 平台提供给开发人员使用的 Web 服务组件。开发人员只需要在自己的应用程序中使用这些服务，该程序就具有了该服务相应的功能，如用于用户验证的网络通行证 Passport 服务、微软的日历服务、目录服务、搜索服务等 Web 服务组件都将作为 Microsoft .NET 平台的组成部分。微软所构建的任何时间、任何地点、任何设备的无缝连接，正是基于 Web 服务这一关键技术的。与企业级服务器类似，Web 服务组件也可以使用第三方组件开发商的产品来替代。

.NET Framework 是.NET 平台的核心，是开发、运行.NET 应用程序的基础和前提。相关知识将在后面的章节中详细介绍。

Visual Studio .NET 是一套完整的开发工具，用于生成 Web 应用程序、XML Web 服务、桌面应用程序和移动应用程序等。Visual Basic .NET、Visual C++ .NET、Visual C# .NET 和 Visual J# .NET 等开发语言全都使用相同的集成开发环境（IDE），该环境允许它们共享工具并有助于创建混合语言解决方案。另外，.NET Framework 提供简化 ASP Web 应用程序和 XML Web services 开发的关键技术的访问，这些功能在前面提到的开发语言编写程序中都可以调用。

1.3　.NET Framework

.NET Framework 的组成如图 1-2 所示，可以概括成三层：底层为公共语言运行库

（Common Language Runtime，CLR），是 Framework 的核心和驱动关键功能的引擎；中间层包括下一代的各种系统服务，管理数据和 XML 的类，这些服务在架构的控制之下可以在各处通用，而且在各种语言中的语法也一致；顶层包括用户和程序界面，包括 ASP.NET、Windows 应用程序、WPF，以及 WCF 等。

.NET Framework 的外部接口类				
ASP.NET	Windows 程序	Windows Presentation Foundation (WPF)	Windows Communication Foundation (WCF)	
Web 窗体	控件和窗体			
Web 访问	GDI+	页面、动画等	管道、端点等	
.NET Framework 用于内部和本地的基类				
ADO.NET	XML	线程处理	IO	工作流
组件模型	安全性	诊断	异常	其他
公共语言运行库 (CLR)				
内存管理	公共类型系统 (CTS)	生命周期监控	JIT 编译器等	

图 1-2　.NET Framework 的组成

1.3.1　公共语言运行时

公共语言运行时（Common Language Runtime，CLR）是一种受控的执行环境，是.NET Framework 的核心。CLR 管理代码的执行使开发过程变得更简单。图 1-3 描述了.NET 中编程语言的代码编译和执行的过程。下面将分别介绍图中出现的几个概念。

图 1-3　.NET 编程语言编译过程

（1）MSIL 和 JIT

.NET 的代码在编译时不是直接生成操作系统相关的本机代码（可执行代码），而是先通过各种语言的编译器先将代码编译成微软中间语言（Microsoft Intermediate Language，MSIL）代码，这些代码不专用于任何一个操作系统，也不专属于某种语言。所有.NET 平台支持的语言代码都可以编译成 MSIL。

MSIL 代码不能直接在操作系统上运行，必须在安装了.NET Framework 的机器上才能执行该代码。执行时.NET Framework 会自动调用 CLR 中的即时编译器（Just In Time，JIT），将其进行二次编译，生成操作系统相关的可执行代码，然后执行。（思考：前面已经提到：.NET 在技术上是可以实现跨操作系统的，为什么这么说？）

以往，程序员在编写代码时，还需要考虑代码的运行是基于何种操作系统的。针对不同的操作系统的特点，编写不同的代码。

（2）托管代码

如果原始代码是使用.NET Framework 编写的，当 JIT 将 MSIL 代码编译成操作系统相关的代码后，这些代码在执行时是托管的。这里的托管是指代码的运行过程由 CLR 管理，包括管理内存分配、处理安全性、允许进行跨语言调试等。某些语言的代码不是基于.NET Framework 的（如 C++），则其对应机器代码的执行也不是托管执行的。使用 C#语言只能编写在托管环境下运行的代码，称这样的程序语言为托管语言。类似的托管语言还有 VB.NET、C++.NET、J#等。

（3）垃圾回收

托管代码一个非常重要的功能是实现垃圾回收机制。在.NET 推出之前，程序员需要确保在程序中分配的内存在程序结束之前被释放掉，否则将会造成严重后果；而 CLR 的垃圾回收机制把释放无用内存的功能变得自动化，它会频繁地检查计算机的内存，自动释放那些不再需要的空间。这样程序员在编写程序时可以把精力集中在程序的功能和逻辑上，而不用费神考虑内存的回收问题。需要指出的是 CLR 没有为垃圾回收设定时间帧，也就是说何时进行垃圾内存的释放是不确定的，可能是一秒钟内进行上百次，也可能几秒钟进行一次。

1.3.2 .NET Framework 类库和命名空间

.NET Framework 的中间层为数据、输入/输出、安全性等提供了服务和对象模型。它称为.NET Framework 类库（.NET Framework Class Library，FCL）。

FCL 提供了几乎所有应用程序都需要的公共代码，这是微软开发的一个面向对象的可重用类型集合，旨在帮助开发人员将精力集中于编写他们的应用程序所独有的代码，而不必重复编写类似读写文件这样的经常使用的功能和代码，使开发人员在学习中少走弯路，只需学习一套统一的类库而不是大量不同的 API。.NET Framework 语言实际上是使用 C#语言编写的，但任何.NET 语言编写的应用程序都可以使用 FCL 中的代码。

FCL 中包含了上千个类和接口，它们可以帮助编程人员执行线程的创建和管理、实现文件等的加密、对磁盘和网络上的资源进行访问、配置应用程序并提供对外部的接口。

FCL 的内容组织如图 1-4 所示，表现树的形式，称为命名空间（或名称空间）树。可以将命名空间理解为文件夹，打开命名空间，才可以访问其内部的子空间或者类，那么类在这里就可以理解为文件，在访问名称空间内部的子空间或者类时，需要外层名称空间标出，例如 System.Web 访问的是 System 名称空间下的 Web 命名空间。

System 是树的根，此命名空间包含 .NET Framework 类库中所有其他命名空间。

一个名称空间一般对应于一组功能接近的类或名称空间。

System.Web：此命名空间包含对于创建 Web 应用程序有用的类型，并且与很多命名空间一样，它有下级命名空间。

System.Data：此命名空间中的类型构成了 ADO.NET，主要用于实现对结构化数据的访问，如对数据库（SQL Server、DB2、Orecal）、XML 格式的数据等。

System.Windows.Forms：此命名空间中的类型组成 Windows 窗体，它们用于构建

Windows GUI。

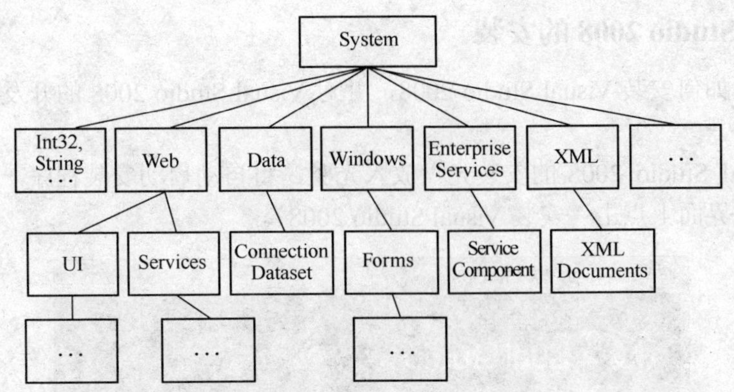

图 1-4　FCL 的内容组织

System.EnterpriseServices：此命名空间中的类型提供了某些类型的企业级应用程序所需要的服务。

System.XML：此命名空间中的类型提供对创建和使用由 XML 定义的数据的支持。

1.4　C#与其他编程语言的比较

1.4.1　与 C、C++的比较

对于 C#与 C 和 C++的关系，一种说法是：C#是在 C++的基础上简化得到的，因此取名为 C#。C#继承了 C 和 C++的语言风格，同时又具有 C++面向对象的特性。C#与 C++的主要区别如下：C#是一门完全面向对象的语言，而 C++不是；C#的对象模型是基于 FCL 的，与 C++的对象模型结构完全不同；出于代码安全性的考虑，C#一般情况下是不支持指针的，指针只能使用在标明不安全的代码中；C#不再支持类的多继承，相应的功能可以通过对多接口的继承来实现。

1.4.2　与 Java 的比较

整体上来看，C#与 Java 的相似程度要超过与 C 和 C++的相似程度。C#与 Java 的主要区别是：Java 通过使用 Java 虚拟机（Java Virtual Machine，JVM）可以实现跨操作系统，而 C#只能在 Windows 系列的操作系统上运行，还无法移植到 Linux、UNIX 等操作系统。Java 和 C#编写的代码都是先编译成中间代码，而从中间代码到机器代码的转换和执行过程，Java 是解释执行的，C#是编译执行的。

1.5　Visual Studio 2008

本书所介绍的代码都是在 Visual Studio 2008 上开发的，Visual Studio 2008 是一个开发工具，使用它可以开发基于.NET Framework 3.5 的应用程序，也可以开发基于以前.NET

Framework 版本的程序。

1.5.1 Visual Studio 2008 的安装

本节将学习如何安装 Visual Studio 2008，并对 Visual Studio 2008 的开发环境进行熟悉和了解。

1）将 Visual Studio 2008 的安装光盘放入光驱，将自动启动安装程序，得到如图 1-5 所示的界面，在该界面上点击“安装 Visual Studio 2008”。

图 1-5　Visual Studio 2008 安装启动界面

2）如果是首次安装，安装程序会检测系统是否已经安装了所有需要的组件，若没有满足条件，则按照提示将相关组件安装完全；通过检测后，进入程序加载界面，加载完毕的界面如图 1-6 所示。

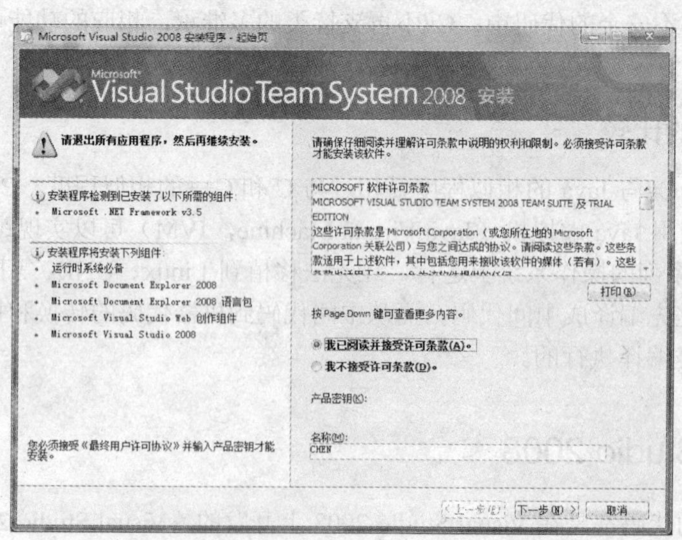

图 1-6　Visual Studio 2008 安装接受协议界面

3）在图 1-6 所示界面中选中“我已阅读并接受许可条款”单选框，并输入产品密钥，点击“下一步”按钮，进入安装程序的选项页，如图 1-7 所示。

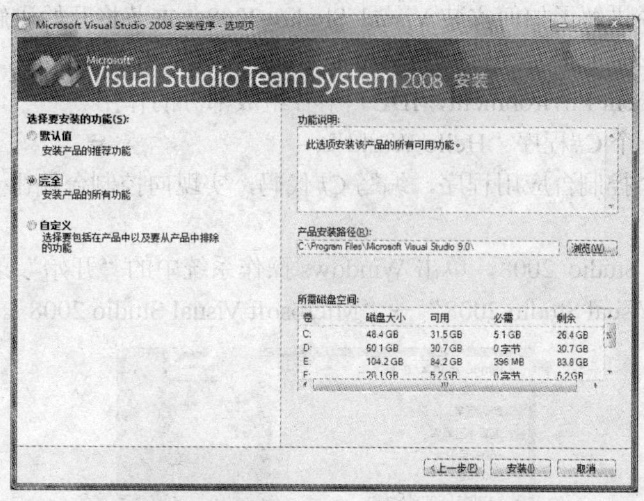

图 1-7　Visual Studio 2008 安装选项页界面

4）在选项页界面中可以选中“默认值”、“完全”或“自定义”中的任意一种安装方式。其中，“默认值”方式会安装部分最常用的组件，对于初学者，选择“默认值”方式即可；“自定义”方式用于对.NET 组件较为了解的用户，可以根据自己的需要选中安装其中的部分组件；“完全”方式会帮助用户将所有的组件都安装到计算机上，占用的空间也最大。同时，在图 1-7 右侧的产品安装路径中，可以根据下面“所需磁盘空间”的提示，设置产品安装的路径，选择空间足够的位置来安装 Visual Studio 2008。

在上述安装的过程中，根据计算机配置的不同，可能需要重新启动。当安装过程提示需要重新启动时，点击“是”按钮，重启后安装过程会自动继续。图 1-8 为安装成功的提示界面。此时可以选择界面中的下面两个选项，安装帮助文档或查看相关的服务，也可以直接点击“完成”按钮，结束安装过程。

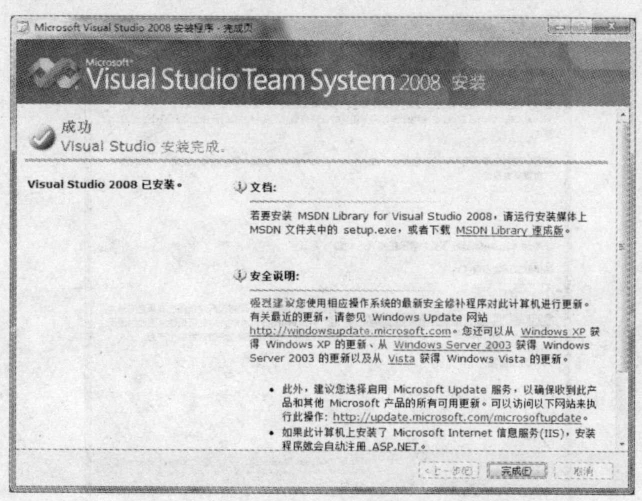

图 1-8　Visual Studio 2008 安装成功界面

1.5.2　使用 Visual Studio 2008

在上一节中已经讲解了如何安装 Visual Studio 2008，本节将开始讲解使用 Visual Studio 2008。下面将通过例 1-1 一起熟悉 Visual Studio 2008 开发环境，了解集成开发环境（Integrated Development Environment，IDE）中各组成部分的作用。

【例 1-1】 第一个 C#程序“Hello World”。

内容：创建一个控制台应用程序，编写 C#代码，实现向控制台输出“Hello World”。

步骤如下。

1）启动 Visual Studio 2008。单击 Windows 操作系统中的“开始”菜单，选择“所有程序”→“Microsoft Visual Studio 2008”→“Microsoft Visual Studio 2008”。如图 1-9 所示。

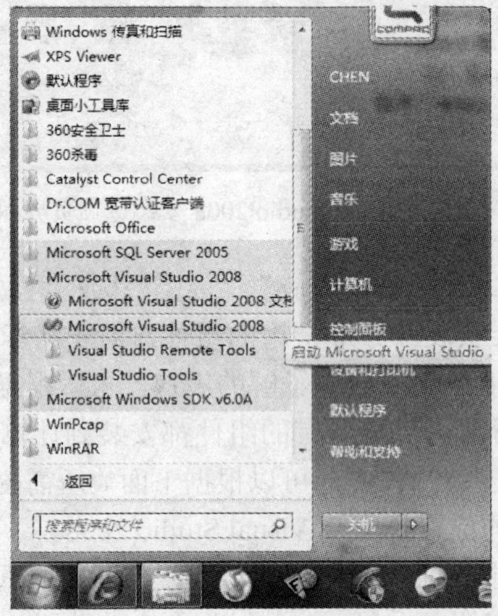

图 1-9　启动 Visual Studio 2008

首次启动 Visual Studio 2008 时，需要进行设置，如图 1-10 所示。

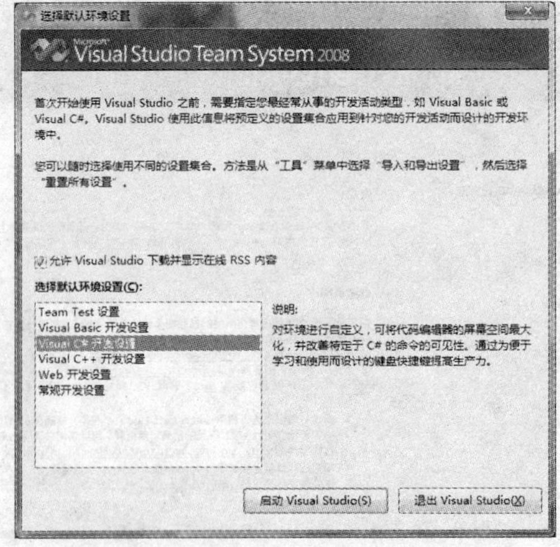

图 1-10　首次启动 Visual Studio 2008 的配置界面

启动后的界面如图 1-11 所示，上半部分为菜单项和工具栏，下半部分为起始页。起始页分为左右两块，左侧依次显示最近的项目、MSDN 帮助文档的链接、Visual Studio 的新闻标题链接；右侧为 Visual Studio 的新闻内容。图 1-11 右侧的新闻频道可以通过在菜单项“工具→选项→环境→启动”中设置“起始页新闻频道”中的网址，改变其关联的新闻网页。点击 MSDN 帮助文档的链接，将启动联机帮助文档 MSDN，并显示链接标题对应的内容；点击 Visual Studio 的新闻标题链接，会在 Visual Studio 2008 中打开对应的新闻网页，如图 1-12 所示。

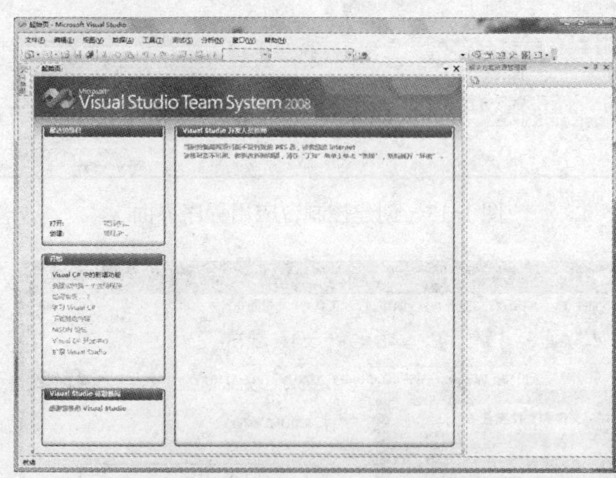

图 1-11　启动 Visual Studio 2008 的起始界面

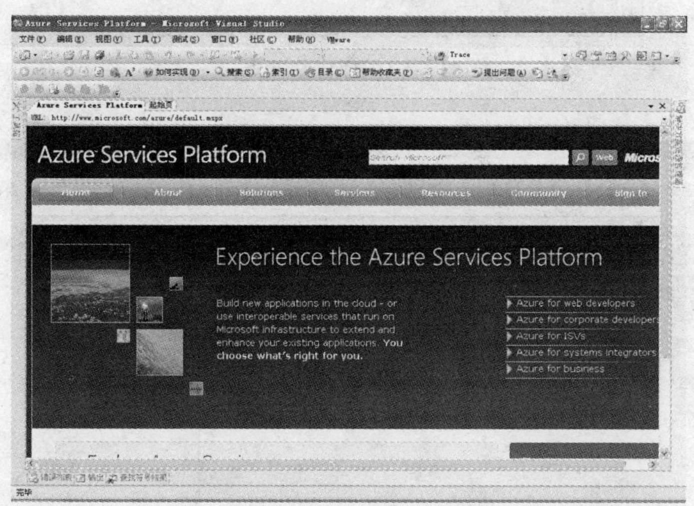

图 1-12　Visual Studio 2008 中显示新闻网页界面

2）创建控制台应用程序。选择菜单项“文件→新建→项目”，或者直接在起始页上点击“创建：项目（P）”，都会得到如图 1-13 所示的界面。在“项目类型”中选择“Visual C#”，在模板中选择“控制台应用程序”，修改项目“名称”为“Ex01HelloWorld”，并修改项目“位置”为“D:\My Documents\Visual Studio 2008\Projects\1104”，其余采用默认值，点击“确定”按钮，将会在项目“位置”对应的路径下创建项目文件夹，文件夹名称与项目名称相同，如图 1-14 所示；并进入如图 1-15 所示的界面，在该界面中可以编写代码，实现相应的功能。

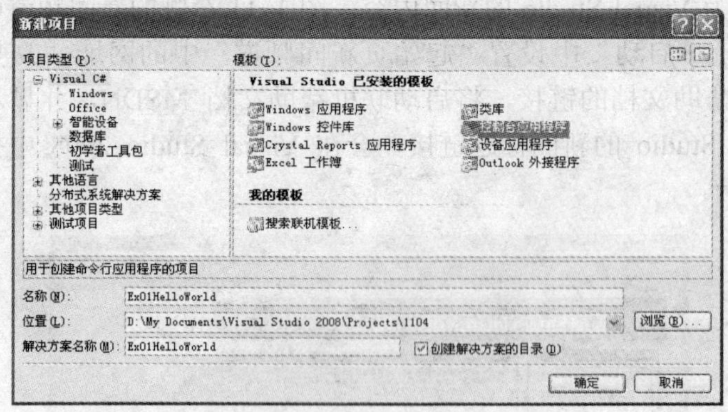

图 1-13　创建控制台应用程序界面

图 1-14　项目文件夹

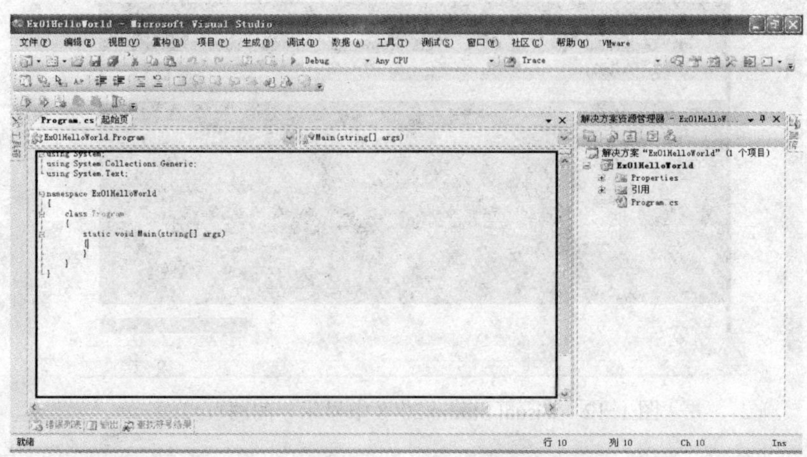

图 1-15　控制台应用程序代码编写界面

如果不对项目位置进行修改，则项目文件夹会被创建到“我的文档”文件夹的“Visual Studio 2008\Projects\”路径下，文件夹名称与项目名称相同。

代码编写界面如图 1-15 所示，框内为代码编辑区域。在其中编写 C#语言的代码，可以实现相应的功能。

图 1-15 中右侧为解决方案资源管理器，使用它可以管理项目中的文件或文件夹，进行相应的打开、添加、修改或删除等操作。双击文件名，可以打开文件，并在编辑区域修改打开文件的内容；右键单击文件或文件夹，可以修改其名称或执行删除操作；拖拽文件或文件夹到目标位置，可以修改文件或文件夹的位置；右键单击项目名称，可以添加文件或文件夹到项目中。具体的用法会在以后的学习中陆续讲解。观察解决方案资源管理器中的内容，可以看到，C#代码文件通常保存为后缀名为 cs 的文件。

3）编写代码。程序代码如下。

```
using System;

namespace Ex01HelloWorld
{
    class Program
    {
        static void Main(string[] args)
        {
            Console.WriteLine("Hello World");
        }
    }
}
```

上面的代码中，除了 Console.WriteLine("Hello World");这条语句外，都是自动生成的。.NET Framework 提供的用于向控制台输出的方法包括 Console.WriteLine()和 Console.Write()，前者输出参数列表中的内容后，还会输出一个换行符；后者只输出要求的内容，不进行换行处理。

上面的代码中包含了“using”开头的语句，称为“using”指令。写在.cs 文件开头的“using”指令的作用是引入名称空间，上面的“System”就是一个名称空间。

Console 是.NET Framework 中的一个类，该类提供了一些从控制台进行输入和输出操作的方法，它存在于“System”名称空间下。如果删除了“using System;”这条指令，会产生如下编译错误“当前上下文中不存在名称‘Console’”。即当应用程序的代码中使用了某个类的方法时，必须在对应的.cs 文件头部使用 using 指令，引入类所在的名称空间。名称空间中也可以包含名称空间，如果包含了类的名称空间还存在于其他的名称空间下，则引入名称空间的代码格式如下。

```
using 名称空间[.名称空间];
```

例如，要引入 Text 名称空间，而它位于 System 名称空间下，代码如下。

```
using System.Text;
```

.NET Framework 3.5 的框架类库（Framework Class Library，FCL）中包含大量的名称空间、类和方法，读者将会在后续章节的学习中陆续接触这些内容。

控制台应用程序的入口。控制台应用程序的入口是 Main()函数，也就是说不论在项目中有多少个.cs 文件，也不论编写多少行 C#的代码，程序的执行是从 Main()函数开始的。因此，在默认配置下，一个控制台应用程序中应只有一个 Main()函数；如果定义了多个 Main()函数，Visual Studio 2008 将无法确定将哪个作为程序的入口，可以通过配置项目的属性解决，右键单击项目名称，选择“属性”项，得到如图 1-16 所示的界面，在其中选择启动对象为某一个类中的 Main()函数。需要注意的是，这种情况仅适用于在不同的类中都定义了 Main()函数的情况，在同一类中定义多个 Main()函数是不允许的。

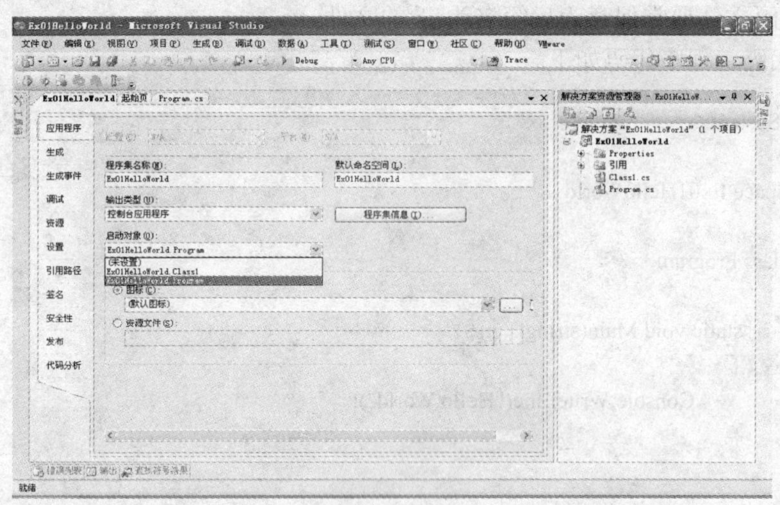

图 1-16　在项目属性中设置应用程序的入口

4）运行程序，查看结果。

启动调试。选择菜单项“调试→启动调试”，或直接使用快捷键〈F5〉，可以运行程序，但程序的结果界面只是一闪而过，无法清楚地查看程序的运行结果。

开始执行。选择菜单项“调试→开始执行”，或者使用快捷键〈Ctrl+F5〉，也可以运行程序，程序的运行结果为：

```
Hello World
```

错误列表。当应用程序中存在语法错误时，使用〈Ctrl+F5〉或者〈F5〉启动程序，都会弹出如图 1-17 所示的窗体。点击“否”按钮，可以在错误列表中查看错误信息，如图 1-18 所示，错误列表通常停靠在集成开发环境（Integrated Development Ehriroment，IDE）的下端。双击错误条目，可以查看错误的代码，程序员可以根据错误提示的信息修改编码错误。

图 1-17　错误提示　　　　图 1-18　错误列表

5）查看程序集。在路径“D:\My Documents\Visual Studio 2008\Projects\1104\Ex01HelloWorld\Ex01HelloWorld\bin\Debug”（请注意：读者自己的路径可能和这里的有所差别）下，

可以看到 3 个文件，Ex01HelloWorld.exe、Ex01HelloWorld.pdb 和 Ex01HelloWorld.vshost.exe，如图 1-19 所示。

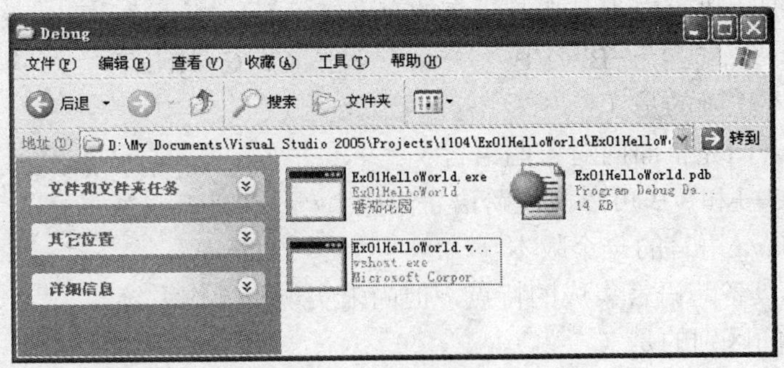

图 1-19 程序集文件夹

在 Visual Studio 2008 中编译控制台应用程序，所创建的微软中间语言（Microsoft Intermediate Language，MSIL）代码存储在一个程序集中，该程序集的位置默认地创建在项目文件夹“\bin\Debug”下，其中包含一个可执行的应用程序文件，即 Ex01HelloWorld.exe 文件，将该文件及相关的资源文件直接复制到其他安装了.NET Framework 3.5 的计算机上，就可以直接运行。也就是说，使用.NET 开发的应用程序的部署不需要修改目标系统的注册表，这就是时下流行的绿色安装。另外一种类型的应用程序——Windows 应用程序的编译和执行与控制台应用程序类似。

需要注意的是，Ex01HelloWorld.exe 文件如果复制到了一个没有安装.NET Framework 3.5 的计算机上，它将无法运行。现在.NET Framework 3.5 已经作为 Windows 操作系统的升级包发布了，越来越多的计算机会默认安装.NET Framework 3.5。

1.6 小结

本章介绍了.NET 的概念、.NET Framework 的组成，将 C#与其他语言进行了比较，最后介绍了如何安装 Visual Studio 2008，并通过一个控制台应用程序的例子，介绍了 Visual Studio 2008 开发环境及其中某些工具的使用。

通过本章的学习，读者应该掌握如下内容。

- Visual Studio 2008 开发环境的安装。
- .NET 平台的结构。
- .NET Framework 的组成。
- 创建简单的控制台应用程序。
- 能够定位控制台应用程序中的语法错误。

1.7 习题

1. 选择题

1）下面几项中不是.NET 平台的组成的是（　　）。

A．操作系统　　　　　　　　　　　　B．.NET 企业级服务器

C．.NET Framework　　　　　　　　　D．ADO.NET

2）下面几种编程语言中不是托管语言的有（　　）。

A．C#　　　　B．VB　　　　C．C++.NET　　　　D．托管 C++

3）下面说法不正确的是（　　）。

A．C#是一门完全面向对象的语言

B．托管 C++和 VB 可以实现跨语言集成

C．J#是 Java 语言的一个版本

D．.NET 具备跨语言集成的特点，但尚未实现跨操作系统

4）C#与 C++的区别的是（　　）。

A．C#的语法风格与 C++完全不同

B．C#是完全面向对象的语言，C++不是

C．C#是 C++的一个优化版本

D．C#无法实现多继承，C++可以

5）下面说法错误的是（　　）。

A．C#语言代码都写在后缀名为 cs 的文件中

B．创建一个控制台应用程序，会默认创建一个名为 program.cs 的文件

C．program.cs 文件中包含的 Main()函数是控制台应用程序的入口

D．一个控制台应用程序中只能够包含一个 Main()函数

2．填空题

1）.NET Framework 的组成包括____________________、.NET Framework 基础类库、____________________、ASP.NET Web 应用、____________________、Windows 窗体应用、____________________和.NET Framework 支持的各种编程语言。

2）.NET 支持跨语言集成，这里的语言必须满足____________________的定义。

3）在.NET 平台上，各种语言的编译过程为：各种语言的代码先通过各种语言的编译器的首次编译生成__________，然后再经过__________的二次编译生成平台相关的代码。

4）.NET Framework 中提供的向控制台进行输入和输出操作的类是__________，该类所属的名称空间是____________，引入这个名称空间的代码是________________。

3．简答题

1）简述公共语言运行时（CLR）的功能。

2）说说.NET 中托管代码的概念。

3）何为.NET，说说你的理解。

4）简述 C#与现有编程语言（如 C 和 C++、Java）的区别和联系。

4．编程题

1）在个人的 PC 机上安装 Visual Studio 2008。

2）创建一个名为 Ex01 的控制台应用程序，并将其保存在 D 盘下的 dotNET 文件夹下，该程序实现向控制台输出“这是 Ex01”。

第 2 章　数据类型、运算符及其表达式

应用程序的功能就是对各种数据进行处理。数据是多种多样的，比如可能要处理的数据是一张图片、一首歌，也可能是一组数字、一段视频等。而要想实现对数据的处理，首先要能够描述清楚数据。在编程语言中，使用变量和常量来代表数据，使用数据类型来描述数据，使用操作符和表达式处理数据等。在接触这些内容之前，读者首先需要掌握 C#的基本语法。本章的主要内容如下。

- C#基本语法
- 变量和常量
- 数据类型
- 操作符
- 表达式

2.1　C#基本语法

在前一章中提到过，C#继承了 C 和 C++的部分语法习惯。但从代码的语法上看，它和 Java 的相似程度更高，二者都是面向对象的语言，不论先学习了哪种语言，再去学习另一门语言都是非常容易的。本节将介绍 C#的基本语法，这部分的内容又与 C 和 C++语言非常类似。

2.1.1　语句

语句是 C#程序代码的最基本单元，C#代码的基本执行顺序是从上而下，按顺序执行的。在书写语句时应遵循如下规则。

1）每条语句都以“;”结束。

2）在同一行可以书写多条语句，语句之间以“;”分隔。

需要注意的是规则 2）中的做法虽然符合 C#的语法要求，但是不利于程序的阅读和理解。一般情况下，一行内只书写一条语句，要养成良好的代码书写习惯；此外，如果一条语句过长，也可以断开分为两行书写。

2.1.2　空白

C#语言中的空白包括空格、换行符、制表位（Tab）。除字符串中的空格外，所有的空白 C#的编译器都将识别为一个空格。下面的三个代码作用是一样的，但很明显 1）的书写更有利于程序的编排和阅读。

1）　　int a = 7;

2）　　int　　　a　　　=　　　7;

3） int a =7;

需要注意的是有的空白可以省略，但有的则不可以。例如，下面 1）的代码是正确的，但 2）则是不正确的。

1）int a=7;

2）inta=7;

1）中省略了“a”和“=”、“=”和“7”之间的空格，不影响编译器对代码的识别，而 2）中又进一步省略了“int”和“a”之间的空格，编译器将无法区分数据类型“int”和变量名“a”，而将二者视为一体，从而导致编译器无法识别此行代码。

2.1.3 注释

注释是一段被编译器忽略的代码。也就是说，编译器在对代码进行编译时，不会去检查注释中是否存在语法错误，在代码执行时，注释中的代码也不会被执行。在编写代码的同时加入适当的注释也是一种良好的代码书写习惯。这将有助于他人或编者本人对代码的理解，有助于编写出可读性更高的程序代码。注释的内容没有任何语法要求。

C#中的普通注释分为单行注释、分隔符注释和标准注释 3 种。（分隔符注释也称符号注释。）

1）单行注释符为“//”，从“//”开始直到本行末尾的所有内容都会被认为是注释内容。

2）分隔符注释的起始符号为“/*”，注释的终止符号为“*/”。在这两个符号中间的内容会被编译器识别为注释内容，这种注释通常在多行注释中，或是当编程人员想在某行代码中间加入注释内容时使用。下面的例子中将练习注释的使用。

【例 2-1】 在控制台应用程序中练习注释的使用。

步骤如下。

启动 Visual Studio 2008，在磁盘适当的位置创建一个控制台应用程序。

编写代码，程序代码如下。

```
using System;
namespace Ex0201Notes
{
    class Program
    {
        static void Main(string[] args)
        {
            /*这个程序用于练习注释的使用，它将读入用户的输入，并将其原样输出*/
            string sInput = Console.ReadLine();      //读取用户的输入，并保存在字符串变量 s 中
            Console.WriteLine(sInput);     //将用户的输入再输出到控制台
        }
    }
}
```

在上面的代码中。符号注释用于解释整个程序的功能，单行注释用于解释本行代码的功能。

运行程序，查看结果。按快捷键〈Ctrl+F5〉启动程序，程序的运行结果为：

```
输入的内容
输入的内容
```

可以看到，这个程序实现了将用户的输入直接进行输出的功能。

修改代码，体会符号注释。在符号注释中间回车，将原来一行的符号注释内容变成 2 行或者 3 行，代码如下，程序段中其他部分的代码不变：

```
/*这个程序用于练习注释的使用，
它将读入用户的输入，
并将其原样输出*/
string sInput = Console.ReadLine();        //读取用户的输入，并保存在字符串变量 s 中
Console.WriteLine(/*参数表示要输出的内容*/sInput);        //将用户的输入再输出到控制台
```

再次按快捷键〈Ctrl+F5〉启动程序，查看运行结果，仍能得到前边的结果。可见，对于符号注释，其中可以有任意多个回车换行。需要注意的是，符号注释的开始和终止符号一定是成对出现的，不能在其中的注释内容中再加入单个的符号注释符。

修改代码，体会当行注释。在第一个单行注释中间加入回车，将含有该单行注释的一行代码修改如下，程序中其他部分的代码不变。

```
/*这个程序用于练习注释的使用，
它将读入用户的输入，
并将其原样输出*/
string sInput = Console.ReadLine();        //读取用户的输入，
并保存在字符串变量 s 中
Console.WriteLine(sInput);        //将用户的输入再输出到控制台
```

再次按快捷键〈Ctrl+F5〉启动程序，查看运行结果，将得到如图 2-1 所示的错误提示。

错误列表

3 个错误 | 0 个警告 | 0 个消息

	说明	文件	行	列	项目
1	应输入 ;	Program.cs	14	20	Ex0201Notes
2	无效的表达式项 “ ”	Program.cs	14	20	Ex0201Notes
3	应输入 ;	Program.cs	14	21	Ex0201Notes

图 2-1　修改单行注释的错误提示

错误提示显示编译器无法识别注释内容后面的代码，这主要是因为单行注释符“//”只能让编译器将从“//”开始到本行末尾的内容认定为注释内容，下一行的“并保存在字符串变量 s 中”对编译器而言不再是注释内容，而是普通代码。由于这一行的“普通代码”没有以“;”结束，导致编译器也无法识别下一行的代码内容。如果要修改上面的错误，只要将“并保存在字符串变量 s 中”前面添加单行注释符“//”。

3）标准注释。在程序代码中可以看见以“///<summary>”开头，以“</summary>”结束的注释，这种注释是 C#中的标准注释，对其下面的内容进行标注和解释。这种注释常用

于自定义数据类型、函数提供了或自定义类型成员的前面。使用标准注释的好处除了可以提高程序的可读性，还可以在引用进行标准注释的数据类型或变量中，查看当时的注释内容，为程序员编写代码提供了方便。由于现在还没有涉及到自定义数据类型和函数等相关知识，无法对标准注释举出适当的例子，具体标准注释的用法可在后续的学习中体会。

2.2 变量和常量

如本章前言所述，计算机应用程序的功能就是对各种数据进行处理。在程序运行的过程中，数据存储在内存中，而变量指向的是内存中一块存储空间，数据可以存放在变量对应的内存空间中，也可以从内存中取出，或者查看变量对应的内存空间中是否存有数据。

2.2.1 变量

要使用变量，需要首先声明变量，指定变量的名称和类型。声明了变量之后，可以在变量中存取对应类型的数据。声明变量的语法如下。

```
类型 变量名;
```

向变量中存放数据的过程称为赋值，第一次对变量的赋值操作称为初始化。在 C 等其他程序设计语言中，没有初始化的变量为默认值；但 C#是一门对语法要求十分严格的语言，不允许从没有初始化的变量中取值，否则将产生编译错误。

可以使用值或者其他变量的表达式为变量赋值，为变量赋值的语法如下。

```
变量名=值（或：变量的表达式）;
```

【例 2-2】 在控制台应用程序中练习变量的使用。分别定义两个整型变量 a、b，变量 a 赋初值为 3，变量 b 赋值为 a+3，最终要求打印输出 b，代码如下。

```
using System;
namespace Ex0202Notes
{
    class Program
    {
        static void Main(string[] args)
        {
            int   a;           //声明变量
            a=3;               //变量的初始化
            int   b=a+3;       //声明变量的同时初始化
            Console.WriteLine(b);      //将变量的值输出到控制台
        }
    }
}
```

在上面的代码中，练习了变量的声明、初始化的方法。

按〈Ctrl+F5〉快捷键运行程序，程序的运行结果为：

```
6
```

修改例 2-2 中的代码，在 Main 函数中添加如下代码。

```
int c;      //声明变量
b = c + 3;      //从未初始化的变量中取值
Console.WriteLine(c);      //将变量的值输出到控制台
```

按〈Ctrl+F5〉或〈F5〉快捷键运行程序，编译器提示语法错误，如图 2-2 所示。

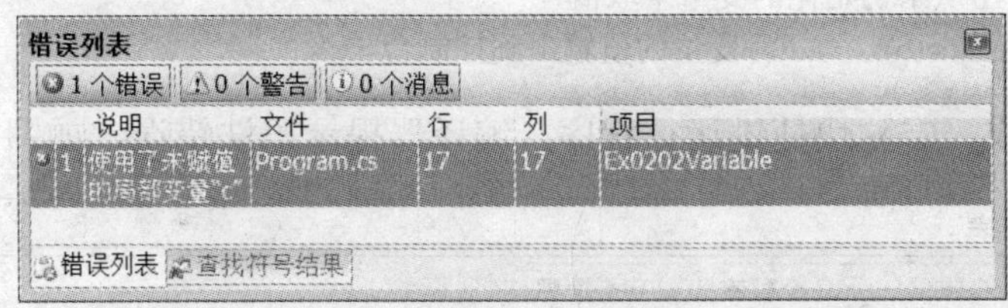

图 2-2 引用未初始化变量导致的语法错误

2.2.2 常量

变量在程序运行的过程中值可以发生变化，如果某个变量中的值在程序运行过程中从未发生变化，可以将其声明为常量。常量的声明和定义的语法与变量类似，只是在类型前面添加了关键字 const，格式如下。

```
const 类型 常量名;
```

与变量不同的是，只有初始化时，可以为常量赋值；在程序运行的过程中，不允许再对常量进行赋值操作。

【例 2-3】 在控制台应用程序中练习常量的使用

步骤如下。

启动 Visual Studio 2008，在适当的位置创建一个控制台应用程序，程序名称为 Ex0203Const。

程序如下代码。

```
using System;
namespace Ex0203Const
{
    class Program
    {
        static void Main(string[] args)
        {
            const int a=3;
            const int b=a+3;
            Console.WriteLine(b);
        }
    }
}
```

在上面的代码中，练习了常量的声明、初始化的方法。

按〈Ctrl+F5〉快捷键运行程序，程序的运行结果为：

```
6
```

修改例 2-3 中的代码，在 Main 函数中添加如下代码。

```
const int c;      //声明变量
b = c + 3;        //从未初始化的变量中取值
Console.WriteLine(b);     //将变量的值输出到控制台
```

按〈Ctrl+F5〉或〈F5〉快捷键运行程序，编译器提示语法错误，如图 2-3 所示。

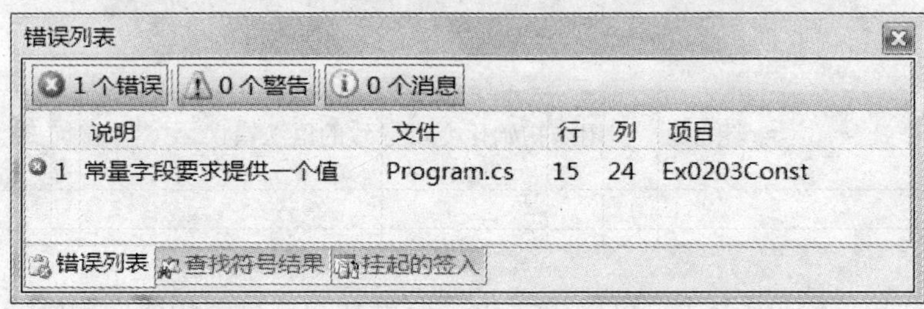

图 2-3　声明但不初始化常量导致的语法错误

2.3　值类型

前面曾提到“应用程序的功能可以描述为对数据的处理”，要处理数据就涉及到如何在内存中存储数据。在程序设计语言中，不同类型的数据，一般对应不同的数据结构和存储方式，其参与运算的方式也不同。C#语言中采用了与 C 和 C++类似的数据类型，但又有所改进。C#中的数据类型分为两大类：值类型和引用类型。这两种类型的主要区别在于数据存储的位置不同，值类型的变量将被存放到堆栈中，而引用类型的变量存放于堆中。

C#语言中的值类型主要包括数值类型、布尔型、字符型、结构类型和枚举类型，下面将对这几种类型详细说明。

2.3.1　简单值类型

本节将介绍系统预定义的值类型，所谓的“预定义类型”是指.NET Framework 提供的，用户可以直接使用的数据类型。

（1）数值类型

数值类型包括整数类型和小数类型。表 2-1 中列出了 C#中的整数类型、其对应的.NET Framework 类名、占用的内存大小，以及允许值的范围。

整数类型中包含的数据类型占用内存 8～64bit，程序员可以根据要存储的数值的大小，选择不同的数据类型。如果数值较大，而选择了占用内存很小的数据类型，会导致溢出；反之；则会造成内存空间的浪费。观察表 2-1 中的数据，可以看到一些数据类型前面有前缀“u”，“u”是“unsigned”的缩写，代表“无符号”的含义，也就是对应的数据类型中不能存放带有符号的变量。

表 2-1 C#中的整数类型

类 型 名	对应.NET Framework中的类	描 述	允许值的范围
sbyte	System.SByte	8bit有符号整型	−128～127
byte	System.Byte	8bit无符号整型	0～255
short	System.Int16	16bit有符号整型	−32768～32767
ushort	System.UInt16	16bit无符号整型	0～65535
int	System.Int32	32bit有符号整型	−214783648～214783647
uint	System.UInt32	32bit无符号整型	0～4294967295
long	System.Int64	64bit有符号整型	−9223372036854775808 ～9223372036854775807
ulong	System.UInt64	64bit无符号整型	0～18446744073709551615

表 2-1 中的每种数据类型都给出了对应的.NET Framework 中的类，如前一章所述，C#是托管语言，其语言规范满足 CLS 的约束，为了实现与其他语言的互操作，其数据类型采用.NET Framework 中定义的标准类型。

除整数类型外，数值类型中还包含了用于存储和表示小数的类型，如表 2-2 所示。

表 2-2 C#中的小数类型

类型名	对应.NET Framework中的类	描 述	允许值的范围近似值
float	System.Single	单精度（32bit）浮点型	$\pm1.5\times10^{-45}\sim\pm3.4\times10^{38}$
double	System.Double	双精度（64bit）浮点型	$\pm5.0\times10^{-324}\sim\pm1.7\times10^{308}$
decimal	System.Decimal	高精度（128bit）数据型	$\pm1.0\times10^{-28}\sim\pm7.9\times10^{28}$

表 2-2 中 float 和 double 两种数据类型分别表示单精度和双精度浮点类型的数据，普通的小数数据，如果要求的精度更高或者数值的绝对值特别大，就可以选择 double 类型表示；否则，选择 float 类型表示。当数据是用于存储或描述货币值时，double 类型的精度也无法满足需求，需要采用 decimal 作为数据类型。

需要注意的是，从允许值的范围上看，decimal 类型数据允许的最小值要大于 double 类型数据。但实际上由于两种数据类型在数据结构和存储方式上完全不同，decimal 类型的数据以 128bit 存储数据，而数据允许的范围要小于 double 很多。因此其精度要远远高于 double 类型的数据。

在对数值类型变量或常量进行赋值操作时，需要注意下面的问题。

1）如果对于整数是 int、uint、long 或者是 ulong 没有任何显示的声明，则该变量默认为 int 型。为了把键入的值指定为其他数据类型，可以在数字后面加上如下字符。

```
uint ui=1234U;
long l=1234L;
ulong ul=1234UL
```

2）如果在代码中没有对某个非整数值（如 12.3）硬编码，则编译器一定假设该变量是 double，如果指定值为 float 或者 decimal，需要在数字后面加如下字符。

```
float f=12.3F;
decimal d=12.30M;
```

（2）字符类型

C#中使用 char 表示字符类型。与传统程序设计语言（如 C 语言等）的 char 类型不同的是，不论是 ASCII 字符集中的字符，还是中文或者其他国家的文字字符，C#中的 char 类型变量在计算机中的内存空间均为 16bit。每个字符对应一个 Unicode 码，ASCII 字符集是 Unicode 字符集的一个子集。表 2-3 是对字符类型的描述。

表 2-3　C#中的字符类型

类　型　名	对应.NET Framework中的类	描　　述	允许值的范围
char	System.Char	字符类型	0～65535范围内以双字节编码的任意符号

字符类型值的表示方法有如下几种。

1）将字符字面量使用一对单引号（"）括起来表示，如：

```
char name1='a';
```

2）将 4 位十六进制的 Unicode 值用单引号（"）括起来表示，如：

```
char name2='\u0061';
```

3）将转义序列用单引号（"）括起来表示，如：

```
char name3=' \";
```

上面的变量 name3 表示单引号字符。由于 Unicode 码的值和字符的对应关系比较难记忆，因此对于字符型的值多采用单引号和字面量的方式表示，对于一些使用该方式可能产生歧义或难于表达的特殊字符，则使用单引号和转义序列的方式来表示，表 2-4 是一些常用转义序列。

表 2-4　C#中的转义序列

转 义 序 列	对应字符说明
\'	单引号
\"	双引号
\\	反斜杠
\a	警告
\0	空
\b	退格
\f	换页
\n	换行
\r	回车
\t	水平制表符
\v	垂直制表符

（3）布尔类型

C#语言中的布尔类型用 bool 表示。和 C/C++不同的是，布尔类型的变量可以且只可以取两个值，true 或者 false，也就是说下面的代码是不允许的。

```
bool sex=1;
```

而必修修改为：

```
bool sex=true;
```

或者：

```
bool sex=false;
```

表 2-5 是对布尔类型的描述。

表 2-5　C#中的布尔类型

类　型　名	对应.NET Framework中的类	描　　述	允许值的范围
bool	System.Boolean	布尔类型	true或false

2.3.2　枚举类型

以上介绍的都是 C#值类型中的简单数据类型。枚举和结构稍复杂，但是非常实用的数据类型，下面将一一介绍它们。

在程序中，有时需要表示一种离散、个数有限的数据，比如四季只有 4 个离散的值——春、夏、秋、冬，可以使用离散的整数来表示四季，如 1、2、3、4，但这种表示方法不直观也不容易记忆。在 C#中可以定义表示季节的枚举类型描述这种数据。

（1）定义枚举类型

枚举是用户定义的整数类型，其本质是一组整数类型数据；定义枚举的目的在于方便用户记忆和使用；在声明一个枚举时，要指定该枚举可以包含的一组值。定义枚举类型的语法如下。

```
[访问修饰限制符] enum  枚举名称[:基本类型]
{
    成员 1[=整数值 1],
    成员 2[=整数值 2],
    …… ……
    成员 n[=整数值 n]
}
```

“[]”中是可以省略不写的内容；enum 是表示枚举的关键字，访问限制符默认值为 intenal；基本类型表示成员数据类型，可以是 byte、sbyte、short、ushort、int、uint、long 和 ulong 中的任何一种，省略时默认为 int。枚举类型的成员之间以逗号分隔，成员的取值规则如下。

1）可以只给部分枚举成员显式定义对应的值。

2）在没有显式定义的情况下，枚举成员默认值为前一个成员的值+1，第一个成员的默认值为 0。

3）可以定义两个枚举成员为同一个值。

4）可以定义一个枚举成员的值为另一个枚举成员的值，这样做等同于前面的情况。

（2）使用枚举类型的变量

使用枚举类型的变量和使用简单值类型的变量类似，首先需要声明变量，语法如下。

```
枚举类型名 枚举变量;
```

为枚举类型变量赋值时的语法为：

```
枚举变量=枚举类型名.枚举成员;
```

【例 2-4】 在控制台应用程序中练习枚举的定义和使用。定义了一个表示季节的枚举类型 Season，其中包含 4 个成员：Spring 表示春天、Summer 表示夏天、Autumn 表示秋天、Winter 表示冬天。并在主函数中，声明了一个枚举类型的变量 aSeason，为其赋值表示春天，最后输出该变量的值，代码如下。

```
1    using System;
2
3    namespace Ex0204Enum
4    {
5        /// <summary>
6        /// 表示季节的枚举类型
7        /// </summary>
8    public enum Season
9    {
10       Spring,
11       Summer,
12       Autumn,
13       Winter
14   }
15   class Program
16   {
17       static void Main(string[] args)
18       {
19           Season aSeason;        //声明一个 Season 类型变量
20           aSeason = Season.Spring;        //为 Season 型变量赋值
21           Console.WriteLine(aSeason);        //输出查看结果
22       }
23   }
24 }
```

随后，在主函数中，声明了一个枚举类型的变量 aSeason，并为其赋值表示春天，最后输出该变量的值。程序的 5～7 行编写了对枚举类型 Season 的标准注释。在后面的代码中，当使用了 Season 类型时，可以看到相应的注释，如图 2-4 所示。

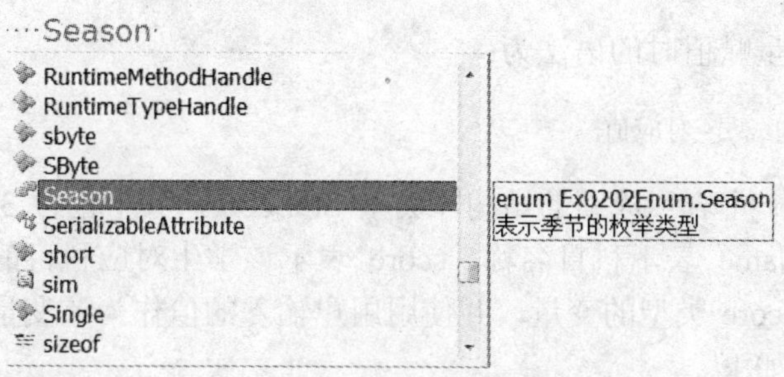

图 2-4　Season 类型的注释

运行程序，查看结果。按快捷键〈Ctrl+F5〉启动程序，程序的运行结果为：

```
Spring
```

在 Main()函数的后边添加如下所示的一行代码。

```
Console.WriteLine((int)aSeason);        //输出该变量对应的整数值
```

再次按快捷键〈Ctrl+F5〉启动程序，程序的运行结果为：

```
Spring
0
```

可见，Season 类型的 Spring 成员对应的值为 0。修改上面的代码，可以检验 Season 类型中其他成员的值。枚举类型 Season 其成员 Spring、Summer、Autumn 和 Winter 对应的值依次为 0、1、2 和 3。通过编写枚举类型 Season，编程人员不需要记忆某个季节对应的整数值，同时程序的可读性也得到了提高。

2.3.3　结构体类型

在程序中有时需要用一组特性来描述某种事物，例如，学生成绩中需要包含学生姓名、科目和成绩的信息。如果使用简单类型来描述，一条成绩记录需要用到 3 个不同的变量，这 3 个变量相互割裂，不够直观。在 C#语言中提供了结构体类型，用于描述这种类型的数据。结构体就是由几个数据组成的数据结构，这些数据可能属于不同的数据类型。

（1）定义结构体类型

定义结构体的语法如下。

```
[结构体的访问修饰限制符] struct  名称
{
    [成员的访问修饰限制符] 成员类型  成员名;
}
```

struct 是表示结构体类型的关键字，结构体的访问限制符默认值为 internal，成员的访问修饰限制符默认值为 private，成员之间的分隔符使用分号表示。

（2）使用结构体类型的变量

使用结构体类型的变量和使用简单值类型的变量类似，首先需要声明变量，语法如下。

```
结构类型名  结构变量;
```

为结构体类型变量赋值时的语法为：

```
结构变量.结构成员=对应值;
```

【例 2-5】 编写一个表示成绩的结构体类型 StuScore，其中包含 3 个成员：stuName 表示学生姓名、courseName 表示科目名称、score 表示该学生对应科目的成绩分值。在主函数中，声明了一个 StuScore 类型的变量，并使用用户输入的值作为该变量对应成员的值，最终输出相应的值，代码如下。

```
using System;
namespace Ex0205Struct
{
    /// <summary>
    /// 描述学生某门课程的成绩
    /// </summary>
    struct StuScore
    {
        /// <summary>
        /// 学生姓名
        /// </summary>
        public string stuName;
        /// <summary>
        /// 科目名称
        /// </summary>
        public string courseName;
        /// <summary>
        /// 成绩分值
        ///</summary>
        public int score;
    }
    class Program
    {
        static void Main(string[] args)
        {
            StuScore stuScore;
            Console.WriteLine("请输入科目名称");
            stuScore.courseName = Console.ReadLine();
            Console.WriteLine("请输入学生姓名");
            stuScore.stuName =    Console.ReadLine();
            Console.WriteLine("请输入对应成绩");
            stuScore.score =Convert.ToInt32(Console.ReadLine());
            Console.WriteLine(stuScore.stuName + "的" + stuScore.courseName
                        + "成绩为：" +stuScore.score);
        }
    }
}
```

在上面的代码中，4～21 行定义了一个表示成绩的结构体类型 StuScore。程序中 4～6 行为结构体类型 StuScore 的标准注释；9～11 行、13～15 行、17～19 行分别为 StuScore 3 个成员的注释；在后面的代码中，使用 StuScore 类型名，在第 26 行；访问 StuScore 的成员，在第 28、30 和 32 行。

运行程序，查看结果。按快捷键〈Ctrl+F5〉启动程序，得到的运行结果如图 2-5 所示。

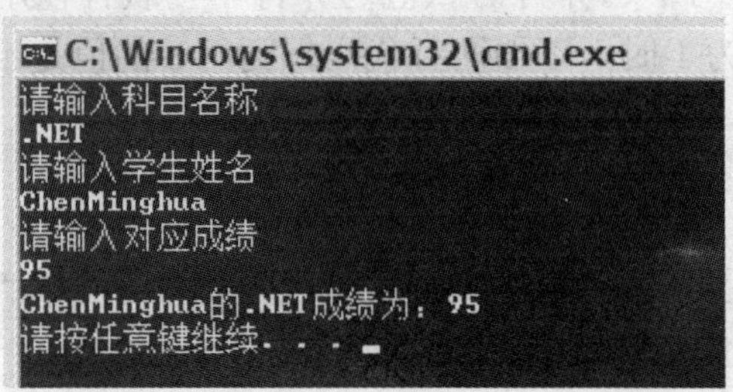

图 2-5　例 2-5 运行结果

程序正确地将用户输入的信息读入到一条成绩记录中，并输出了对应的结果。定义 StuScore 结构类型，可以使其中包含的 3 个成员之间的关系不至于割裂开来，增强了程序的可读性。

2.4　引用类型

前面提到过，C#语言中的第二大数据类型为引用类型，引用类型的变量被存储在堆中。它与值类型的区别在于内存中的存储方式不同。值类型的变量存储在堆栈中，当方法结束后，变量就会被弹栈，内存也就自动释放；而引用类型的变量存放在堆中，CLR 按照某种规则在一定的时机会自动释放其中的内存。一般来说，引用类型是比值类型更复杂的类型。字符串、类、接口、集合等都是 C#语言中的引用类型，比如读者较为熟悉的数组就是集合类型的一种。各种类型将在后续的章节中陆续介绍。

2.5　运算符

运算符在表达式中用于描述一个或多个操作数的运算，它指明了进行运算的类型。在 C#中，根据运算符所使用的操作数的个数，可以分为一元运算符、二元运算符和三元运算符；根据运算符执行的操作类型可分为算术运算符、赋值运算符、关系运算符、逻辑运算符、条件运算符和 typeof 运算符。

2.5.1　算术运算符

算术运算符是进行算术运算的操作符，它实现了数学上基本的算术运算功能，这些运算符包括加法运算符、减法运算符、乘法运算符、除法运算符和取模运算符。

1）加法运算符：加法运算符有“+”和“++”两个。前者是二元运算符，可以计算两个数的和，后者是一元运算符，用于将当前的运算数加 1。下面两行代码的运算结果是一样的

（假设变量 a 已声明并赋值），但后者为运算速度要快于前者。

```
a=a+1;
a++;
```

运算符“++”有两种，前缀和后缀方式，两者的作用都是将变量的值增加 1，由于运算符优先级别的不同，当这两个运算符与赋值运算符“=”联合使用时，可能会得到不同的结果。例如，当变量 a 的值为 1 时，下面两行代码得到的 b 的值是不同的。

```
b=a++;
b=++a;
```

前者 b 的值为 1，后者 b 的值为 2。这是因为前缀方式的“++”优先级高于“=”运算符，而后缀方式的“++”优先级低于“=”运算符。

2）减法运算符：减法运算符有“–”和“––”两个。二者的关系与“+”和“++”类似，只不过实现的是减法运算。

3）乘法运算符：“*”。

4）除法运算符：“/”。

5）取模运算符：“%”。

上述的运算符中，除了“++”和“––”之外，都是二元运算符。

2.5.2 赋值运算符

赋值就是给一个变量赋一个新值，包括如下几种。

1）简单赋值：“=”。

2）算术运算的复合赋值：“+=”、“–=”、“*=”、“/=”和“%=”。

3）左移和右移赋值：“<<=”和“>>=”。

4）其他赋值运算符“&=”、“!=”和“^=”。

2.5.3 关系运算符

关系运算用来比较两个对象并返回布尔值，它的返回值总是布尔值。C#语言中关系运算符的优先级低于算术运算符，高于赋值运算符。C#中关系运算符主要包括比较运算符、is 运算符、as 运算符。

1）比较运算符：“==”、“!=”、“<”、“>”、“<=”、“>=”。

2）is 运算符：检查对象是否与给定类型兼容。

3）as 运算符：用于执行各种引用类型的显式类型转换。如果要转换的类型与指定的类型兼容，转换会成功进行；如果类型不兼容，as 运算符就会返回 null。

2.5.4 逻辑运算符

逻辑运算符和布尔型操作数一起组成逻辑表达式，C#中的几种逻辑运算符和布尔型操作符有：“&”、“|”、“^”和“&&”、“||”、“!”。

2.5.5 条件运算符

C#中只提供一种三元运算符“?:”，这个运算符根据“?”左边的表达式的值来确定返回结果。例如：

```
bool b=a>b?true:false;
int b=a>b?10:20;
string b=a>b?"真":"假";
```

2.5.6 typeof 运算符

typeof 运算符用于获得系统原型对象的类型。例如，下面代码可以获得 int 类型的类型信息。

```
Type myType=typeof(int);
```

2.6 小结

本章介绍了 C#语言中的一些基本语法知识，包括语句和注释的写法，以及空白的作用等，并介绍了C#中常用的、较为简单的数据类型，以及可以应用于这些数据类型的运算符。

通过本章的学习，读者应该掌握以下内容。

- C#语句的写法和语言习惯。
- 变量和常量的概念和命名规范。
- 所有的预定义值类型和字符串类型。
- 能够运用运算法计算指定表达式的值。

2.7 习题

1．选择题

1）下面关于语句的说法正确的是（　　）。

A．一行中可以写多条语句，一条语句也可以跨越多行

B．一行中不能写多条语句，一条语句也不能跨越多行

C．一行中可以写多条语句，一条语句不能跨越多行

D．一行中不能写多条语句，一条语句可以跨越多行

2）下面语句中可以在控制台中输出"你好！"的是（输出内容中的引号为英文引号）（　　）。

A．Console.WriteLine("你好！");

B．Console.WriteLine(""你好！"");

C．Console.WriteLine("\"你好！"");

D．Console.WriteLine("\"你好！\"");

3）下面关于数据类型的说法正确的是（　　）。

A．枚举是一种值类型

B．值类型的变量存放在内存中，引用类型存的放在硬盘中

C．枚举中的每个成员都对应一个整型的值

D．枚举类型的值与整数类型之间可以隐式地相互转换

4）下面可以在控制台输出路径字符串 C:\My Document\aa.txt 的是（多选）（　　）。

A．Console.WriteLine("C:\My Document\aa.txt");

B．Console.WriteLine("C:\\My Document\\aa.txt");

C．Console.WriteLine(@"C:\My Document\aa.txt");

D．Console.WriteLine("\C:\My Document\aa.txt");变量

2．上机练习

1）计算公式的值 $PI-\dfrac{(hour\times 3600+minute\times 60+second)\times PI}{21600}$，PI 为数学中的常量，hour、minute 和 second 是当前系统时间的时分秒。

2）代码 System.Diagnostics.Process.Start("aa.exe");可以通过如何引用名称空间加以修改？

第3章 控 制 语 句

C#作为一门现代的计算机编程语言，具有许多高级编程语言共有的语法特征，如流程控制语句。 C#中的控制语句可归为顺序结构、分支结构和循序结构 3 种。其中分支结构又可称为选择结构，循环结构又可称为重复结构。本章将介绍以上 3 种结构在 C#中的实现。

本章主要内容如下。

- 流程控制概述
- 分支语句
- 循环语句
- 跳转语句
- 预处理指令

3.1 流程控制概述

在计算机程序设计中，流程控制是通过控制结构来对程序语句的执行顺序进行控制的。按代码的上下顺序编写即为顺序结构。顺序结构比较简单，容易理解，但却是程序的基础。在使用编程语言解决实际问题时，经常会遇到诸如“如果...那么...”或“如果...则...，否则...”此类的条件判断，即在不同的条件下执行不同的语句，解决此类情况的语句通常为分支语句。循环语句的作用是控制程序重复执行，它可以控制一条或一系列语句的连续多次执行。在本章的最后将介绍跳转语句。虽然跳转语句无法独立构成一种控制结构，但在 3 种控制结构中会起很重要的辅助作用。

使用这 3 种结构，无论多么复杂的问题在理论上都是能解决的，所以这 3 种控制结构是编程者必须掌握的。本章将依次介绍分支语句、循环语句以及跳转语句。

下面的列子就是一个典型的顺序结构，即程序从上至下的执行。

【例 3-1】 编写控制台应用程序，让用户输入姓名，然后输出用户所输入的内容。

```
namespace Ex0301Sequence
{
    class Program
    {
        static void Main(string[] args)
        {
            Console.WriteLine (“请输入您的姓名:”);
            String name = Console.ReadLine();
            Console.WriteLine("=========");
            Console.WriteLine("你好，{0}",name);
        }
```

```
    }
}
```

程序的执行结果如图 3-1 所示。

```
file:///C:/Documents and S
请输入您的姓名：
Tom
= = = = = = = = =
你好，Tom
```

图 3-1　例 3-1 运行结果

3.2　分支语句

顺序结构的程序能够解决计算、输出等问题，但是判断之后不能再选择。当遇到先做判断再做选择的情况适用分支结构。

分支结构是指流程的执行顺序不依语句的先后顺序，而是根据条件执行某一部分。C#中的分支语句对应分支结构（或选择结构），分支语句有 if 语句和 switch 语句，接下来将介绍这两种语句及相关关键字的使用。

分支结构执行的方式是依据条件进行选择，然后依据不同的路径执行不同的过程。分支结构的关键在于构造合理的分支条件，这需要在编码之前分析程序流程，根据不同的程序流程选择恰当的分支语句执行。分支结构适用于根据逻辑判断或比较等的结果进行下一步的计算，设计这类程序的通常做法是先绘制其程序流程图，然后根据程序流程写出源程序，这样做把程序设计分析与具体代码编写分开，使得问题简化，易于理解。

3.2.1　if 语句

在实际生活中，经常会遇到“如果…那么…”的情况，if 语句通常就是解决这类实际问题的，if 语句是编程中最常用的语句之一。

简单 if 语句的语法如下。

```
…
if (条件)
{Console.WriteLine（ " Hello " )；}
…
```

在这里需要注意以下问题。

1）C#中的条件判断不同于传统的 C 语言，区别在于 C 语言的判断条件可以用 1 或 0 代替真或假。虽然 C 的方式便于计算、表示简单，但同时也使得程序晦涩难懂，难以阅读，容易出错。在 C#中采用 bool 类型作为判断分支的条件，也可以使用表达式作为条件，但是这个表达式最终一定是要得到一个 bool 类型的结果。

2）当 if 语句块中只有一条语句时，可以省略一对“{}”，例如

```
if (true)    Console.WriteLine("Hello");
```

但是，这样的语句固然很简单，却很难维护，不推荐这样使用，请读者养成良好的编程习惯，使用格式良好的排版缩写格式。

有的时候不光需要在条件成立的时候做一些工作，还需要在条件不成立的时候也做一些工作，这个时候可以使用 if-else 结构。完整的 if-else 结构如下所示。

```
int    a=4;
if (a>=5) {Console.WriteLine("这个数不小于 5");}
else { Console.WriteLine（"这个数小于 5"）;}
```

在上面的例子中，条件 a>=5 在底层会被判断并转化为 bool 型的结果，在这里的结果是 true，所以会执行 if 后的语句块。所以很明显，在 if-else 语句中，程序执行是二者择其一的。

在条件比较复杂的情况下，还可以在 if-else 结构中嵌套使用 if-else 结构。嵌套的 if-else 结构如下所示。

```
…
int a=3;
if (a>0)
{
    if (a>=4)
    {
       Console.WriteLine("该数不小于 4");
    }
    else
    {
       Console.WriteLine("该数不小于 0 且小于 4");
    }
}
else
{
  if (a>-4){Console.WriteLine("该数大于-4");
}
…
```

注意：这个嵌套关系的最外层的 if-else 语句的"{}"是不能够省略的，因为内层语句块不止一条语句，所以省略外层的"{}"会使程序的逻辑不清，从而产生错误。而前面的 if-else 语句块可以写成如下的缩略形式，语义不变。

```
…
if(a>=0){
{   if (a>=4)
       Console.WriteLine ("该数不小于 4");
    else
       Console.WriteLine ("该数不小于 0 且小于 4");
}
else if (a>=- 4)
```

```
{
    Console.WriteLine(“该数小于 0 且不小于-4”);
}
else
{
    Console.WriteLine (“该数小于-4”);
}
…
```

从语法层面上讲，这样的缩略用法还是比较容易理解的。但是如果前面两段嵌套 if-else 语句块左边没有缩进而是上下都是紧靠左边的话，可能有些人就要弄混了，建议读者在书写程序时候尽量不省略“{}”。每个“else if (…)”其隐含的意义都是对前面条件（if 判断）的否定和对后面条件的判断。

3.2.2 switch 语句

switch 可以翻译为开关或转换等意思，就好像飞机控制面板上的一排排开关，它们控制着程序的流程走向。下面是 switch 语句的基本结构。

```
switch( condition )
{
  case value 1: … ;break;
  case value 2: … ;break;
  …
  case value N: … ;break;
  default : … ;break;
}
```

系统将 condition 依次与 value 1~value N 作比较，若相同则进入 case 标签后的语句块进行执行。switch 语句示意图如图 3-2 所示。

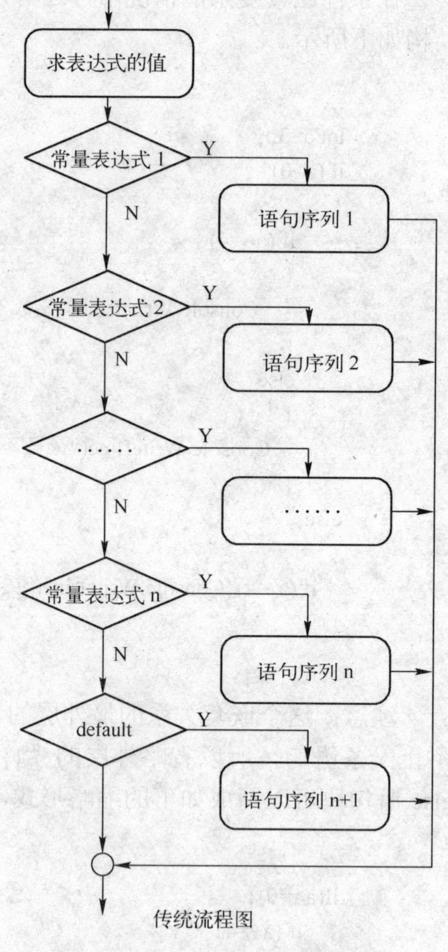

图 3-2 switch 语句示意图

在此结构中：

1）condition 必须为整数型（包括 byte、short、int、long）、布尔型、字符型或字符串类型，当然 condition 也可以是一个表达式，但是最终计算结果必须是上述类型中的某一个。

2）value1~value N 的数据类型必须相同且与 condition 的数据类型相同，否则会因错误无法通过编译。

3）default 标签是可选的，当 condition 与 value1~value N 的值都不同时，执行 default 标签后的语句块。

4）所有的 case 标签及 default 标签的顺序是任意的。

C#中 switch 语句与 C/C++/Java 中的 switch 语句是有区别的，因为在 C#中不允许“穿越标签”执行语句。请看如下代码。

```
…
switch(1)
{
    case 1: Console.WriteLine(“1”);
    case 1: Console.WriteLine(“2”);
    default: Console.WriteLine(“Default”);
}
…
```

如果按照 C/C++/Java 的语法，上面这段代码是正确的，而且上面的三条 Console.WriteLine ()语句都会被执行。但是，这段代码在 C#中是错误的，并且无法被编译，由于不可“穿越标签”执行代码，所有的标签之后都必须有 break 关键字，关于 break 关键字的含义及用法将在第四节详述。如上所述，C#中的 switch 语句不允许“穿越标签”执行代码。

但是在下面的例子中，标签后没有任何代码是允许的。代码如下。

```
…
switch (1)
{
    case 2:
    case 3:
    case 1:Console.WriteLine (“1”);break;        //这段代码是正确并可执行的
}
…
```

上面的用法常用于测试多个值中的一个是否与条件值相同。

switch 语句多用于判断离散的值，而判断范围时多使用 if-else 语句。在很多情况下，switch 语句可与 if-else 语句相互转换，如前面的基本结构可以改写成如下代码，其意义不变。

```
if (condition= =value1) {…;}
else if (condition= =value2) {…;}
else if (condition= =value3) {…;}
…
else if (condition= =valueN) {…;}
else {…;}
```

由于在 if-else 语句中只会执行一个条件后的语句块，所以不必添加 break 关键字。最后一个 else 相当于 default。虽然这样改写在语法层面上是正确的，但却不提倡这样做，因为这样编写代码很麻烦，而且还会给日后代码的维护带来极大的不便。

3.3 循环结构

循环结构是指控制一段语句（或程序）不断重复执行的结构。循环中重复执行的一段语句称为循环体；控制循环是否继续的部分称为循环条件。如果不强制结束循环，那么循环语句将判断循环条件是为真（true），还是为假（false）。若为真则执行循环体，循环继续；若为假则退出循环。另外，循环是可以嵌套使用的，本节将介绍 4 种循环语句：while 循环、do-while 循环、for 循环、foreach 循环。

循环结构不仅可以消除源程序代码中大量重复书写的部分，还可以用来描述重复执行的算法，该结构是程序设计中最能发挥计算机特长的结构。C#语言中可以使用 4 种循环结构，即 while、do-while、for 和 foreach 循环，这 4 种循环都可以处理同样的问题，一般情况下这些结构可以互相代替使用。

学习循环结构的重点在于弄清不同循环结构的相同点与不同点，以便在不同情况下使用，这就要清楚这几种循环的书写方法和执行顺序，将每种循环结构的流程理解透彻之后就会清楚如何替换使用。例如，用 for 语句重新编写一个用 while 循环语句编写的程序，这样能更好地理解它们的作用。另外，注意在循环结构的循环体内应当包含使循环结构趋于结束的语句（即循环变量值的改变），否则就会形成死循环，这是初学者的一个常见问题。

在学完这些循环后，应明确它们的异同点：使用 while 和 do…while 循环结构时，初始化循环变量的操作应在循环体之前，而 for 循环一般在语句第一次执行时进行；while 循环和 for 循环都是先判断表达式的布尔值，再执行循环体，而 do…while 循环是先执行一次循环体再判断表达式，也就是说 do…while 的循环体至少执行一次，而 while 循环和 for 就可能一次都不执行，因为首次执行之前就会进行判断。另外还要注意的是这 3 种循环都可以用 break 语句跳出整体循环语句，用 continue 语句结束当次循环。

顺序结构、分支结构和循环结构并不是彼此孤立存在的，循环中可以存在分支、顺序结构，分支中也可存在循环、顺序结构。其实不管哪种数据结构，广义上均可视为一个语句。在实际代码中常将这 3 种结构相互结合使用以实现各种算法，编写出相应程序，但是如果程序复杂，编写出的代码往往很长、结构重复多，会造成程序可读性差，难以理解，解决该问题的方法是使用本书后续的面向对象方法。

3.3.1 while 循环语句

while，翻译为“当…的时候”，指当循环条件为真时执行循环体，为假时退出循环体。while 循环常用于重复执行不确定次数的循环，只有当循环条件为假或强制退出循环时才会结束循环，while 语句的语法如下。

```
while(condition)
{
    //循环体
}
```

在上边的结构中：condition 可以是 bool 型的值或能够计算出 bool 型结果的一个表达式，这与 if 的判断条件相同。

可以使用 continue 关键字来提前进入下一次循环，也可以使用 break 关键字来提前结束循环。关键字 continue 和 break 同样适用于另外 3 种循环语句，后面将详细讲解 continue 和 break 的用法。while 循环示意图如图 3-3 所示。

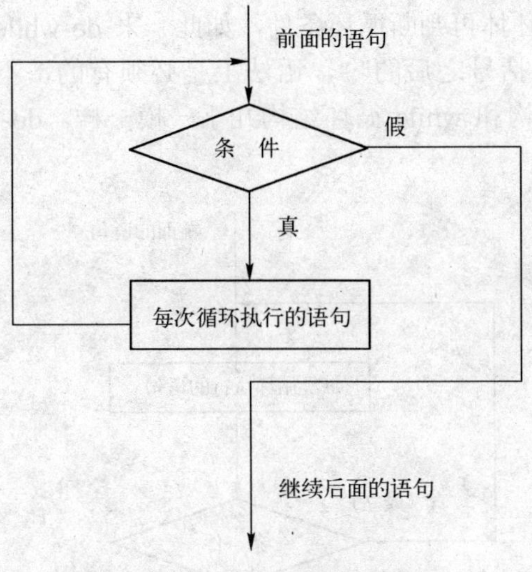

图 3-3　while 循环示意图

【例 3-2】 编写控制台应用程序，使用 while 循环结构计算 1 到 100 的和。

```
public class Ex0302whileLoop
{
  public static void Main (string[] args)
  {
      int sum=0;
      int flag=1;
      while (flag<=100)
      {
        sum+=flag;
        flag++;
      }
      Console.WriteLine ("1 到 100 的和为{0}",sum);
  }
}
```

程序的执行结果为：

```
1 到 100 的和为 5050
```

3.3.2 do-while 循环

do-while 循环是 while 循环的另一种形式，两者的用法相似，其语法如下。

```
do
{
//循环体
}while (condition);
```

do-while 循环与 while 循环的区别在于 while 循环是先判断循环条件再执行循环体，而

do-while 循环是先执行循环体再判断循环条件，如此一来 do-while 循环就保证了循环体至少循环一次。循环条件的后括号之后的";"，语法上是必须有的，不可省略。除了前面说的两点以外，do-while 循环结构和 while 循环结构几乎一模一样。do-while 循环示意图如图 3-4 所示。

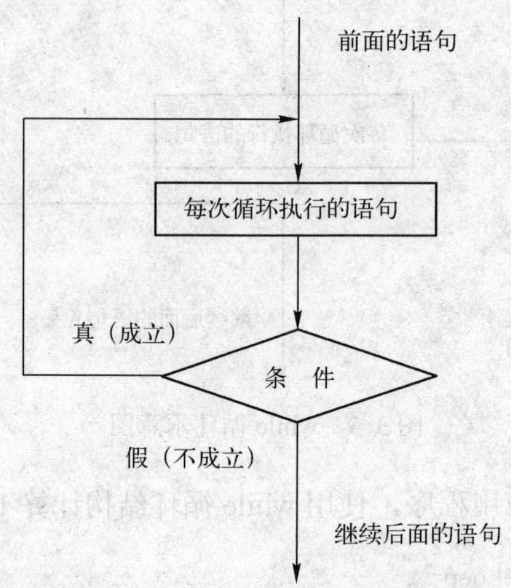

图 3-4　do-while 循环示意图

【例 3-3】 编写控制台应用程序，使用 do-while 循环结构计算 1 到 100 的和。

```
public class Ex0303DoWhileLoop
{
  public static void Main (string [] args)
  {
    int sum=0, flag=0;
    do
    {
         flag++ ;
       sum+=flag;
    }while (flag<=99);        //注意此处是 99
    Console.WriteLine ("1 到 100 的和为{0}",sum);
  }
}
```

需要注意的是，本例与前例在循环控制条件上有一定变化。程序的执行结果为：

```
1 到 100 的和为 5050
```

3.3.3 for 循环

前面提过，while 循环（包括相似的 do-while 循环）常用于执行不确定次数的循环语句。而如果循环次数是可以确定的话，那么更适合使用 for 循环。所以像“求 1 到 100 的和”这类的问题常使用 for 循序来解决，其语法如下。

```
for (InitialDef ; LoopCondition ; AdjustVariable)
{
// 循环体
}
```

在 for 循环结构中：

1）InitialDef 代表循环控制变量的初始化。与传统 C/C++不同，C#中可以在循环中声明如此定义：int i=0。作为局部变量在离开 for 循环之后便不再有效了，当然，定义这个 i 也只在循环内有意义。

2）LoopCondition 代表循环条件，当满足循环条件时，程序流程进入循环体，若循环条件不满足，则退出 for 循环。与其他条件判断相同，LoopCondition 不论是变量还是表达式，最后都应计算出一个 bool 值。

3）AdjustVariable 代表调整语句，在每次执行了循环体之后会执行调整语句，从而完成一次完整的循环。调整语句可以是任意的，但一般来讲应是有意义的语句，用于改变循环变量。同时调整语句应改变循环变量以使循环条件最终为 false，否则会陷入到死循环中。

事实上 while 循环 do-while 循环以及 for 循环是可以相互转换的。for 循环示意图如图 3-5 所示。

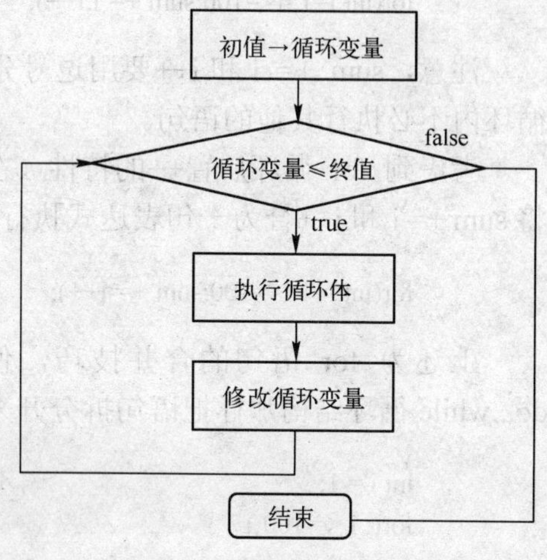

图 3-5　for 循环示意图

【例 3-4】 编写控制台应用程序，使用 for 循环结构计算 1 到 100 的和。

```
public class Ex0304ForLoop
{
  public static void Main (string[] args)
  {
     int sum=0;
     for (int flag=1;flag<=100;flag++)
     {
       sum+=flag ;
     }
     Console.WriteLine ("1 到 100 的和为{0}",sum);
  }
}
```

程序的执行结果为：

```
1 到 100 的和为 5050
```

for 语句的循环声明方式使得程序变得简化。在上面的例子中，如果是 while 或者 do...while 结构，循环体内必须使用两句变量赋值语句对循环变量进行改变，而 for 语句中只需一句（即 i++这一句被移到 for 的特定位置上），这样就降低了循环语句的复杂度，如下所示。

```
for(int i=0;i <= 100;i++)
{
   sum += 100;
}
```

如果在某些情况下，for 的循环体内执行多行语句时，{}是不可省略的。事实上，即便是在可以省略的情况下，也建议使用花括号。这样可以让循环的边界更清晰。

在本例中，如果追求简洁，还可以将循环体内的语句移到“条件改变”的位置。

```
for(int i=1; i<=100;sum += i,i++);
```

注意，sum += i 和 i++要用逗号分隔。在 for 循环声明之后，则直接跟上分号，表示 for 循环内不必执行其他的语句。

考虑到 for 循环后置++的特性（在循环体之后对循环变量进行自加 1 的操作），也可以将 sum += i 和 i++合为一句表达式执行。

```
for(int i=1;i<=100;sum += i++);
```

上述为 for 语句的合并技巧，使得循环结构简化。但 for 语句也可以像 while 或 do...while 循环结构那样把语句拆分开来进行书写，如下所示。

```
int i = 1;
for(; i <= 100;)
{
  sum += i;
  i++;
}
```

在上边的例子中条件初始化语句在循环体内执行，而循环变量的变化作为循环体内的语句执行。而在循环声明相应的位置上，表达式为空，分号保留。另外请注意，这循环声明中有 2 个分号，分别在 i<=100 这条语句的前后。

若 for 循环结构中的“循环变量初始化”和“循环变量值的改变”表达式都省略掉，则 for 循环与 while 或 do...while 循环就几乎完全一样了。

3.3.4 foreach 循环

C#语言相比 C 语言和 C++语言特有的循环语句是 foreach 循环。foreach 循环用于从前到后顺序遍历一个集合对象，设置一个循环标识符来依次取出集合对象中的每一项。在循环体中，可以对数据项执行指定的读取操作。foreach 循环的优点在于：不需要循环计数，也不会循环越界。

foreach 循环语句是从 Visual Basic 中借用过来的循环语句，在传统的 C/C++/Java 中是不存在这种语句的。foreach 的功能是非常强大和实用的，它的语法如下。

```
string[] strings ={"a","b","c"};       //定义一个字符串类型的数组，里面有 3 个元素
foreach（string str in strings）
{
```

```
Console.WriteLine ("{0}",str);        //示例代码，这部分可以自行书写
}
```

在 foreach 循环结构中：

1）strings 代表一个字符串数组，关于更多数组内容将在后面介绍，这里只要了解 strings 是数组名，在此例中存放了 3 个字符串。

2）foreach 循环会从数组或集合的首项开始读取，直到最后一项为止（除非提前退出）。

需要注意的是：每一个遍历项（在此例中有 str 表示）都是只读的。即无法在遍历的过程中修改遍历项的值。如果有修改遍历项的需要，就应使用 for 循环。

3.4 跳转语句

跳转语句并不严格属于 3 种流程控制结构（顺序、分支、循环）中的任何 1 种，但却作为一类重要的辅助语句而存在。在 C#中需要了解的跳转语句有 break，continue，return，goto 4 种。

3.4.1 break 语句

在前面第二节介绍 switch 语句的时候简要介绍过 break 语句，正如前面介绍的那样，break 关键字在 switch 语句中的作用是结束 case 语句块并跳出 switch。而对于 break 语句的准确描述是退出当前的 switch 或循环语句，并继续执行后面的语句。break 语句也可以用在 while、do-while、for 和 foreach 循环结构之中。break 语句示意图如图 3-6 所示。

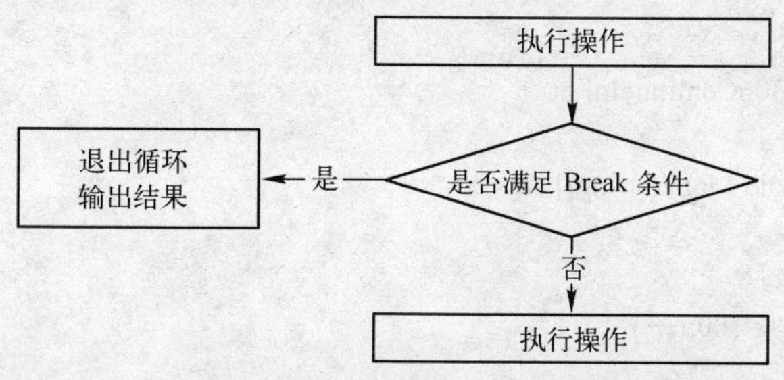

图 3-6　break 语句示意图

下面示例展示了 break 语句在 for 循环中的应用，该例以一种特殊的形式求得 1 到 100 的和。

【例 3-5】 编写控制台应用程序，使用 for 循环结构计算 1 到 1000 的和，但是在循环变量到达 100 时退出（实际上是求 1 到 100 的和）。

```
public class Ex0305BreakInFor
{
  public static void Main (string[] args)
  {
    int sum=0;
    for (int i=1;i<1000;i++)
```

```
        {
          sum+=i;
          if(i==100)
          {break;}
        }
        Console.WriteLine("1 到 100 的和为{0}",sum);
    }
}
```

程序的运行结果为：

```
1 到 100 的和为 5050
```

break 语句用来终止一条循环语句，使控制流程跳转到循环语句之后的下一条语句。break 语句可以在循环体的任意位置使用。注意，break 会终止循环的继续执行，请与 continue 的使用进行区分，若要中止整个嵌套的循环，可以使用 return 语句。

3.4.2 continue 语句

continue 关键字与 break 有些相似却不尽相同。break 可用于 switch 和循环语句，但 continue 只能用于 for、while 和 do-while 等循环结构内，break 的作用是终止当前语句块的执行，而 continue 是终止当次循环的执行而进入到下一次循环中，程序流程并不离开循环语句块。continue 语句使执行流程结束当次循环而进入下一次循环。

【例 3-6】 编写控制台应用程序，使用 for 循环结构计算 1 到 100 中除了 3 的倍数之外的其他数的和。

```
public class Ex0306ContinueInFor
{
  public static void Main (string[] args)
  {
    int sum=0;
    for(int i=1;i<=100;i++)
    {
      if(i%3= =0)
      { continue; }
      sum+=i;     //如果 i 是 3 的倍数，此语句将不执行
    }
    Console.WriteLine ("1 到 100 中，除了 3 的整数倍的数，其余数的和为{0}",sum);
  }
}
```

程序的执行结果为：

```
1 到 100 中，除了 3 的整数倍的数，其余数的和为 3367
```

3.4.3 return 语句

当函数有返回值时，return 语句的作用是提供函数的返回值，并结束当前函数的执行而

返回到调用该函数的位置；当函数没有返回值时，return 语句的作用是结束当前函数执行，例如，当检查到错误时可以提前结束当前函数的执行。

return 语句是非常常用的一个跳转语句。在面向对象程序设计中，程序的运行往往伴随着对象的创建和对象方法的调用，函数经过计算所得出的结果，即返回值，就是通过 return 返回给调用方的。

关于 return 语句的用法还有以下几点说明。

1）return 返回的值或变量的类型应与函数的返回值类型相同。

2）若函数无返回值，则函数中可无 return 语句，随着函数结束，程序流程会自动返回到调用方；反之，若函数有返回值则必须使用 return 语句返回一个值。

不论函数是否有返回值，一个函数中都可以有多个 return 语句，以便在多个特定的情况下终止函数的执行。

3）在执行 return 语句时，不论函数体中是否还有其他语句尚未执行，该函数也会终止执行并返回调用该函数的位置。此规则的例外情况是，如果 return 语句出现在 try 块内且有一个相应的 finally 块，则 finally 块中的语句将在该函数返回之前执行。

如果某个函数在函数部执行完成之后仍旧没有执行 return 语句，那么该函数的返回值为 undefined 值（这就意味着该函数的返回值结果不能作为其他表达式的一部分参与计算）。

finally 块中的代码是在 try 或 catch 块中的某个 return 语句出现之后，但在执行该 return 语句之前运行的，也就是说会先执行 finally 包含的语句再执行 return。在此情况下，finally 块中如果存在 return 语句则会在函数的正常 return 语句之前执行，这样就允许有不同的返回值。不过，若大量出现这样的结构可能会导致混淆，所以不建议在 finally 块中使用 return 语句。

3.4.4 goto 语句

goto 语句有着一段漫长且曲折的历史，从频繁的使用到保守批评，它见证了结构化程序设计的诞生，直到今天，现代的 C#语言仍旧保留了 goto 关键字，但事实上已很少有人使用它了。因为在结构化程序设计时代已证明使用 goto 会使得程序无规律性可言，也不便于阅读，所以在以后的编程中并不提倡使用 goto 语句。

1968 年，E・W・代克斯特拉首先提出“goto 语句是有害的”，向之前经典的程序设计方法提出了挑战，在当时引起了人们对程序设计方法的激烈讨论。后来，G・加科皮尼和 C・波姆从理论上证明了：任何程序都可以用顺序、分支和重复结构表示（编写）出来。这个结论表明，从高级程序语言中去掉 goto 语句并不影响高级程序语言的编程能力，而且编写的程序的结构会更加清晰。

在一些高级编程语言中还是保留了 goto 语句，但已经被建议不用或少用。同样 C#也还是支持 goto 语句的，goto 语句一个好处就是可以保证程序存在唯一的出口，避免了过于庞大的 if 嵌套。

简单来说，goto 语句的作用是控制程序的流程从某处转到另一处。

其语法如下。

```
LabelEx : Console.WriteLine ("这是目标位置");
```

```
...
Console.WriteLine ("即将发生跳转");
goto LabelEx ;
```

在 goto 结构中：

1）LabelEx 是位置标签，当程序执行到 goto LabelEx 时会跳转到 LabelEx 所标记的位置继续执行。

2）goto 语句的跳转不是任意的，goto 语句的标记无法设在 for 循环等循环中，也不能跳出 try-catch-finally 的 finally 语句块，更无法跳出类的范围。这样的规定是有意义的，因为可以限制“可怕的灾难”发生，比如产生可以绕过异常处理的 bug。但是，goto 语句在 C#中也有积极的作用，它可以在 switch-case 块中标记，使程序能够真正的跨 case 运行。

也可以使用 goto 结构来编写循环，也就是说结构化程序设计之前就有的旧式用法。如果可以，请读者尽量避免使用 goto 语句，它会引起程序结构的混乱。

【例 3-7】 编写控制台应用程序，使用 goto 计算 1 到 100 的和。

```
public class Ex0307GotoLoop
{
  public static void Main (string[] args)
  {
  int i=1;
  int sum=0;
  loop: if (i<=100)
        {
          sum+=i ;
          i++;
        }
        else
        {
              goto finish;
        }
     goto loop;
     finish:   Console.WriteLine ("1 到 100 的和为{0}",sum);
  }
}
```

程序的执行结果与前面例子中的计算结果相同。

3.5 预处理指令

C#中的预处理指令是在编译时调用的，是以“#”开头的指令。可以使用预处理指令指定 C#编译器需要编译哪些代码，也可以指定如何处理特定的错误和警告等，还可控制代码的组织等。相比于 C++的预处理来说，C#中的预处理指令做了一定的裁剪，更清晰和实用。

C#宏的预处理指令不包括宏指令，必须以“#”开头，而且必须在一行中写完结束这个预处理指令。预处理是以换行符作为结束标志，而不是像一般的语句以西文半角分号结束。

3.5.1 region 预处理指令

在 C#源代码编辑器中可以使用#region 来定义一个代码区间，可以很方便地对这段代码区间进行折叠和展开以方便查看。#region 必须要和#endregion 配对使用，在这两个指令之后都可以写一些描述性的文字。可以在#region 中嵌套使用#region 指令，也可以在#region 和#endregion 中使用其他的预处理指令，比如#if 指令。

【例 3-8】 编写控制台应用程序，编写 SayHello 和 SayWeather 方法，并且要把 SayHello 和 SayWeather 方法的实现代码放在#region 和#endregion 指令之内。

```
public class Ex0308Region
{
    static void Main(string[] args)
    {
        SayHello();
        SayWeather();
    }
    #region
    static void SayHello()
    {
        Console.WriteLine("Hello World!");
    }
    static void SayWeather()
    {
        Console.WriteLine("今天天气晴，气温 15~25 度。");
    }
    #endregion
}
```

3.5.2 定义预处理指令

#define 可以用来定义预处理所使用的符号，类似于 C#源代码中的定义变量，定义的这个预处理符号只能用于编译器，需要注意的是#define 需要写在 C#源文件中的最上部。例如，“#define windows7”，表示在预处理中定义了一个叫做“windows7”的预处理符号，可以在条件预处理指令中进行检查判断是否已经定义。可以使用#undef 预处理指令取消某个预处理符号的定义。

3.5.3 条件预处理指令

可以使用条件预处理指令 if 来检查条件表达式的计算结果，从而决定是否执行包含在条件指令之间的代码。条件预处理指令包含了#if、#endif、#elif、#else 几个预处理指令，其中#elif 类似于 C#语言中的 else if 语句。需要注意的是#if 和#endif 必须成对出现，#elif 和#else 如果出现，则必须出现在#if 和#endif 对之内。

【例 3-9】 编写控制台应用程序，在程序上部使用#define 定义一个名称，在 main 函数内部使用#if、#endif、#elif、#else 判断是否定义过某个名称。

```
#define windows7
using System;
using System.Collections.Generic;
using System.Linq;
using System.Text;

namespace Ex0309If
{
    class Ex0309If
    {
        static void Main(string[] args)
        {
#if windowsxp
            string result = "您现在使用的是 Windows XP 操作系统。";
#elif windows7
            string result = "您现在使用的是 Windows 7 操作系统。";
#else
            string result = "您现在使用的操作系统不明。";
#endif
            Console.WriteLine(result);
        }
    }
}
```

在上面的程序中，第一行定义了一个“windows7”预处理符号，所以“#elif windows7”的判断结果是真，其他的分支都没有执行，所以最终程序的输出为“您现在使用的是 Windows 7 操作系统。”。

3.5.4 warning 和 error 预处理指令

可以使用#warning 指令在程序编译的时候显示一个警告信息，程序可以运行；#error 只用于显示一个编译错误，程序编译不通过，不能运行。

【例 3-10】 编写控制台应用程序，在程序上部使用#define 定义“windows7”名称，在 main 函数内判断是否已经定义过“windows7”，如果定义过，则触发一个警告（warning），如果没定义过则触发一个错误（error）。

```
#define windows7
using System;
using System.Collections.Generic;
using System.Linq;
using System.Text;

namespace Ex0310WarningError
{
    class Ex0310WarningError
    {
```

```
            static void Main(string[] args)
            {

    #if windows7
    #warning  程序运行在 Windows 7 操作系统之下
                string result = "您现在使用的是 Windows 7 操作系统";
    #endif

    #if !windows7
    #error  本程序目前只能运行在 Windows 7 操作系统之下
    #endif
                Console.WriteLine(result);
            }
        }
    }
```

因为在程序的第一行中已经定义了“windows7”预处理符号，所以运行程序后会显示“您现在使用的是 Windows 7 操作系统。”，但是在“错误列表”窗口中可以看到一个警告。如果删除“#define windows7”这一行，或者把“windows7”改成其他符号，在运行程序时可以看到程序编译不通过，在“错误列表”窗口中会显示一个错误。

3.6 小结

本章介绍了 C#语言中的一些控制语句，包括分支、循环、跳转语句和预处理指令的写法和用法等。

通过本章的学习，读者应该掌握以下内容

- C#语句的分支语句的写法。
- 各种循环的写法和使用。
- 跳转语句的使用情况和用法。
- 预编译指令的含义和用法。

3.7 习题

1. 填空题

编写程序，使用 foreach 循环，计算整型数组元素的平均值

```
int[] intArrays={1,2,3,4,5};
int avg=0;
foreach(_____ i in _____)
{
    avg+=__________
}
avg=________________
```

return ________________

2．简述题

简述 for 和 foreach 循环的相同点和不同点。

3．编程题

1）编写控制台应用程序，分别使用 while 和 do…while 循环实现向控制台输出 1～10 的整数。

2）编写控制台应用程序，实现漏斗图形的输出。从控制台读取用户输入的数字，并根据该数字输出漏斗图形。当用户输入 3 时，输出图形为：

```
***
 **
  *
 **
***
```

当用户输入 2 时，输出图形为：

```
**
 *
**
```

3）分别使用 if 和 switch 语句实现下述功能：

用户从控制台输入学生成绩；

如果该成绩在 0～59，输出“没有通过！这样可不行！”；

如果该成绩在 60～69，输出“及格，得努力！”；

如果该成绩在 70～79，输出“还可以，加油！”；

如果该成绩在 80～89，输出“不错，继续！”；

如果该成绩在 90～100，输出“很好！”。

4）编写控制台应用程序，实现：

让用户输入一个数；

让用户选择要进行的运算；

如果用户选择圆形，则输出以该数字为半径的圆形的面积；

如果用户选择正方形，则输出以该数字为边长的正方形的面积；

如果用户选择球形，则输出以该数字为半径的球的表面积。

3.8 综合项目——猜数字游戏

3.8.1 项目分析

本项目需要使用控制台应用程序来完成一个与用户交互的一个猜数字游戏，程序的运行结果如图 3-7 所示。

在控制台应用程序中随机生成一个没有重复数字的 4 位数。每猜一个新的 4 位数，程序就要根据其与随机数的比较，以“*A*B”的形式指出用户猜的正误情况，其中 A 前面的数字表示位置正确的数的个数，而 B 前的数字表示数字正确的个数。

图 3-7　猜数字游戏运行结果图

如正确答案为 5234，而用户猜 5346，则是 1A3B，其中有一个 5 的位置对了，记为 1A，而 5、3 和 4 这 3 个数字对了，因此记为 3B，合起来就是 1A3B。

接着用户再根据输出的“*A*B”的结果继续猜测，直到猜中为止。输出猜测次数。

3.8.2　项目设计

1）猜数字游戏中需要使用的函数如表 3-1 所示。

表 3-1　猜数字游戏中用到的函数

编号	函 数 名 称	函数的作用	函数的参数	函数的返回值	调用其他函数编号
1	CalAAndB	计算指定字符串与程序随机生成的字符串比较，相同的有几个，数字正确但位置不正确的有几个	string，用户输入的指定字符串 string，程序中随机生成的数字字符串	string，判断结果*A*B	
2	GetRandomNums	生成一个不重复数字字符串	int 指定字符串长度	string，生成的字符串	3
3	NumHasGenerated	判断指定数字是否已经生成过（用于协助生成不重复的数字构成的字符串）	string，指定的新数字对应的字符串 string，已生成数字对应的字符串	bool，已经生成过返回true；否则返回false	
4	CheckFormat	判断用户输入是否符合格式要求，即用户输入是否为4个不重复数字	string，用户输入的字符串	bool，格式正确，返回true；否则返回false	5，6

（续）

编号	函数名称	函数的作用	函数的参数	函数的返回值	调用其他函数编号
5	IsStringANumber	判断指定字符串或字符数组是否全部为数字	string，指定字符数组	bool，是返回true；不是返回false	
6	CharsAllDifferent	判断指定的字符串或字符数组中的各个字符是否各不相同	string，指定字符数组	bool，各不相同返回true；有相同的返回false	3

2）程序主流程如图 3-8 所示。

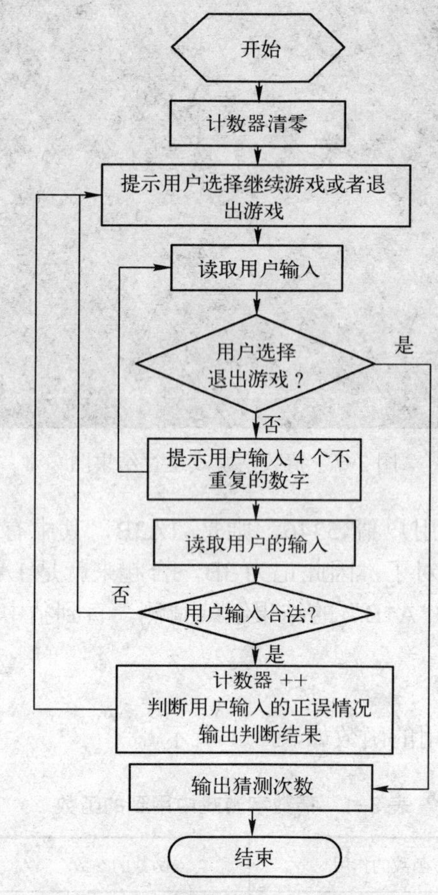

图 3-8　猜数字游戏主流程图

3.8.3　项目实现

项目的详细实现步骤如下。

1）启动 Visual Studio 2008，在“文件”菜单中选择“新建”→“项目”。

2）在“新建任务”对话框中选择“控制台应用程序”，在下面“名称”中填入“ExGuessNum”，在“位置”中选择合适的位置后点击“确定”按钮。

3）在 Program 类中添加“CalAAndB”方法（或称为“函数”），具体代码如下所示。

```
/// <summary>
/// 计算指定字符串与程序随机生成的字符串比较，相同的有几个，数字正确但位置不正确的有几个
/// </summary>
/// <param name="strInput">用户输入的指定字符串</param>
/// <param name="randNums">程序中随机生成的数字字符串</param>
/// <returns>几 A 几 B</returns>
static string CalAAndB(string strInput, string randNums)
{
    int correctNumAndPosCount = 0;
    int correctNumCount = 0;
    for (int i = 0; i < strInput.Length; i++)
    {
        for (int j = 0; j < randNums.Length; j++)
        {
            if (strInput[i] == randNums[j])
            {
                //有相同数字，则数字正确的数量递增
                correctNumCount++;
                if (i == j)     //数字正确的基础上位置也正确
                    correctNumAndPosCount++;//完全正确的数量递增
            }
        }
    }
    return correctNumCount.ToString() + "A" + correctNumAndPosCount.ToString() + "B";
}
```

4）在 Program 类中添加“GetRandomNums”方法，具体代码如下：

```
/// <summary>
/// 生成一个不重复数字字符串
/// </summary>
/// <param name="numCount">要生成的数字的个数</param>
/// <returns>不重复数字字符串</returns>
static string GetRandomNums(int numCount)
{
    Random rand = new Random();     //创建种子
    string numbersGenerated="";
    for (int i = 0; i < numCount; i++)     //随机生成 4 个不重复的数字
    {
        int randNum = rand.Next(10);     //生成一个 0～9 之间的数字
        if (!NumHasGenerated(randNum.ToString(), numbersGenerated))
        {//如果该数字与之前的数字都不重复，将其添加到之前的数字的末尾
            numbersGenerated += randNum.ToString();
        }
        else
        {
```

```
                i--;
            }
        }
        return numbersGenerated;
    }
```

5）在 Program 类中添加“NumHasGenerated”方法，具体代码如下所示。

```
/// <summary>
/// 判断指定数字是否已经生成过
/// </summary>
/// <param name="num">指定数字</param>
/// <param name="numbers">之前生成数字构成的字符串</param>
/// <returns>已经生成过返回 true，否则返回 false</returns>
static bool NumHasGenerated(string newNum, string oldNumbers)
{
    for (int i = 0; i < oldNumbers.Length; i++)
    {
        //与之前的一个数字重复
        if (newNum == oldNumbers[i].ToString())
        {
            return true;
        }
    }
    return false;
}
```

6）在 Program 类中添加“CheckFormat”方法，具体代码如下：

```
/// <summary>
/// 判断用户输入是否符合格式要求，即用户输入是否为 4 个不重复数字
/// </summary>
/// <param name="input">用户输入的字符串</param>
/// <returns>格式正确，返回 true；否则返回 false</returns>
static bool CheckFormat(string strInput)
{
    if (!IsStringANumber(strInput))      //如果字符中有不是数字的
        return false;//返回 false
    //否则返回字符中有没有重复的结果
    return CharsAllDifferent(strInput);
}
```

7）在 Program 类中添加“IsStringANumber”方法，具体代码如下：

```
/// <summary>
/// 判断指定字符串或字符数组是否全部为数字
/// </summary>
/// <param name="charsInput">指定字符数组</param>
```

```
/// <returns>是返回 true，不是返回 false</returns>
static bool IsStringANumber(string strInput)
{
    for (int i = 0; i < strInput.Length;i++ )
    {
        if (strInput[i] > 57 || strInput[i] < 48)//该字符不是数字
            return false;
    }
            return true;
}
```

8）在 Program 类中添加“CharsAllDifferent”方法，具体代码如下：

```
/// <summary>
/// 判断指定的字符串或字符数组中的各个字符是否各不相同
/// </summary>
/// <param name="charsInput">指定字符数组</param>
/// <returns>各不相同返回 true，有相同的返回 false</returns>
static bool CharsAllDifferent(String strInput)
{
    //冒泡，查当前的字符和后面的字符有没有相同的
    for (int i = 0; i < strInput.Length - 1; i++)
    {
        if(NumHasGenerated(strInput[i+1].ToString(),
            strInput.Substring(0,i+1)))
        {
            //有重复数字
            return false;
        }
    }
    return true;      //没有重复数字
}
```

9）“Main”方法中添加如下代码。

```
static void Main(string[] args)
{
    string randNums= GetRandomNums(4);      //生成一个 4 位不重复数字
    int guessCount = 0;      //总猜测次数为 0
    bool guess = false;
    while (true)
    {
        Console.WriteLine("请选择下面的操作");
        Console.WriteLine("E/e-退出游戏，其他输入-开始/继续游戏");
        if (Console.ReadLine().ToUpper() == "E")
            break;
        guess = false;
        Console.WriteLine("请连续输入 4 个不重复的 0-9 之间的数字");
```

```
            string strInput = Console.ReadLine();      //读入用户的输入
            guessCount++;      //猜测次数递增
            if (!CheckFormat(strInput))       //检查用户输入是否合法
            {
                Console.WriteLine("您的输入不合法");
                continue;
            }
            //能够执行到下面的代码，说明用户输入合法
            string guessResult = CalAAndB(strInput, randNums);
            //输出猜测结果的判断
            Console.WriteLine("猜测结果为："+guessResult);
            if (guessResult == "4A4B")
            {
                guess = true;
                Console.WriteLine("恭喜您！结果正确！");
                Console.WriteLine("您共猜测了{0}次！", guessCount);
                //没有退出循环，而是进入下一次循环，让用户选择是否继续游戏
            }      //没有 else，如果猜得不对也是直接进入到下一次循环
        }
        if (!guess)
        {
            Console.WriteLine("很遗憾您没有猜中！");
            Console.WriteLine("您共猜测了{0}次！", guessCount);
        }
    }
```

第 4 章　面向对象程序设计基础

面向对象编程是一种功能强大的程序设计方法，C#作为一门现代的计算机编程语言，具有许多高级编程语言共有的特点及支持面向对象程序设计。 C#中主要是通过定义类以实现面向对象的程序设计，本章主要介绍类与对象的基本概念及相关的基础知识。

- 类与对象概述
- 类的定义
- 类的使用——实例化及使用对象
- 访问控制
- 类的封装性与属性
- 方法的重载
- 类的构造（方法）函数与析构（方法）函数
- 静态成员
- 委托和事件

4.1　类与对象概述

为了深入学习 C#，需要了解 C#的面向对象编程。面向对象编程是一种功能强大的程序设计方法，围绕数据来组织程序。类是面向对象编程的基础，在类中定义了数据和处理这些数据的代码。这一章介绍类的基础知识。

无论是面向过程的语言，还是面向对象的语言，实际上体现的就是看待世界的方式，或者说是通过计算机来描述现实世界的方式。作为面向对象的程序员，要用分类的角度去考虑问题。比如说，这个世界是由有生命事物、无生命事物构成的，有生命事物又由动物、植物等组成的，动物又分飞禽、哺乳动物等，哺乳动物又分为人、大象、老虎……。就这样的细分下去，越处于上层的越抽象，越位于下层的越具体，如图 4-1 所示。

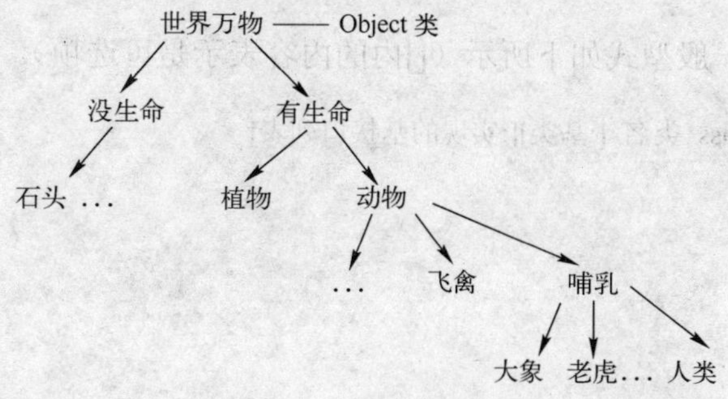

图 4-1　客观事物分类图

首先看看人类所具有的一些特征，所说的特征包括属性（一些参数，通常为一些数值）以及方法（一些行为，描述能够做什么）。每个人都有身高、体重、年龄、血型等一些属性。人会劳动、会直立行走、会用自己的头脑去思考及创造工具等。人之所以能区别于其他类型的动物，是因为每个人都具有人这个群体的属性与方法。“人”只是一个抽象的概念，表示一类具有某些共同特征及行为的特殊事物，不是某个具体的人，因为“人”只存在于思维中。但是所有具备“人”这个群体共同特征及行为的对象都叫人，即一个有名有姓活生生的具体的人，也成为一个实例。这个对象“人”是实际存在的实体，每个人都是人这个群体的一个对象。例如，张三就是“人”这个类的一个对象。

人：类

特征：姓名、性别、身高、体重、血型等，称为属性。

行为：看、吃、听、思考等，称为方法。

人类（类）具体化——张三、李四等，称为对象。

站在抽象的角度，可以给“类”下这样一个定义：类描述了一组有相同特性（属性）和相同行为（方法）的对象。

在程序设计中，类实际上就是一种数据类型，就像整数、浮点数类型等，在 C#中整数等数据类型也有一组特性和行为。面向过程程序设计方式与面相对象程序设计方式的区别就在于，面向过程的语言不允许程序员自己定义数据类型，而只能使用程序中内置的数据类型。为了模拟真实世界，为了更好地解决问题，往往需要创建解决问题所必需的数据类型，面向对象程序设计方式为此提供了解决方案，这样就可以自己定义所需要的数据类型（类）了。

面向对象程序设计方式的另外一个重要的优势就是可以最大限度地实现代码重用，这就大大提高了编程效率，特别适合于企业级开发使用。

对某类事物进行分析总结、抽取、定义其共同的特征及行为。然后编写代码实现其描述，（即定义属性（特征）实现方法（行为）并加以保存），对该类事物的每个特殊子群体进行描述时，其中可继承共性的东西，只需对该群体的特殊性进行编程描述即可。例如，对一个特殊类人（教师或学生）进行描述，首先继承人类的共性，然后只对这特殊群体的特性定义编程（定义属性、方法）。

4.2　类的定义

在 C#中类定义的一般型式如下所示（[]内的内容表示是可选项）。

```
[访问修饰符] class 类名 [:基类][:实现的基接口列表]
{
     字段;
    [属性] ;
    ……
     方法;
    ……
}
```

其中，class 是关键字，类名是用户定义的合法且大小写敏感的一串字符；基类及实现的基接口列表为所定义的类的父类或要实现的接口，是可选的。父类及接口的概念将在下一章详细论述。访问修饰符可以描述类的访问限制，修饰符可以是 public，abstract，sealed，internal 或 abstract 等，默认为 internal，介绍如下。

1）public 表示该类可以在任何地方使用。

2）internal 说明该类只能够在当前项目中使用。

3）如果应用程序只有一个项目，public 和 internal 作用相同。

4）如果没有写任何修饰符，默认类的修饰符为 internal。

5）抽象类（abstract）不能实例化，也就是不能用 new。

6）密封类（sealed）不能被继承，不能放在其他类的后面，作为基类。

类的定义体中有字段、属性、方法，字段表示类描述的事物的特征，方法表示事物的行为，属性用来提供访问字段的途径，也可以称做字段存取器。用类描述人这个类，可以定义下面的类。

```
public class human
{
    Int height;      //特征 1
    Int weight;      //特征 2
    ……
    Character n;     //特征 n
    Public void behavior_1(参数表){代码};      //行为 1
    ……
    Public void Behavior_n(参数表){代码};      //行为 n
}
```

4.3 类的使用——实例化及使用对象

定义了类，也就表示定义了一类事物，需要注意的是类是抽象的，一般来说是不能直接使用其方法、访问其字段（静态类例外），在使用它前必须对它进行实例化，即把抽象的事物概念落实为一个具体实例。例如，上述定义的人类这个类，它只是一个抽象概念，它不能做出任何动作，只有具体化成某个具体的人，如张三、李四才能做出人类类中所定义的动作，也可以具体体现张三或李四的身高、体重等特征，实例化类的结果是得到类对象。也可以先声明对象，即先创建对象，再对其实例化。

4.3.1 声明对象

声明对象的格式与声明基本数据类型的格式基本相同，其格式如下。

```
类名 对象名;
```

例如：

```
human zhangsan;
```

4.3.2 实例化类得到对象

对象实例化的语法格式如下。

```
对象名 =new 类名();
```

例如，下面的定义（zhangsan 和 lisi 已经是 human 类的对象）。

```
zhangsan=new human();
lisi=new human();
```

对于一个类可以实例化多个类对象，即创建多个类实例，每个对象实例实现相互独立的，在内存中有自己的属性及方法。

4.3.3 访问对象

访问对象的实质就是访问对象成员，对象成员的访问一般使用“.”运算符，例如，

```
zhangsan.Height=170;     //为对象 Zhangsan 数据成员赋值。
```

【例 4-1】 创建一个控制台程序，定义一个人类类，该类包含姓名、性别、年龄字段表示特征，方法 think()表示行为，并创建、实例化类的对象，并为对象赋值，将对象的值显示到控制台的屏幕上。

创建一个控制台项目，在解决方案资源管理器中双击 Program.cs 文件。在其中输入代码，程序代码如下。

```
using System;
using System.Collections.Generic;
using System.Text;
namespace Ex0401
{
    class human                    //定义一个 human 类
    {
       public string name;         //声明一个 name 字段，用来存放姓名
       public string sex;          //声明一个 sex 字段，用来存放性别
       public int age;             //声明一个 age 字段，用来存放年龄
       public string think()
       {
           return  "思考";
       }
    }

   class Program
   {
    static void Main(string[] args)
       {
             //实例化 human 类创建对象 zhangsan
             human zhangsan = new human ();
             //为对象字段赋值
            zhangsan.name = "张三";
```

```
                zhangsan.sex = "男";
                zhangsan.age=30;
                //在控制台屏幕上打印出对象的各个字段值
                Console.WriteLine("姓名:"+ zhangsan.name +"姓别:"+ zhangsan.sex+ "年龄:"+
zhangsan.age.ToString()+"他可以:"+zhangsan.think());
                //Console.ReadKey();
            }
        }
    }
```

程序的运行结果为：

```
姓名:张三性别:男年龄:30 他可以:思考
```

4.4 访问控制

C#中使用访问修饰符 public，private，protected，internal 用于进行访问控制。

4.4.1 访问修饰符 public

public 关键字表示类和类成员公共访问修饰符，表示可以在任何地方使用。如果在类名或成员名前加 public 访问修饰符，可以在程序的任何位置对其进行访问。例如，例 4-1 中定义的字段与方法都是 public 的，所以在代码的其他地方是可以访问它们的。

4.4.2 访问修饰符 private

private 关键字是类成员访问控制修饰符，表示私有访问，是可访问性最低的级别，在类成员名前加 private 访问修饰符表示该成员只能在该类中访问。C#中默认的访问修饰符是 private。把例 4-1 中各字段的访问修饰符去掉或改为 private，类代码修改如下：

```
class human
{
    string name;
    string sex;
    private int age;
    public string think()
    {
        return  "思考";
    }
}
```

则这些字段在 Main(string[] args)方法中是不可访问的，但方法 think()是可以访问的。

4.4.3 访问修饰符 protected

protected 关键字是类成员访问控制修饰符，表示受保护的访问，这是介于 public 和 private 之间的访问控制修饰符，表示受保护的成员在其所在类及其派生类（子类）可以访问。关于派生类的概念将在后边的章节中讲解。

4.4.4 访问修饰符 internal

internal 关键字表示类和类成员访问修饰符，只有在同一个程序集（一般即为同一个项目）中可以访问。即程序集内部相当于 public，在程序集之外相当于 private。

4.5 类的封装性与属性

4.5.1 类的封装性

面向对象的三大特点之一就是类的封装性。封装就是将抽象得到的数据和行为（或功能）相结合，形成一个有机的整体，也就是将数据与操作数据的源代码进行结合，形成“类”，其中数据和方法都是类的成员。

类封装的目的如下。

1）隐藏类的实现细节。

2）让使用者只能通过事先定制好的方法来访问数据，可以方便地加入控制逻辑，限制对成员的不合理操作。

3）便于修改，增强代码的可维护性。

4）可进行数据检查。

类封装的一般原则：把尽可能多的东西藏起来，对外只提供尽可能少的简捷接口。

4.5.2 属性

如前所述，类的封装性的目的之一就是把相关成员藏起来，让使用者只能通过事先定制好的方法来访问成员数据，可以方便地加入控制逻辑，限制对成员的不合理操作。可以通过把类成员设成私有或保护，而将其隐藏起来，然后通过属性控制对其访问，这样可以达到加入控制逻辑，限制对成员的不合理操作的目的。在 C#中可以使用属性来达到这个目的。

属性是用相关类型的成员命名，有存取程序块，它指定声明、执行对相关成员的读或写。属性的修饰符可以是 public 和 protected、private、internal。

使用属性的语法如下。

```
[访问限制符] 数据类型 属性名
{
    get{包含 return 语句的语句块;}
    set{包含赋值语句的语句块;}
}
```

属性的主要作用是对字段的读和写，因此，又可以把属性叫做字段访问器

get 称为读访问器，set 称为写访问器。属性中可以只有 set 而没有 get，称为只写访问器；也可以只有 get 而没有 set，称为只读访问器。采用哪种访问器，主要取决于类的外部需要对字段执行的操作需求。

属性的访问限制符一般为 public。在 set 中赋值语句右侧一般为一个包含了 value 关键字的表达式，value 中存放的是要写入的值。可以利用属性实现限制对类成员的不合

理操作。

【例 4-2】 编写控制台应用程序，定义一个 Human 类，在类中定义 private 的字段成员 money，public 属性 Money，Main()方法中再对其访问。

```
public class Human
{
        private decimal money;
        public decimal Money
        {
                get{return money;}
                set{money=value;}
        }
}
public class Program
{
        static void Main()
        {
                Human aHuman=new Human();
                aHuman.Money=300;
                Console.WriteLine(aHuman.Money);
        }
}
```

在上面的例子中定义了一个 Human 类，该类中包含了一个名为 money 的字段，由于类的封装性，类中的字段成员一般声明为私有 private。为了在类的外部访问类的字段，为 money 字段定义了相关 Money 属性，实现对 money 字段的读写操作。要访问类的非静态成员，首先需要创建一个类的实例，通过“对象名.成员名”来访问类的成员。这里由于 money 字段为私有字段，直接写 aHuman.money 实现对该字段的访问是不允许的，要访问该字段只有通过 Money 属性。对该属性的访问实际上就是对字段的访问。

程序的运行结果为：

```
300
```

可以通过事先定制好的程序代码块来访问成员数据，可以方便地加入控制逻辑，限制对成员的不合理操作。

【例 4-3】 编写控制台应用程序，定义一个类，在类中定义 private 字段 age 及对应的属性 Age，在属性的 set 程序块中编写代码，实现对属性的赋值进行检查。

```
class Human
{
        private int age;
        public int Age
        {
        get
                { return age; }
                //如果赋给 age 的值大于 0 则保存
```

```
                set
                {
                    if(value >0)
                    {
                        age = value;
                    }
                    else
                    {
                        age = 0;
                    }
                }
            }
        }
```

4.5.3 方法

方法是对类内成员变量的操作，描述类能够做什么及表示类的行为特征。读者可能会感觉到与 C 语言中的函数非常类似，但是在面向对象编程中，放在类中的函数都称为方法。如果不特意强调面向对象的时候，方法和函数两种称法可以混用。

方法的修饰符如下。

1）访问控制符：public | private | protected | internal [abstract] [static]|extern

2）abstract：抽象方法，只有声明，没有实现

3）static：静态方法，不能被重载，不依赖于任何对象，不需要实例化对象即可直接使用类名来调用该方法。

【例 4-4】 编写控制台应用程序，在类中定义一个方法，在 Main()方法中实现其调用。

```
    class Human
    {
            private static int age;
            public static int Age
            {
                get { return age; }
                //如果赋给 age 的值大于 0 则保存
                set
                {
                    if (value > 0)
                    {
                        age = value;
                    }
                    else
                    {
                        age = 0;
                    }
                }
            }
```

```
        public static int printInfo()
        {
            return age;
        }
    }
    class Program
    {
        static void Main()
        {

            //通过属性 Age 给字段 age 赋值
            Human.Age=30;
            //输出字段 age 的值
            Console.WriteLine(Human.printInfo().ToString());
        }
    }
```

程序的运行结果为：

```
30
```

4.6 方法的重载

方法的重载意味着类中可以定义相同名称的方法，方法的名字虽然相同，但它们在参数类型或参数个数上不同，在这些方法重复调用的时候不会发生“冲突”。

重载表示两个或两个以上的方法具有相同的名称及不同的参数列表（包括参数类型和参数个数）。通过为多个方法指定相同的名称，但使它们具有不同的参数列表，可以在类中创建重载的方法，调用的时候根据参数列表的不同来正确地调用。

【例 4-5】 编写控制台应用程序，定义两个同名的方法，通过参数的不同实现重载。

```
public int function(int a, int b)
{
    return a + b;
}
public double function (double a, double b)
{
    return a + b;
}
```

4.7 类的构造函数与析构函数

如果类中某个成员方法的名称与类名称相同，则称这个方法为构造函数，构造函数也称构造方法。构造函数不能有返回值，甚至不能有 return 语句。 简单地说，构造函数是这样一种函数，当实例化创建对象时，程序就会自动调用这个类的构造函数为这个对象进行初始化。C#可以定义多个使用不同参数列表的构造函数。

构造函数的语法如下。

```
public 所在类的名字(参数列表)
{
        代码体
}
```

构造函数与其他方法的区别。

1）构造函数的命名必须和类名完全相同；而一般方法则不能和类名相同。

2）构造函数的功能主要用于在类的对象创建时定义初始化的状态。它没有返回值，也不能用 void 来修饰。这就保证了它不仅不用自动返回，而且根本不能有任何选择。而其他方法都有返回值。即使是 void 返回值，尽管方法体本身不会自动返回什么，但仍然可以让它返回一些东西，而这些东西可能是不安全的。

3）构造函数不能被直接调用，必须通过 new 运算符在创建对象时才会自动调用，一般方法在程序执行到它的时候被调用。

4）当定义一个类定义的时候，通常情况下都会显示该类的构造函数，并在函数中指定初始化的工作。构造函数也可省略，编译器会提供一个默认的构造函数，默认构造函数是没有参数的。

使用构造函数时需要注意以下几点。

1）类的构造函数名要与类名相同。

2）构造函数没有返回类型。

3）一般情况下构造函数是 public 类型的。

4）如果定义了私有的构造函数，说明该类是无法实例化的。

5）不能显式地调用构造函数。

6）一个类可以定义多个构造函数，称为构造函数的重载，但是重载的构造函数与重载的函数一样，其参数列表必须有所不同（参数个数不同或者参数类型不同）。

前面提到，构造函数不能显式地调用，也就是说不能像调用普通函数那样通过写函数名和指定参数值来调用构造函数。将类的对象实例化创建对象的时候，会隐式调用构造函数。

```
Human aHuman=new Human();
```

这个时候会调用 Human 类的构造函数，如果该类没有写构造函数，会调用基类的构造函数，没有写明基类的话，基类默认为 Object，会调用它的构造函数。

如果一个类有多个构造函数，会根据实例化（new）的时候参数的不同，决定调用哪个构造函数。

【例 4-6】 编写控制台应用程序，在一个类中定义一个无参构造函数和一个有参构造函数，在 Main()方法中分别使用不同的构造函数来实例化对象，得到不同的调用结果。

```
public class Human
{
    decimal money;
    public decimal Money
```

```
        {
            get{return money;}
        }
        public Human()
        {
            money=0;
        }
        public Human(decimal money)
        {
            this.money=money;
        }
    }
    public class Program
    {
        static void Main()
        {
            //使用无参数构造函数
            Human aHumanA=new Human();
            Console.WriteLine(aHumanA.Money);
            //使用有参数构造函数
            Human aHumanB=new Human(30000);
            Console.WriteLine(aHumanB.Money);
        }
    }
```

程序的运行结果为：

```
0
30000
```

观察上面的代码及对照运行结果，可以使用调试然后用单步调试执行，请读者体会不同实例化代码调用哪个构造函数。

构造函数是类的实例化的时候的初始化操作，而析构函数（即析构方法），是在类的对象被清理出内存时被.NET Framework 自动执行的操作，一般用于做清理工作。如关闭打开的文件，关闭网络连接等。析构函数的名称是由"~"和类名组成的。

语法如下。

```
public ~类名()
{
}
```

例如，如果一个类类名为 Myclass，那么它的构造函数的名称是 Myclass()，析构函数的名称是~Myclass()。

析构函数的语法，只是在构造函数的类名前，添加一个~即可。需要注意的是，析构函数没有返回值，而且也没有参数，析构函数也不能显式地调用。当一个类被删除时，会自动调用析构函数。

【例 4-7】 编写控制台应用程序，在类中定义构造函数、析构函数，根据程序执行结果分析其功能及区别。

```
    using System;
namespace unconstructor
{
        class myClass
        {
            public int x, y;
            public myClass(int x, int y)
            {
                Console.WriteLine("x={0},y={1}", x, y);
            }
            ~myClass()
            {
                Console.WriteLine("析构函数 = {0}   ", this);
            }
            static void Main()
            {
                myClass sd = new myClass(66, 99);
                Console.WriteLine("结束!!!");
            }
        }
}
```

程序运行结果如图 4-2 所示。

图 4-2 例 4-7 程序运行结果

4.8 静态成员

类的静态成员与一般的类成员不同，静态成员与对象的实例无关，只与类本身有关。静态成员用来实现类要封装的功能和数据，但不包括特定对象的功能和数据。静态成员包括静态方法和静态属性，需要使用 static 修饰符声明。

静态成员变量从属于一个类而非某个具体的对象，它的值被该类的所有对象所共享。对于 public 的静态成员变量而言，它既可以由类名直接通过“.”操作符引用，也可以由对象名通过“.”作符来引用，并且两者效果相同。静态成员按照它们在类中声明的顺序进行初始化，并且此过程先于 Main 函数执行。

非静态成员变量则为独个对象所拥有，而不被各个对象所共享，因此不能用类名来直接引用。

【例 4-8】 编写控制台应用程序，在类中定义静态成员及非静态成员，并在调用中分析它们的不同。

```
class MyClass
{
    public int nsMember;            //非静态成员变量
    public static int sMember;      //静态成员变量
    public static string name()
    {
        return"张三";
    }
    public MyClass(int i, int j)
    {     //成员的初始化
        nsMember = i;
        sMember = j;
    }
}
class Test
{
    static void Main()
    {
        //创建一个 MyClass 实例，并初始化.
        MyClass mc1 = new MyClass(50, 100);
        Console.WriteLine(MyClass.sMember);
        //name()是 MyClass 类的静态成员，可以由类名直接调用。此行输出张三
        Console.WriteLine(MyClass.name());
        //出错!nsMember 是非静态成员，不能由类名直接引用
        Console.WriteLine(MyClass.nsMember);
        // mc 是一个已成功创建的对象，它拥有自己的非静态成员 nsMember
        Console.WriteLine(mc1.nsMember);
        //创建一个新的实例并初始化
        MyClass mc2 = new MyClass(10, 20);
        //由于在 mc2 初始化时已更改 sMember 为 20
        Console.WriteLine(MyClass.sMember);
    Console.WriteLine(MyClass.nsMember);        //出错!
        Console.WriteLine(mc2.nsMember);   //输出 10;
    //此行输出 50，因为 mc1 和 mc2 的非静态成员 nsMember 是互相独立的
        Console.WriteLine(mc1.nsMember);
    }
}
```

程序运行后会出现如下出错提示信息。

“错误 1 非静态的字段、方法或属性‘ConsoleApplication1.MyClass.nsMember’要求对象引用 C:\Documents and Settings\linyuejin\My Documents\Visual Studio 2008\Projects\ConsoleApplication10\ConsoleApplication10\Program.cs 28 31 ConsoleApplication1”

这说明，对于非静态的字段、方法或属性要求先生成对象引用，然后用该对象引用进行调用。

对上例中的代码进行如下的修改。

删除非法调用语句：Console.WriteLine(MyClass.nsMember);

再次编译运行程序，其运行结果如图 4-3 所示。

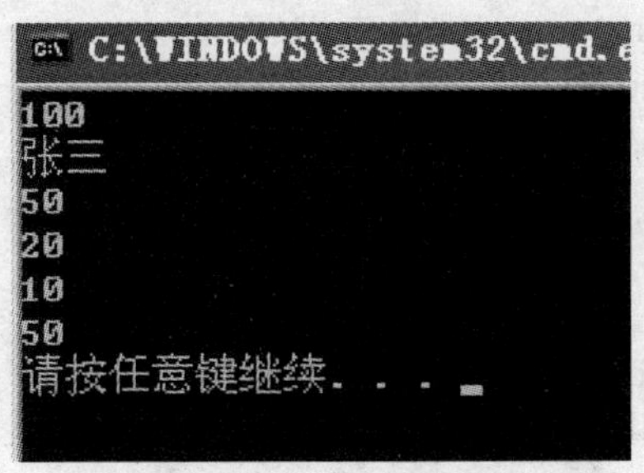

图 4-3　例 4-8 运行结果

4.9　委托和事件

在 C#中，事件分为两种，一种是页面事件或者控件事件这样的内置事件，最为常见的用途就是图形用户界面，即当用户对界面控件进行操作时，如点击一个按钮、选择一个命令，就激发了表示控件类的事件，系统会自动调用该事件对应的处理方法。

另一种就是自定义事件，即可以在自定义类中定义自己的事件。自定义事件是通过委托实现的。例如，某人发现没有吃的了，让他的妻子去买吃的；然后她按照此人的意思，拿着此人给的钱去买回了吃的。某人发现没有吃的了，事件（Event）就产生了，然后某人——事件发生者（Event Sender），把这个消息告诉他的妻子（事件的委托），委托她去超市——事件接收者（Event Receiver）去处理该事件。

定义事件时，事件是通过委托来实现的。实现事件的步骤如下：

1）声明一个委托（上例中的妻子）。

2）声明一个委托类型的事件（发现没有吃的了）。

3）根据委托的签名定义事件处理方法（买吃的）。

4）将事件和事件处理方法联系起来（发现没有吃的了——（委托妻子）——买吃的）。

5）编写触发事件的方法（编写买吃的方法）。

6）调用触发事件的方法（调用买吃的方法）。

【例 4-9】 编写控制台应用程序，通过定义委托实现自定义事件及事件的处理方法的调用，实现如下的功能。当用户输入了“你好”时，观察者向控制台输出“你好”。

需要编写一个观察者的类 Observer，这个类可以获取用户在控制台的输入，在控制台应用程序中添加这样一个类，并为它添加一个 Input 方法。下面具体演示如何来实 Observer 类的事件。

（1）声明委托

在类的外面添加如下代码：

```
delegate void DeleHandler();
```

这个委托是无参数的，也没有返回值。

（2）声明一个委托类型的事件

在 Observer 类的内部，添加一个事件字段，该事件的类型为委托类型。

```
private event DeleHandler sayHello;
```

（3）根据委托的签名定义事件处理方法

在 Observer 类的内部，添加一个方法，该方法是 sayHello 事件对应处理方法，该方法需要满足 DeleHandler 委托的签名，如下所示。

```
private void OutputHello()
{
    Console.WriteLine("hello");
}
```

（4）将事件和事件处理方法联系起来

为 Observer 类添加一个构造函数，构造函数中的代码可以将事件和事件处理方法联系起来，如下所示。

```
public Observer()
{
    sayHello+=new DeleHandler(OutputHello);
    //事件字段+=new 委托名（方法名）;
}
```

（5）编写触发事件的方法

代码如下所示。

```
//在 Observer 类中添加触发事件的方法 FireSayHello()
private void FireSayHello()
{
    if(sayHello!=null)
    {
        sayHello();
    }
}
```

（6）调用触发事件的方法

代码如下所示。

```
//修改 Observer 类的 Input 方法
public void Input()
{
    While(true)
    {
        String input=Console.ReadLine();
```

```
                if(input=="hello")
                {
                    FireSayHello();
                }
                Console.WriteLine("是否继续？Y 为继续，其他为退出");
                if(Console.ReadLine()!="y")
            {
                break;
            }
        }
    }
```

（7）在主函数中创建类 Observer 的实例，并调用其 Input 方法

代码如下所示。

```
Observer aObserver=new Observer();
aObserver.Input();
```

4.10 应用实例

编写一个类 vehicle，该类包含私有字段 name，outdate 和 model，price，name 的可读可写的公共属性，针对 outdate、model、price 的只读公共属性；一个无参的构造函数和一个有参的构造函数及一个输出测量基本信息的函数 vehicleinfo( )。

操作步骤如下。

1）使用 Visual Studuo.NET2008，新建控制台应用程序 ClassBasics。

2）右键单击解决方案资源管理器，选中“添加类”；在弹出的窗体上修改类文件的名称为“vehicle.cs”；此时，系统会自动创建一个名为“vehicle.cs”的文件，并打开该文件。

3）在 vehicle.cs 文件中，添加私有字段 name（名字），outdate 和 model，price，name 的数据类型为 string，birthdate 的数据类型为 DateTime，model 的数据类型为 string, price 的数据类型为 double。

4）在 vehicle.cs 文件中，添加 int 型只读公共属性 vehicleAge，用于获取车辆出厂年值；添加 string 型可读可写的公共属性 Name，用于获取和设置名字值；添加数据类型为 string 的公共读写属性 Model；添加数据类型为 double 的公共读写属性 Price 用于获取车辆价格。

5）在 vehicle.cs 文件中，添加一个无参的构造函数，在该函数中为所有字段赋初值，设置 name 字段值为空字符串，设置 birthdate 字段值为系统当前时间，设置 model 字段值为“A”；设置 price 字段值为 0，添加一个有 4 个参数的构造函数，在该函数中根据参数列表中的参数值，分别为 4 个私有字段赋值。

6）在 program.cs 文件的 Main 函数中，添加代码，分别使用有参和无参的构造函数创建 vehicle 类的实例，通过调用 vehicleinfo( )分别打印初始车辆信息，修改车辆信息并打印相应信息。

代码如下所示。

vehicle.cs 文件

```
class vehicle
{
    private string name;
    private DateTime outdate;
    private string model;
    private double price;
    private int vehicleage;
    public string Name
    {
        get { return name; }
        set { name = value; }
    }
    public DateTime Outdate
    {
        get { return outdate; }
        set { outdate = value;
    }
    public   int vehicleAge
    {
        set { vehicleage = value; }
        get { return (DateTime.Now.Year - outdate.Year); }
    }
    public double Price
    {
        get { return price; }
        set { if (value<=0)
                {
                    price = 0;
                }
                else
                {
                    price = value;
                }
            }
    }
    public string Model
    {
        get { return model; }
        set { model = value; }
    }
    public vehicle()
    {
        name="";
        outdate=DateTime.Now;
```

```
        model="A";
        price=0;
    }
    public vehicle(string Vname,DateTime Voutdate,string Vmodel,double Vprice)
    {
        name = Vname;
        outdate = Voutdate;
        model = Vmodel;
        price = Vprice;
    }
    public void vehicleinfo()
    {
        Console.WriteLine("车名为 {0}; 车出厂时间为: {1} 车辆型号为 {2}", name,
        outdate, model);
        Console.WriteLine("车辆价格为 {0} 车辆年龄为 {1}",price, vehicleAge);
        Console.WriteLine();
    }
}
```

program.cs 文件

```
class Program
    {
        static void Main(string[] args)
        {
            vehicle vH = new vehicle();
            vH.vehicleinfo();
            vehicle vH1 = new vehicle("海马福美来",new DateTime(2007,5,7),"V1.6",90000.00);
            vH1.vehicleinfo();
            vH.Outdate = new DateTime(2002,4,20);
            vH.Name = "东风标致";
            vH.Model = "V1.8";
            vH.Price = 98000;
            vH.vehicleinfo();
        }
    }
```

程序的运行结果如图 4-4 所示。

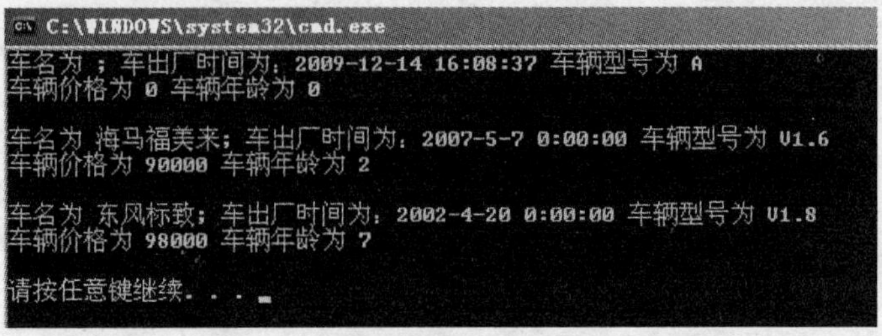

```
C:\WINDOWS\system32\cmd.exe
车名为 ; 车出厂时间为: 2009-12-14 16:08:37 车辆型号为 A
车辆价格为 0 车辆年龄为 0

车名为 海马福美来; 车出厂时间为: 2007-5-7 0:00:00 车辆型号为 V1.6
车辆价格为 90000 车辆年龄为 2

车名为 东风标致; 车出厂时间为: 2002-4-20 0:00:00 车辆型号为 V1.8
车辆价格为 98000 车辆年龄为 7

请按任意键继续. . .
```

图 4-4　汽车信息

4.11 小结

本章详细介绍了 C#中的两个重要的概念，即类和对象，它们是面向对象程序设计中最基础的概念。各节中介绍了类的封装性与属性、方法的重载、静态成员、委托和事件等重要概念，最后给出一个类的设计及应用的实例，以强化前面学过的概念。

4.12 习题

1）自己设计一个类，描述一类事物。要求有字段、属性、方法，并说明属性及方法的具体含义。给出具体的代码，及该类的应用。

2）什么是类的构造方法？析构方法？它们的功能是什么？

3）访问修饰符 public、private、protect、abstract 的作用是什么？

4）说明类的封装的目的及主要原则。

5）给出委托的定义。

6）给出实现类事件的步骤。

第 5 章　面向对象提高

本章介绍面向对象编程技术的高级内容，包括封装、继承、多态、抽象类、密封类、接口等。其中，接口用于实现类的多重继承，程序的结构更加合理；abstract 关键字实现了抽象类的定义，而 sealed 关键字实现了封闭类的定义，这两种方法使得程序设计更加严密；关键字 new、virtual、override 结合使用实现了覆盖与重写，利用 virtual、override 实现了动态多态；最后介绍了 this 和 base 关键字以及异常处理的概念与原理。

- 封装、继承、多态
- 抽象类、密封类与接口
- this 和 base 关键字（此处为新加内容）

5.1　封装、继承、多态

封装、继承与多态是面向对象程序设计的三大原则。封装用于隐藏调用者不需要了解的信息；继承则简化了类的设计；多态性是指在有继承关系的类中为名称相同的方法提供不同实现方式的能力。

5.1.1　封装

在面向对象编程中，封装是指把数据和处理这些数据的代码封装在一个类中，然后通过提供相应的属性和方法提供调用者使用。通过隐藏调用者不需要知道的信息，可以让调用者只关心对象中对其有用的相关内容。封装就是将抽象得到的数据和行为（或功能）相结合，形成一个有机的整体，也就是将数据与操作数据的源代码进行有机的结合，形成“类”，其中数据和函数都是类的成员。

5.1.2　继承

可以定义一类事物共性的属性及行为并加以实现，如人类的共有属性行为。这类事物的众多子类，如学生、教师、工人等，都具有父类，即人类所具有的共性。当需要对某个子类，如学生类进行描述时，学生作为人的共有属性行为只需从父类中继承即可，而主要工作是关注其学生类的特殊的属性行为。

继承性是从现有的类（父类）中继承然后派生出新类的功能，允许创建类层次结构，使用继承可以创建一个定义了多个相关项目共有特性的通用类。继承是面向对象程序设计中一个很重要的特性，它是关于一个类怎么从另一个类中共享特性和行为的术语。

在 C#中继承的类称为派生类或子类，被继承类称为基类或父类。如果一个派生类继承一个基类，那么这个派生类会从其基类中继承得到所有的操作、属性、特性、事件，而基类中实例构造函数、析构函数和表态构造函数不会被继承。

派生类能够继承基类的方法、特性等，但继承得到的成员也受作用域的限制，即派生类继承得到基类成员，也可能无法访问。对于作用域和继承的关系，将在下面的章节中详细讲解。

C#中在类名后使用符号“:”来实现类的继承，语法如下。

class 派生类：基类（ 或 class 子类：父类）

继承是指一个派生类或子类能够直接获得基类或父类已有的属性和方法，不需要重复定义。继承具有传递性，但 C#只支持单继承，即一个类最多只允许从一个父类中派生，也就是说只能有一个父类，但一个父类却可以派生多个子类，即可以有多个子类（密封类除外）。

【例 5-1】 编写控制台应用程序，定义一个基类 ParentClass，及从该类派生出的类 ChildClass（ParentClass 是父类，ChildClass 是子类），实现子类继承父类的方法。

```
public class ParentClass
{
    public ParentClass()
    {
        Console.WriteLine("父类构造函数. ");
    }
    public void print()
    {
        Console.WriteLine("我是父类. ");
    }
}

public class ChildClass : ParentClass
{
    public ChildClass()
    {
        Console.WriteLine("子类构造函数. ");
    }
    public static void Main()
    {
        ChildClass child = new ChildClass();
        child.print();
    }
}
```

程序的运行结果如图 5-1 所示。

上例中演示了两个类的用法。上面的一个类名为 ParentClass，Main 函数中用到的类名为 ChildClass。要做的是创建一个使用父类 ParentClass 现有代码的子类 ChildClass。关于上例还有以下几点说明。

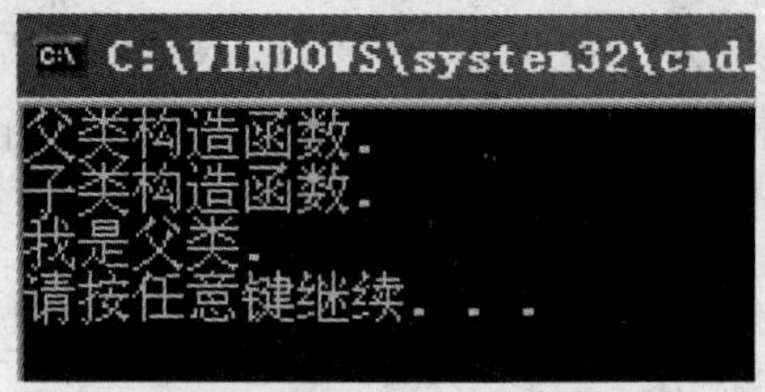

图 5-1　例 5-1 运行结果

（1）ParentClass 是 ChildClass 的基类

这是通过在 ChildClass 类中作出如下说明来完成的："public class ChildClass : ParentClass"。在派生类标识符后面，用冒号“:” 来表明后面的标识符是基类。C#仅支持单一继承。因此，编程人员只能为类指定一个基类。

（2）ChildClass 的功能几乎等同于 ParentClass

因此，也可以说 ChildClass “就是”ParentClass。在 ChildClass 的 Main()方法中，调用 print() 方法的结果，就验证这一点。该子类并没有自己的 print()方法，它使用了 ParentClass 中的 print()方法。在输出结果中的第三行可以得到验证。

（3）基类在派生类初始化之前自动进行初始化

注意到例子中的输出结果，ParentClass 类的构造函数在 ChildClass 的构造函数之前执行。

类中的实例变量有 public、protect 和 private 3 种声明方式，它们来控制访问成员的权限。继承类不会超越 private 访问的限制，尽管一个派生类拥有其基类的所有成员，但它依然受到这 3 种声明方式的限制。

C#中派生类无权访问其基类的 private 成员，但可以访问其 protect 成员。派生类和外部代码都可以访问 public 成员。

【例 5-2】 编写控制台应用程序，通过在类中分别定义不同作用域的字段变量，并访问这些字段，分清类、子类的作用域。

```
public class Baseclass
{
    private int priv;
    protect int    prot;
    public void Show()
    {
        priv=20;
        prot=30; Console.WriteLine(“private={0}    protect={1}“, priv, prot);
        Console.WriteLine("父类内容");
    }
}
public class Derivedclass : Baseclass
{
    public void Shownew()
    {
        //错，在父类中 priv 的访问修饰符是 private，在子类中是不可以访问的
        priv=40;
```

```
            // 在父类中 prot 的访问修饰符是 protect，在子类中是可以访问的
            prot=50;
            Console.WriteLine("子类内容");
        }
    }
```

C#中通过 base 来实现对父类成员的访问，base 用来引用当前对象的父类，其访问方式有如下 3 种。

1）访问父类的成员变量，如 base.variable。

2）调用父类中的方法，如 base.method([paramlist])。

3）调用父类的构造函数，如子类的构造函数([paramlist])：base([paramlist])。

在一个派生类中的构造函数可以显式调用基类的构造函数。这对于调用基类参数化的构造函数尤其有用。基类的构造函数被派生类采用一个构造函数初始值设定项列表来调用。初始值设定项列表只能附加在派生类的实例构造函数上。

基类成员的初始化工作由基类的构造函数完成，而派生类的初始化工作由派生类的构造函数完成。当创建一个派生类的对象时，首先调用基类的构造函数，然后调用派生类的构造函数，分别完成各自成员的初始化。

【例 5-3】 编写控制台应用程序，在程序内定义了一个基类 BaseClass 及一个派生类 DerivedClass，在派生类 DerivedClass 中的构造函数中定义调用基类构造函数，实现在子类中调用父类的构造函数。

```
    class BaseClass
    {
            public BaseClass()
            {
                Console.WriteLine("基类的无参数构造函数！  ");
            }
            public BaseClass(int x)
            {
                Console.WriteLine("基类的有参数构造函数！参数是{0} ", x.ToString());
            }
            public void Show()
            {
                Console.WriteLine("基类内容");
            }
        }
        class DerivedClass : BaseClass
        {
            public DerivedClass(int y):base(y)
            {
                Console.WriteLine("派生类的构造函数");
            }
            public void Shownew()
            {
```

```
            Console.WriteLine("派生类");
        }
    }
    class Program
    {
        static void Main(string[] args)
        {
            DerivedClass aclass = new DerivedClass(5);
            aclass.Show();
            aclass.Shownew();
            Console.ReadLine();
        }
    }
```

程序运行结果如图 5-2 所示。

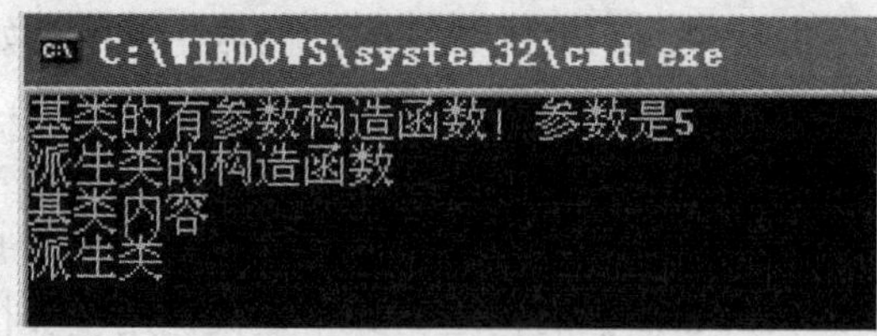

图 5-2　例 5-3 运行结果

从程序运行结果可以看出，当实例化创建派生类对象时，首先通过派生类的构造函数调用基类的构造函数，传递参数并执行，然后才调用执行派生类构造函数。

5.1.3　多态

所谓多态就是一种功能有多种实现，一个方法名可以有不同的实现，即可以实现不同的功能。多态又分静态多态与动态多态。

静态多态：通过方法的重载实现。方法名相同，通过参数不同，实现不同功能。

```
public int fun(int a, int b)
{
    return a + b;
}
public double fun(double a, double b)
{
    return a + b;
}
```

动态多态：方法的动态绑定，方法体的调用是在程序执行时动态决定的。类继承与覆盖的结合实现动态多态，子类中需要修改父类中的方法，这种方式称为方法的覆盖。

多态是面向对象程序设计中的又一个非常重要的概念。多态是指使用父类引用，执行多个派生类的方法，使程序执行动态操作。简单地说，多态是以同样的方法处理不同对象的能力，就是用对象的运行时刻的类型决定它的行为，而不是它引用的编译时间的类型决定它的行为，这是一个动态的过程。C#中每种类型都是多态的。

多态的两个主要优点是动态绑定和可扩展性。动态绑定是指在运行时才确定调用哪个特定方法；静态绑定是指在编译的时候就确定方法的调用。可扩展的代码易于适应未来的变化。

多态以一个基类对一个派生类型的一个实例的引用开始，分配一个派生类型的一个实例给一个基类引用。当一个虚方法在基类引用中被调用的时候，编译器自动将其委托给派生实例里重写过的方法。虚方法和被重写的方法之间具有特殊的关系，虚方法尽可能地委托被重写的方法。

例如，人有 Cut（剪切）操作（功能），但不同的人的 Cut 功能的具体含义就不同，如理发师、卖肉人、割草人员等。所以需要对 Cut 的不同实现，继承结构如图 5-3 所示。

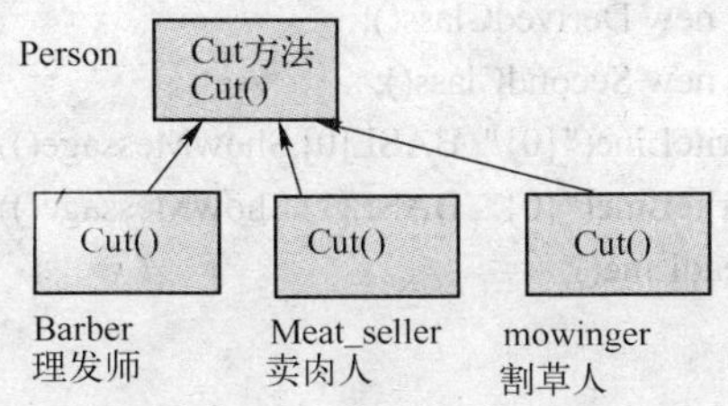

图 5-3　cut()方法继承示意图

```
Person p=new Barber();
//或：Person p=new Meat_seller();
//或：Person p=new Mowinger();
p.Cut();
```

当不同子类的实例赋给父类对象时，子类的方法覆盖父类同名的方法，如 Cut()，所以 p.Cut()的结果就不同，这样实现了绑定的动态。

【例 5-4】 编写控制台应用程序，定义基类及派生类，在程序中定义父类 BaseClass 及其两个子类 DerivedClass、SecondClass，在父类 BaseClass 中定义了虚方法 ShowMessage()，在两个子类中分别用 new 对其覆盖及用 override 对其重写。

```
    class BaseClass
    {
        public virtual string ShowMessage()
        {
            return "你好！";
        }
    }
    class DerivedClass : BaseClass
    {
        public new string ShowMessage()
        {
            return "拒绝信息！";
        }
    }
    class SecondClass : BaseClass
```

```
    {
        public override string ShowMessage()
        {
            return "欢迎信息！";
        }
    }
    class Program
    {
        static void Main(string[] args)
        {
            BaseClass[] BASE = new BaseClass[2];
            BASE[0] = new DerivedClass();
            BASE[1] = new SecondClass();
            Console.WriteLine("{0}", BASE[0].ShowMessage());
            Console.WriteLine("{0}", BASE[1].ShowMessage());
            Console.ReadLine();
        }
    }
```

程序的运行结果为：

你好！

欢迎信息！

从程序运行结果分析可以看出，只有使用 override 对父类方法重写，才能实现真正的多态。

在基类中的成员可能执行与派生类中同名成员的不同任务，或者派生类中成员必须提供基类中对应抽象成员的实现方式，这种过程称为重写。

说到继承与重写成员就不得不说 new，virtual 和 override 这 3 个关键词，灵活正确地使用这 3 个关键词，可以使程序结构更加清晰，代码重用性更高。

new 修饰符是用来显式隐藏从基类继承的成员。在派生类中使用相同名称声明该成员，并用 new 修饰符修饰它，则隐藏了继承的成员。

virtual 关键字用于修改方法或属性的声明，此时，使用 virtual 关键修饰的字方法或属性被称做虚拟成员。虚拟成员的实现可由派生类中的重写成员更改。调用虚方法时，将为重写成员检查该对象的运行时类型。默认情况下，方法是非虚拟的。不能重写非虚方法，不能将 virtual 修饰符与 static、abstract、override 等修饰符一起使用。

使用 override 修饰符来修改方法、属性、索引器或事件。重写方法提供从基类继承的成员的新实现。由重写声明重写的方法称为重写基方法。重写基方法必须与重写方法具有相同的签名。不能重写非虚方法或静态方法。重写基方法必须是虚拟的、抽象的或重写的。不能使用 new、static、virtual、abstract 等修饰符修改重写方法。

【例 5-5】 编写控制台应用程序，创建 3 个类，分别为基类 person，继承类 student 和继承类 teacher，分别使用 new 和 override 来覆盖父类中的方法。通过分析使用 new，virtual 和 override 对它们中的方法进行修饰，查看其不同的功能。

```
using System;
using System.Collections.Generic;
```

```
using System.Linq;
using System.Text;
namespace ConsoleApplication2
{
    public class person
    {
        public string name = "Tom";
        public int age = 20;
        public virtual void printInfo()
        {
            Console.WriteLine("父类的方法-printInfo()" + name);
            Console.WriteLine("父类的方法-printInfo()" + age);
        }
        public string ShowMessage()
        {
            return "父类的方法- ShowMessage()";
        }
    }
    class student : person
    {
        public new int age = 22;            //使用 new 覆盖了父类的 age
        public new void printInfo()         //使用 new 覆盖了父类的同名方法
        {
            Console.WriteLine("子类 student 的方法-printInfo()" + name);
            Console.WriteLine("子类 student 的方法-printInfo()" + age);
        }
        public new string Showmessage()
        {
            return "子类 student 的方法-Showmessage()";
        }
    }
    public class teacher: person
    {
        public override void printInfo()        //使用 new 覆盖了父类的同名方法
        {
            Console.WriteLine("子类 teacher 的方法-printInfo()" + name);
            Console.WriteLine("子类 teacher 的方法-printInfo()" + age);
        }
        public override string ShowMessage(){}    //错!! 不可以使用 override 重写了父类的非虚拟同名方法
    }
    class Program
    {
        static void Main(string[] args)
        {
            person p1=new person();
            person p2= new student();
```

```
            person p3= new teacher();
            student p4 = new student();
            p1. printInfo();
            p2. printInfo();
            p3.printInfo();
            p4.printInfo();
            Console.WriteLine("{0}", p1.ShowMessage());
            Console.WriteLine("{0}", p2.ShowMessage());
            Console.WriteLine("{0}", p3.ShowMessage());
            Console.ReadLine();
        }
    }
}
```

程序运行结果如图 5-4 所示。

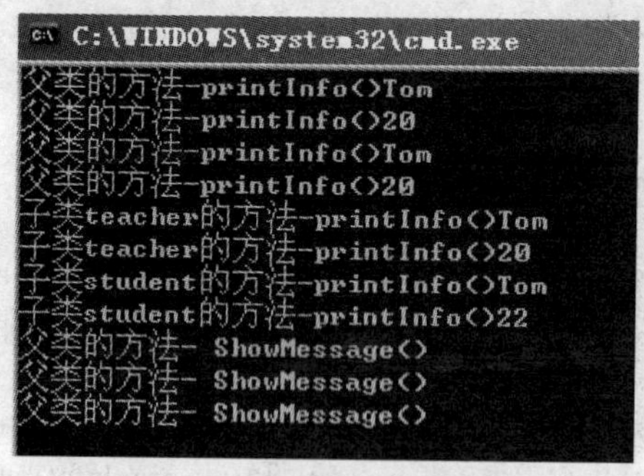

图 5-4　例 5-6 运行结果

5.2　抽象类、密封类与接口

5.2.1　抽象类

C#中使用关键字 abstract 表示一个抽象类，抽象类是指不是完全可用的类，只能作为其他类的基类。抽象类中包含抽象方法，即不提供实现的方法，只定义了所有子类共享的一般形式，至于实现这个抽象的代码则交给子类去完成。

抽象类是特殊的类，除了不能被实例化外，和其他类是一样的，具有类的其他特性。抽象类可以有抽象方法，这是普通类所不能的。抽象方法只能声明于抽象类中，且抽象方法不包含任何代码实现，抽象类的派生类必须重写（覆盖）这些抽象方法。另外，抽象类可以派生自一个抽象类，可以覆盖其基类的抽象方法，也可以不覆盖。如果不覆盖，则此抽象类的派生类必须覆盖它们。

定义抽象类的一般形式如下所示。

```
public abstract class A
{
    …..
```

```
    }
```

例如，下边的代码中定义了一个平面图形抽象类。

```
public abstract class planeg
{
    protected float x,y;
    public planeg(float x1,float y1)//构造函数
    {
      x=x1;
      y=y1;
    }
    public abstract double Area();//抽象方法
}
```

5.2.2 密封类

密封类正好与抽象类相反：密封类型不能被继承，它必须是具体的类。密封类不能被派生类型细化，它是类层次结构中的终结节点。密封类的修饰符是 sealed。

sealed 修饰符也可以应用在实例方法、属性、事件和索引器上，但是不能应用于静态成员。密封成员可以存在于密封或非密封类中。一个密封成员必须对虚成员或隐含虚成员进行重写，如抽象成员。但是，密封成员自己是不能被重写的，因为它是密封的。虽然密封成员不能被重写，但是一个在基类中的密封成员可以用 new 修饰符在派生类中进行隐藏。

【例 5-6】 编写控制台应用程序，定义一个密封类 MyEmployee 和一个密封成员 Pay()方法，MyEmployee 类不能被进一步地细化。此外，MyEmployee.Pay()方法不能被重写。考察封闭类的使用及特性。

```
public abstract class Employee
{
        public virtual void Pay()
        {}
        public abstract void CalculatePay();       //抽象方法的定义
    }
    public sealed class MyEmployee : Employee       //定义密封类
    {
        public sealed override void Pay()       //定义密封方法并重写方法
        {
            CalculatePay();
        }
        public override void CalculatePay()       //抽象方法的实现
        {
            Console.WriteLine("密封类方法的重写");
        }
    }
    class Program
    {
```

```
        static void Main(string[] args)
        {
            MyEmployee aclass = new MyEmployee();
            aclass.Pay();

        }
    }
```

5.2.3 接口

接口体现面向对象编程思想的优越性，接口就是为继承而存在的，如果没有继承，那接口就无从谈起。既然有继承，那就需要把可能被多个类所继承的一些公共部分抽象出来，接口封装的就是这些公共的行为规范（方法定义），类可以通过继承多个接口来丰富自己的行为机制。但是在 C#中，类是不可以多继承的，这样就极大地提高了程序的开发效率和维护效率，所以对于继承多个类这种容易引起二义性的机制是绝对应该避免的。

例如，作为一名青年学生，会有两套行为规范：学生行为规范和青年团员行为规范。首先都得遵守学生行为规范，如果是青年团员，还得遵守青年团员行为规范。对于这两套行为规范此处不列举太多细节规则，每套一条就够了。首先，作为学生，要遵守纪律不说脏话，学生行为可以定义成如下的接口。

```
interface StudentRule
{
    void Nospeakingrudely (int SpeakingIndex);
}
```

在 Student 中，定义了"遵守纪律不说脏话"这样的行为规范，它其实就是一个函数声明，定义了函数名、返回值类型以及参数类型等信息，但是并没有函数体。接口中只能有函数定义这样的指导性原则，不允许存在函数体。接下来再定义青年团员行为规范，比如青年团员不能抽烟，青年团员行为可以定义成如下的接口。

```
interface YouthLeaguemembersRule
{
        void NoSmoke();
}
```

既然接口是不提供函数实现细节的，那么当一个学生需要说话的时候，就只能靠他自己的思维来判断哪些是脏话，也就是靠自己完成"不说脏话"的具体逻辑实现了，如下面实现接口的类 Student 定义。

```
public class Student : StudentRule
{
        /// <summary>
        /// Nospeakingrudely
        /// </summary>
        /// <param name=" SpeakingIndex ">The index of SpeakingIndex.</param>
```

```
public void Nospeakingrudely (int SpeakingIndex)
{
    switch (SpeakingIndex)
    {
        case 0:         // rudely, Nospeak.
            break;
        case 1:         // Norudely, speak..
            break;
        default:        // Unknown situation, thinking.
            break;
    }
}
}
```

接下来分析青年团员，青年团员是需要遵守青年团员行为规范的学生。由此可见，青年团员需要实现前面提到的两种行为规范中的所有规定，这也就体现了接口的好处，可以实现多重继承。当然，在本文所用的例子中，青年团员大可不必重新继承，并实现 StudentRule 接口了。他既然是一名学生，那就可以继承 Student 这个类，而且他并不需要改变 Student 中对学生行为规范的具体实现细节，只需要自己实现青年团员行为规范中的规定就行了，如下面实现接口的类 YouthLeaguemembers 定义。

```
public class YouthLeaguemembers : Student, YouthLeaguemembersRule
{
    /// <summary>
    /// YouthLeaguemembersRule should help other people.
    /// </summary>
    public void NoSmoke()
    {
        throw new NotImplementedException("No smoking Youth Leaguemembers");
    }
}
```

另外，接口也是可以继承接口的，并且可以多重继承。例如，有一个实验中学，这个学校还有自己的校规，校规内容不多，主要是要求学生要严格遵守学生行为规范和青年团员行为规范，并且都要会唱校歌，如下面的代码所示。

```
interface ShiyanSchoolRule : StudentRule, YouthLeaguemembersRule
{
    void SingSchoolSong();
}
```

因此这套校规继承了两套现成的行为规范并且增加一点儿自己的要求就行了。实验小学的每一位学生都得遵守这套校规，代码如下所示。

```
public class ShiyanSchoolStudent : ShiyanSchoolRule
{
    public void SingSchoolSong()
```

```
        {
            Console.WriteLine("I love My School!");
        }

        public void Nospeakingrudely (int SpeakingIndex)
        {
            throw new NotImplementedException();
        }

        public void NoSmoke()
        {
            throw new NotImplementedException();
        }
    }
```

通过上面的介绍，大家应该已经对如何使用接口有了一些初步的认识。当面对实际问题的时候，只要合理地分析和设计，接口一定会为编程人员的开发工作带来很大的便利。

一个接口是一个协定，定义了从基类概括出来的必不可少的行为。例如，车辆的行为包括点火、熄火、左转、右转、加速和减速。小汽车、卡车、公共汽车和摩托车都属于车辆的范畴。同样地，它们必须封装代表所有车辆的基准行为。车辆接口定义了这样的基准行为。特定的车辆类型对这些基准行为有不同的实现。小汽车和摩托车的加速是不同的，摩托车的转向和公共汽车的不同。一个接口要求制定一个行为集合，但是并不实现它。派生类型可以以一种恰当的方式自由地实现接口。接口必须被继承，不能为一个接口创建一个实例。

任何继承了一个接口的类或结构都要负责实现该接口的成员，一个接口是一批需要在派生类型中实现的相关函数。

定义接口的语法为：

```
[访问修饰限制符] interface 接口名
{
成员列表;
}
```

接口的成员默认地被定义成公共和抽象的。接口可以继承其他接口，被继承的成员被加入到当前接口的成员中，被继承的接口从本质上扩展了当前接口。一个类可以继承多个接口，类必须实现它所继承的每一个接口的成员。这些接口可能会拥有相同的成员。

接口非常类似于抽象类，这两者都要被继承，这两者也都不能创建一个实例。抽象类的成员要求在派生类型中加以实现，接口的成员也要求在派生类型中加以实现。虽然抽象和接口成员是类似的，但是它们之间还是有以下几点不同。

1）抽象类可以包含一些实现，而接口不能有实现。

2）抽象类可以继承其他类和接口，而接口只能继承其他接口。

3）抽象类可以包含字段，而接口没有状态。

4）抽象类具有构造函数和析构函数，而接口没有。

5）接口可以被结构继承，而抽象类不能被结构继承。

6）接口支持多继承，而抽象类只支持单继承。

接口的使用主要有以下一些限制。

1）不允许提供接口中任何成员的执行，即接口中如果有成员函数，那么该函数只有函数头，而没有函数体；接口的属性也不包含读写访问器的实现代码，而只有声明的代码。

2）不能实例化接口，它只能包含成员的签名。

3）接口中不能含有构造函数。

4）接口中不能含有字段成员。

5）接口中不允许声明成员上的修饰符，接口的成员总是 public 的（默认）。

6）接口的派生类也称做接口的执行类，接口中的成员都需要在其执行类中实现。

一个接口的成员隐含是公共的，它在类中的实现也必须是公共类型。任何继承了一个接口的类都要负责实现该接口的所有成员。

【例 5-7】 编写控制台应用程序，定义一个接口 IVehicle，Car 类继承了 IVehicle 接口。按要求，IVehicle 接口的所有成员必须在 Car 类中加以实现。

```
public interface IVehicle
{
    void IgnitionOn();
    void IgnitionOff();
    void TurnLeft();
    void TurnRight();
}
public class Car : IVehicle
{
    public void IgnitionOn() { Console.WriteLine("汽车发动!!! "); }
    public void IgnitionOff() { Console.WriteLine("汽车熄火!!! "); }
    public virtual void TurnLeft() { Console.WriteLine("汽车左转!!! "); }
    public virtual void TurnRight() { Console.WriteLine("汽车右转!!! "); }
}
class Program
{
    static void Main(string[] args)
    {
        IVehicle aclass1 = new Car();
        aclass1.IgnitionOff();
        aclass1.IgnitionOn();
        aclass1.TurnLeft();
        aclass1.TurnRight();
    }
}
```

5.3 this 和 base 关键字

base 和 this 在 C#中被归于访问关键字，用于实现继承机制的访问操作，来满足对对象成员的访问。

base 关键字用于在派生类中实现对基类公有或者受保护成员的访问，但是只局限在构造函数、实例方法和实例属性访问器中。

base 关键字主要用于调用基类中已被其他方法重写的方法。 指定创建派生类实例时应调用的基类构造函数。

this 关键字用于引用类的当前实例，也包括继承而来的方法，通常可以隐藏 this，主要功能包括限定被相似的名称隐藏的成员、将对象作为参数传递到其他方法、声明索引器。

在下面的代码示例中是要将参数的 name 值传入 BaseClass 类或者说对象的 name 成员变量中。在这里通过使用 this 可以表明 name 的对象是当前的实例，也就是 BaseClass 对象，而不是构造函数的参数 name。

```
class    BaseClass
{
    ///成员变量
    private    string    name;
    ///构造函数
    public    BaseClass (string    name)
    {
        this.name    =    name;
    }
}
```

另外，this 还有一个作用就是可以作为“指针”来使用，可以将当前对象元素按照引用参数方式传递，如下面代码示例所示。

```
class    ClassA
{
    public    string    name    =    "zhangsan ";
    public    ClassA (){
    }
}
class   ClassB
{
    private    ClassA   a;
    public    void    ClassB (ClassA   a)
    {
        this.a    =    a;
    }
    public    void    Change()
    {
        this.a.name    = "lisi";
    }
}
class    Demo
{
    static    void    Main()
```

```
    {
        ClassA  a  =  new  ClassA ();
       ClassB  b  =  ClassB (a);
        b.Change();
    }
}
```

上面的示例中，完成的是一个引用参数传递，在这里，ClassB 对象中执行 Change 方法后，ClassB 和 ClassA 所对应的实例中的 name 都将改变为 "lisi"。下边的示例代码演示使用 this 作为索引器。

```
public  object  this  [int  param]
{
    get  {  return  array[param];  }
    set  {  array[param]  =  value;  }
}
```

base 常用于面向对象开发的多态性上。base 可以完成创建派生类实例时调用其基类构造函数或者调用基类上已被其他方法重写的方法。

【例 5-8】 编写控制台应用程序，实现在调用子类的构造函数时，使用 base 关键字来指定使用父类的哪个构造函数来初始化父类对象。

```
public  class  ClassA
{
    public  ClassA()
    {
        Console.WriteLine( "Build ClassA ");
    }
}
public  class  ClassB: ClassA
{
    public  ClassB ():base()
    {
        Console.WriteLine( "Build ClassB ");
    }
}
```

如果创建一个 ClassB 的实例对象，获得结果将是同时打印“Build ClassA”和“Build ClassB”。

【例 5-9】 编写控制台应用程序，使用 base 在派生类中调用其父类的某个方法。

```
public class ClassA
    {
        public virtual void Hello()
        {
            Console.Write("Hello ");
        }
```

```
        }
        public class ClassB : ClassA
        {
            public override void Hello()
            {
                base.Hello();       //调用基类的方法，显示 Hello
                Console.WriteLine("World");
            }
        }
        public class Program
        {
            public static void Main()
            {
                ClassB child = new ClassB();
                child.Hello();
            }
        }
```

这样，程序调用 ClassB.Hello()获得的效果，将会显示"Hello World"。

5.4 异常处理

对于会产生异常的代码进行异常处理，可以避免输出一些用户无法理解的说明，制作用户友好的程序。

关键字 try 后代码块内包含可能会产生异常的代码。关键字 catch 包含产生异常时要执行的代码，可以包含多个 catch 块，响应特定的异常类型，当把 catch 后面的（）整个省略，则该 catch 块可以响应所有的异常。产生异常后只能执行一个 catch 块。关键字 finally 后代码块中包含总会得到执行的代码。如果没有产生异常，则在 try 块执行之后执行 finally 块中代码；如果产生了异常，则在 catch 块执行完之后执行 finally 块中代码。

当 try 块中的代码出现异常后，将依次发生如下事件。

1）try 块在发生异常的地方中断程序的执行。

2）如果有 catch 块，就检查该块是否匹配于已发生的异常类型；如果有 catch 块与已发生的异常类型匹配，执行第一个 catch 块中代码；如果没有找到匹配的 catch 块，转步骤 3）。

3）如果有 finally 块，执行 finally 块中的代码。

在有参的 catch 块中，可以获得异常的信息

```
catch(Exception e)
{
        Console.WriteLine(e.Message);
}
```

获得异常信息主要是使用 Exception 类和其子类，Exception 类中定义了很多属性，通过这些属性可以了解异常的具体情况。访问这些属性要通过 Exception 类的对象，如上面的例子，通过"e.属性名"实现。Exception 类的 Message 属性可以查询所产生异常的描述。

【例 5-10】 编写控制台应用程序，让用户在控制台界面输入两个整数，然后计算这两个整数的和。再在用户的输入字符串转换成整数处加入异常处理的基本结构，可能会引发异常。分析异常处理结构的执行原理。

```
class Program
{
    static void Main(string[] args)
    {
        Console.WriteLine("请输入两个整数：");
        try
        {   //获得用户输入的文本并转换成整数，可能引发异常
            int i = Convert.ToInt32(Console.ReadLine());
            //获得用户输入的文本并转换成整数，可能引发异常
            int j = Convert.ToInt32(Console.ReadLine());
            int add = i + j;      //将两个整数相加
            Console.WriteLine(add);     //输出显示运算结果
        }
        catch (FormatException fEx)
        {
            string message = fEx.Message;
            Console.WriteLine(message);
        }
        finally
        {
            Console.WriteLine("程序已执行！");
        }
    }
}
```

5.5 小结

本章介绍了面向对象编程的一些高级内容，类的封装、继承、多态等，还有在软件设计中常常使用的抽象类和接口。类的封装可以理解为是怎么构建类的问题，类的继承主要是为了代码的复用。利用 virtual、override 实现的多态被称为面向对象的精华，在多种软件设计模式中得到了广泛的应用。介绍了当前类实例 this 和当前类的父类实例 base 关键字，还介绍了异常处理的概念与原理。在本章的最后通过一个综合实例，从项目和程序的角度回顾了本章的主要内容。

5.6 习题

简答题

1）给出下列程序的运行结果。

```
public class subject          //定义一个基类 subject
{
    public int age;
    public virtual void name()
    {
        Console.WriteLine("基类");
    }
    public subject(int x)
    {
        age=x;
        Console.WriteLine("基类的 age={0}",age);
    }
}
public class student : subject          //定义一个派生类 student
{
    public new int age;
    public override void name()
    {
        base.name();
        Console.WriteLine("派生类");
    }
    public   student(int x,int y):base(y)
    {
        age=x;
        Console.WriteLine("派生类的 age={0}",age);
    }
}
class Program
{
    static void Main(string[] args)
    {
        student s1 = new student(20,50);
        s1.name();
    }
}
```

2）Override 都可以重写什么方法？

3）New 都可以覆盖什么方法？

4）抽象类与接口的区别是什么？

5）接口中成员上的默认修饰符是什么？

6）下列接口的定义是否正确？为什么？

```
interface IYoungPioneerRule
{
    void NoSmoke(){};
}
```

7）下列的类定义是否正确？为什么？（假设上题中的接口已经正确定义）

```
public class YoungPioneer : IYoungPioneerRule
{
    public void NotSmoke()
    {
        Console.WriteLine ("I can't smoke because I'm a young pioneer.");
    }
}
```

5.7 综合实例项目——汽车公司

5.7.1 项目分析

一家车辆制造公司，在这个系统中需要描述下列汽车。

轿车：Car

卡车：Truck

铲车：Forklift

汽车与其他的交通工具有很大的不同。那么一个自然的做法就是建立一个各类汽车都适用的接口，以便与车辆制造公司其他交通工具区分开。规定所有的汽车都必须实现的接口，包括任何汽车必须具备的方法：转向 turning( )，制动 brake( )，离合器驱动 clutch( )。

Car 类是汽车中的一种，因此它实现了汽车接口所声明的所有方法。另外，由于 Car 是载人的，因此多出一个 passenger 性质，描述轿车的载人数量（设轿车的载人数量不能超过 5 人）。

Truck 类是汽车类的一种，也实现 Vehicle 接口中所声明的所有方法。但由于卡车分为固定车厢和翻斗车厢两种，因此比通常的汽车多出一个 carriage 性质。

Forklift 类也是汽车的一种，也实现了 Vehicle 接口。

车辆制造公司的职员也是系统的一部分，自然要由一个合适的类来代表。这个类就是 Staffer，它会根据车辆制造公司的要求，使用 factory( )方法创建出不同的汽车对象，比如轿车（Car），卡车（Truck）或铲车（Forklift）的实例。而如果接到不合法的要求，会提示错误。

车辆制造公司的市场调查员也是系统的一部分，也需要一个类代表，这个类是 MarketInquirer，它通过 inquire( )调查今年市场上哪一种汽车热销。

车辆制造销售公司的老板也是系统的一部分，仍需要一个类来代表，这个类是 VehicleBoss，他会根据市场调查员的反馈信息，通知车辆制造公司的职员（Staffer）今年生产哪种汽车。

5.7.2 项目设计

项目设计的步骤如下。

1）Vehicle 接口的设计，其中的定义了 3 个抽象方法 turning( )、brake( )、clutch( )定义了车辆的 3 个功能——转向、制动、离合器驱动，其类图如图 5-5 所示。

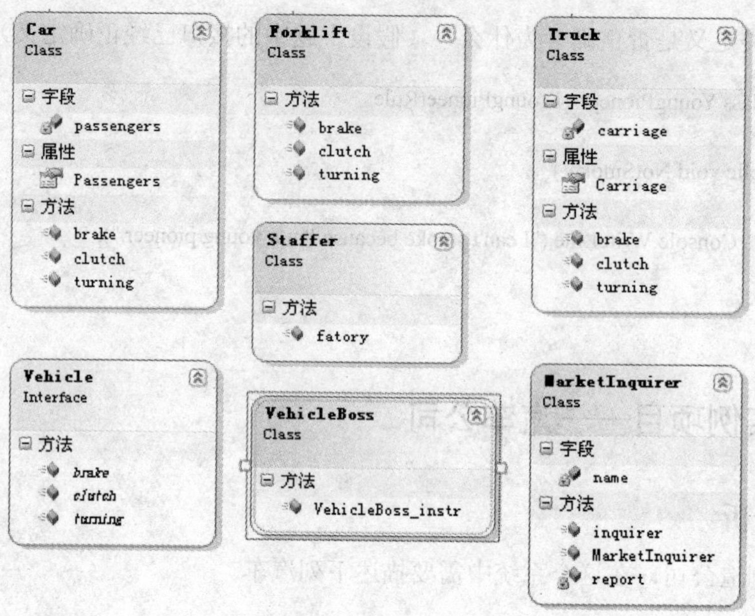

图 5-5 汽车公司项目类图

2）Car 类的设计，实现 Vehicle 接口，并设置 passenger 属性。

3）Forklift 类的设计，实现 Vehicle 接口。

4）Truck 类的设计，实现 Vehicle 接口，并设置 carriage 属性。

5）Staffer 类的设计，定义 factory()方法，该方法根据传入的参数决定生产哪种车。

6）MarketInquirer 类的设计，定义 inquire()方法、report()方法。inquire()方法中通过产生随机数的方式产生今年市场上哪一种汽车热销的调查结果，report()方法显示调查结果。

7）VehicleBoss 类的设计，VehicleBoss_instr()方法，在该方法中创建一个市场调查员实例，然后通过该实例获取市场调查结果，通知公司的职员（Staffer）生产哪种车，最后对车的性能（转向 turning()，制动 brake()，离合器驱动 clutch()）进行测试。

5.7.3 项目实现

项目实现步骤如下。

1）使用 Visual Studuo 2008，新建控制台应用程序 Vehicle。

2）新建 Vehicle.cs，添加接口，包括转向 turning()，制动 brake()，离合器驱动 clutch() 3 个方法，其代码如下所示。

```
public   interface Vehicle
{
    //接口 turning()
    void turning();
    //接口 brake()
    void brake();
    //接口 clutch()
   void clutch();
}
```

3）新建 Car.cs，添加类 Car, 实现 Vehicle 接口，并设置 passenger 属性满足轿车的载人数量不能超过 5 人的要求，其代码如下所示。

```
public class Car:Vehicle
{
    private int passengers;
    //实现接口中的 turning()
    public void turning()
    {
        Console.WriteLine("正在转向...");
    }
    //实现接口中的 brake()
    public void brake()
    {
        Console.WriteLine("正在制动...");
    }
    //实现接口中的 clutch()
    public void clutch()
    {
        Console.WriteLine("使用离合器驱动汽车");
    }
    //载人数量的访问器
    public int Passengers
    {
        set
        {
            if (value <= 5)
            {
                passengers = value;
            }
            else
            {
                passengers = 5;
            }
        }
        get
        {
            return passengers;
        }
    }
}
```

4）新建 Truck.cs，添加类 Truck，实现 Vehicle 接口，并设置 carriage 属性确定卡车是固定车厢还是翻斗车厢，其代码如下所示。

```
public class Truck:Vehicle
{
```

```
        private string carriage;
        //实现接口中的 turning()
         public void turning(){
        Console.WriteLine("正在转向...");
    }
    //实现接口中的 brake()
    public void brake()
    {
        Console.WriteLine("正在刹车...");
    }
    //实现接口中的 clutch()
    public void clutch()
    {
        Console.WriteLine("使用离合器驱动汽车");
    }
     //车厢类型的访问器
     public string Carriage
     {
        set
        {
            carriage = value;
        }
        get
        {
            return carriage;
        }
     }
```

5）新建 Forklift.cs，添加类 Forklift，实现 Vehicle 接口，其代码如下所示。

```
class Forklift:Vehicle
{
        //实现接口中的 turning()
        public void turning()
        {
            Console.WriteLine("正在转向...");
        }
        //实现接口中的 brake()
        public void brake()
        {
            Console.WriteLine("正在制动...");
        }
        // 实现接口中的 clutch()
        public void clutch()
        {
            Console.WriteLine("使用离合器驱动车辆");
        }
}
```

6）新建 Staffer.cs，添加类 Staffer，实现 factory( )方法，该方法根据传入的参数决定生产哪种车，其代码如下所示。

```
public class Staffer
{
    public static Vehicle fatory(String which)
    {
        if (which.Equals("Car"))
        {
            return new Car();
        }
        else if (which.Equals("Truck"))
        {
            return new Truck();
        }
        else if (which.Equals("Forklift"))
        {
            return new Forklift();
        }
        else
        {
            return null;
        }
    }
}
```

7）新建 MarketInquirer.cs，添加类 MarketInquirer，实现 inquire( )方法，该方法中通过产生随机数的方式产生今年市场上哪一种汽车热销的调查结果， report()方法显示调查结果，其代码如下所示。

```
public class MarketInquirer
{
    String name;
    public   MarketInquirer(String name)
    {
        this.name = name;
    }
    // 该方法模拟市场行情的变化，并返回热销车辆的名称！
    public String inquirer()
    {
      Random rd = new Random();
      // rd.Next(3);
     switch ((int)(rd.Next(3)))
      {
         case 0: report("轿车"); return "Car";
         case 1: report("卡车"); return "Truck";
         case 2: report("铲车"); return "Forklift";
```

```
                default: report("轿车"); return "Car";
            }
        }
        private void report(String hotVehicle)
        {
            Console.WriteLine("市场调研员" + name + "报告：经过周密调研，今年" + hotVehicle
                + "会有好销路，请生产！");
        }
    }
```

8）新建 VehicleBoss.cs，添加类 VehicleBoss，实现 VehicleBoss_instr()方法，在该方法中创建一个市场调查员实例，然后通过该实例获取市场调查结果，通知公司的职员（Staffer）生产哪种车，最后对车的性能（转向 turning( )，制动 brake( )，离合器驱动 clutch( )）进行测试，其代码如下所示。

```
class VehicleBoss
{
    //车辆制造销售公司的老板根据市场调查员的反馈，安排一年的生产计划
    public void VehicleBoss_instr()
    {
        MarketInquirer mi = new MarketInquirer("顺风耳");
        String hotVehicle = mi.inquirer();
        Vehicle vehicle = Staffer.fatory(hotVehicle);
        vehicle.turning();
        vehicle.brake();
        vehicle.clutch();
    }
}
```

9）在 Main(string[] args)方法中，创建公司的老板实例，然后调用 VehicleBoss_instr()方法，其代码如下所示。

```
class Program
{
    static void Main(string[] args)
    {
        VehicleBoss vehicleboss = new VehicleBoss();
        vehicleboss.VehicleBoss_instr();
    }
}
```

第 6 章　集合与泛型

在编程过程中，常常要处理一组相同类型的数据，可以定义若干变量来保存这些数据，但定义过多变量（比如说 20 个）来保存数据是很不方便的。当需要保存大量相同类型数据时就可以使用数组、集合以及泛型这 3 种方式进行存储。本章主要内容如下。

- 数组
- 集合（ArrayList、Queue、Hashtable、Stack、SortedList）
- 泛型（List<T>、Stack<T>）

6.1　数组

在绝大多数的编程语言中，都存在数组的概念。使用数组，可以用相同名称引用一系列变量，并用数字下标（或称索引）来区分数组中的每一个元素。数组名称所代表的变量本身不保存数据，只保存一个内存地址信息，代表该数组所占用的内存的起始地址。在许多情况下，使用数组可以缩短和简化程序。使用循环结构可以很容易地处理数组对象，方便地进行遍历或其他操作，从而达到高效处理的目的。数组有上界和下界之分，上界为最后一项，下界为第一项，数组的元素在上下界内是连续的。

C#继承了 C 语言中数组的概念，但又有所不同。作为一种现代的，完全面向对象的语言，C#中的数组作为对象而成为面向对象体系的一部分。C#中的数组包括一维数组、多维数组以及锯齿数组。

一维数组的定义如下。

```
int[ ] intArray =new int [5];          //定义一个包含 5 个整数的整数数组
```

注意：此处使用 new 关键字声明了数组，即已经给 intArray 数组分配了内存空间，数组中的各元素均为默认值 0。

二维数组的定义如下。

```
int[, ] intArray =new int [2,3];
```

上面的多维数组其实就是常用二维数组，若要增加维度只需要在声明处多加一个“,”就可以了。如 int [, ,] myArray 是一个三维数组。

二维数组在 new 后边的二个数分别表示这个数组行和列的个数，即二维数组 int [2,3]可视为一个 2 行 3 列的矩阵，而更多的维度又可视为矩阵的拼接。

由于 C#是完全面向对象的，所以也允许定义类的对象作为数组的元素，其语法如下。

```
//假设已经存在类 Book
```

```
...
Book[] myBooks = new Book[5];
for (int i=0; i<myBook.Length;i++)
{ myBooks[i]=new Book(); }
...
```

对于C#中的数组结构，有以下几点说明。

1）无论数组中保存的是对象还是非对象，数组的 Length 属性都是在初始化数组的时候就赋值的，即数组元素的个数是在数组初始化时就固定不会再变化了，Length 属性值表示数组中元素的个数。

2）如前面定义 int 类型数组时提到的那样，int 型数组的每个元素的初值为 0。其实所有的数值型数组的每个元素初值都是 0（实际值），而 bool 型的初值为 false，字符型（不是字符串，字符串是对象）的初值为'\u0000'，对象的初值为 null。

3）C#中数组下标是从 0 开始的，若数组有 5 个元素，则下标为 0~4。

在 C#中也可以初始化一个元素内容已经确定的数组，如下面的代码。

```
int [ ] myArr ={1,3,5,7,9};
```

6.2 集合

前一节介绍了可以存放大量同一类型变量的数组，但数组却有其局限性。数组的长度是固定的，一旦声明一个数组之后，其长度便不可再变，即数组的元素个数是固定不变的。这种局限性使得数组无法应对个数无法确定的一组数据，在这种情况下非常适合使用集合类对象。集合类是一组各种类型集合的统称，这些类位于 System.Collections 命名空间。

.NET Framework 提供了用于数据存储和检索的专用集合类，这些类提供对堆栈、队列、列表和哈希表的支持。大多数属于集合范畴的类型都实现了相同的接口，可以继承这些接口来创建更为专用的自定义集合类型，承担数据存储的任务。

集合如同数组，是存储和管理一组数据对象的数据结构类型，除了基本的数据处理功能，集合直接提供了各种数据结构及算法的实现，如队列、链表、排序等，这样就不需要额外重复编码就能够完成复杂的数据操作。在使用数组和集合前应先引用 System.Collections 命名空间，它提供了支持各种类型集合的接口及类。集合本身也是一种类型，基本上可以将其视为存储一组数据对象的容器。由于 C#面向对象的特性，管理数据对象的集合也是对象，而存储在集合中的数据对象则被称为集合元素。

将相关联的数据对象添加到同一集合中，能够更有效地处理这些相关联的数据。不必再编写不同的代码来处理每一单独的数据对象，通过使用数组就可以用相同的代码来处理一个集合的所有元素，即循环和集合的结合使用。

多数集合类具有排序功能和索引功能，而且集合类会自动处理内存调用，其容量会根据需要扩展。某些集合类会生成一些封装，这些封装使得集合是只读或固定大小的。任何集合类型都会生成索引，该索引简化了对其保存的数据对象的循环访问。

需要注意的是，读者需要谨慎选择不同的集合类，因为选用错误的类型可能限制使用集合的效果。

如果需要使用有序列表，其中的元素通常在检索其值后会被释放掉。此时，如果使用先进先出 (FIFO) 结构可考虑使用 Queue 类或 Queue 泛型类；如果使用后进先出 (LIFO) 结构则可考虑使用 Stack 类或 Stack 泛型类；如果不使用有序列表，则使用其他集合类型。

当需要以某种顺序访问数据对象，如 FIFO、LIFO 或随机访问时，Queue 类和 Queue 泛型类提供 FIFO 访问；Stack 类和 Stack 泛型类提供 LIFO 访问；LinkedList 泛型类可以从起始到结尾或从结尾到起始按顺序访问。其余的集合可以进行随机访问。

需要通过索引访问每一项数据对象时，ArrayList 和 StringCollection 类以及 List 泛型类提供了数据对象的从起始位置开始的访问方式。Hashtable、SortedList、ListDictionary 和 StringDictionary 类以及 Dictionary 和 SortedDictionary 泛型类提供了根据数据对象的键/值对的进行访问的功能；NameObjectCollectionBase 和 NameValueCollection 类以及 KeyedCollection 和 SortedList 泛型类提供了数据对象的从起始位置开始的索引或者通过数据对象的键/值对的访问方式。

集合数据类型提供不同的数据对象存储方式，分为每一项数据对象都包含一个值、一个键和一个值的组合或者一个键和多个值的组合 4 种形式。 一个值的方式是使用任何基于 IList 接口或 IList 泛型接口的集合；一个键和一个值的方式是使用任何基于 IDictionary 接口或 IDictionary 泛型接口的集合；带有嵌入的键的一个值的方式是使用 KeyedCollection 泛型类；一个键和多个值的方式是使用 NameValueCollection 类。

当需要使用与输入元素方式不同的方式对元素排序时，可使用下列类型的特定方式。Hashtable 类型按其数据对象的的哈希代码对元素排序。SortedList 类以及 SortedDictionary 和 SortedList 泛型类根据 IComparer 接口和 IComparer 泛型接口的实现按键对数据对象排序。ArrayList 提供 Sort 方法，该方法接受 IComparer 实现作为参数。其对应的泛型类（List 泛型类）提供 Sort 方法，该方法接受 IComparer 泛型接口的实现作为参数。

当需要信息的快速搜索和检索时，对于小型集合（10 项或更少），ListDictionary 比 Hashtable 的检索速度快。SortedDictionary 泛型类提供比 Dictionary 泛型类更快的查找速度。

当需要只接受字符串的集合时，可以使用 StringCollection（基于 IList）和 StringDictionary，二者（基于 IDictionary）都位于 System.Collections.Specialized 命名空间中。

此外，通过为泛型类的参数指定 String 类，可以使用 System.Collections.Generic 命名空间中的任何泛型集合作为强类型字符串集合。

下面将介绍的集合类型有列表（ArrayList)、队列（Queue)、哈希表（Hashtable)、栈（Stack)、有序表（SortedList)。

6.2.1 列表

事实上，.NET Framework 提供了 ArrayList 和 List<T>两种列表。List<T>作为泛型的内容将在后边进行介绍，本小节只介绍 ArrayList 的相关内容。ArrayList 是一种弱类型的集合，也就是说任何类型的数据或对象都可以放入 ArrayList 这种列表对象中，因为 ArrayList 中存储的元素都是 object 类型的。当向 ArrayList 中添加类型为某种类的对象时，会发生由该类型到 object 的转换。同样，如果要从 ArrayList 中取出对象并作为该类型使用的话，就必须将 ArrayList 中的元素进行由 object 到该类型的显式转换。

对于列表常见的操作有以下一些。

（1）定义列表

```
ArrayList   bookList = new ArrayList ();
```

上面的代码定义了一个空的列表对象 bookList，注意此时该列表中是没有任何元素的，但却是有容量（Capacity 属性)的。元素的个数（Count 属性)与容量是不同的概念，这就好比能装 80 个苹果的篮子只装 35 个苹果一样，80 就是容量，35 就是个数。并且 ArrayList 的容量是根据需要自动增长的，所以一般情况下读者只要关心 ArrayList 的 Count 属性就可以了。

（2）添加元素

前面通过 ArrayList 的默认构造函数创建了图书列表对象，下面再使用另外一个构造函数去创建 ArrayList 的实例。下面这段代码定义了一个容量为 5 的 ArrayList 对象 bookList，但却没有任何元素。

```
ArrayList bookList = new ArrayList (5);
```

（3）插入和删除元素

列表 ArrayList 对象的元素是动态增长的，所以可以方便地在指定位置插入和删除元素，例如，下面的代码（假设事先已经定义了类 Book，并且 Book 类中有一个 int 型属性 ID）。

```
…
ArrayList booklist = new （3）;
booklist .Add(newBook() );
booklist .Add(new Book() );
Book b=new Book();
b.ID=2;
booklist .Insert (1,b);
…
```

上面的代码最终使 ID 为 2 的 Book 对象成为 booklist 的第二个元素，但其索引下标为 1，因为索引下标从 0 开始。

```
...
booklist .Remove ("English");
booklist .RemoveAt （1）;
booklist .RemoveRange (0,booklist .Count);
…
```

以上三个删除方法只有后两个会被真正的执行，最终 booklist 会成为一个空列表。ArrayList.Remove（object obj)会删除匹配项，booklist 中没有能与字符串"English"匹配的项，所以第一个删除语句执行之后不会对 booklist 对象产生任何影响，但不会产生错误或异常。ArrayList.Remove(index i)删除索引为 i 的元素，所以第二个（列表的第一个元素的索引值是 0）元素会被删除。ArrayList.RemoveRange(index i,Range r)会删除从 i 开始的 r 个元素，所以 booklist 最终会被清空。

上面代码中的第三个方法的作用相当于 booklist.Clear()，这个方法也会清空列表。

（4）搜索和访问某个元素

ArrayList 的 IndexOf (object obj) 和 LastIndexOf (object obj)方法分别返回列表中与 obj 相同的第一个匹配的元素和最后一个匹配的元素的索引值。需要注意的是，要使用 ArrayList 类应确保已经添加了 System.Collections 命名空间。

【例 6-1】 编写控制台应用程序，在程序内创建 ArrayList 对象，把创建的 Book 类的对象加入到 ArrayList 对象中，最后输出整个列表。

```
public class Book
{
    private int id;
    public int ID
    {
        get { return id ; }
        set { id =value ; }
    }
}
    public class Ex0701BookList
    {
        public static void Main ( string [ ] args)
        {
            ArrayList bookList=new ArrayList (5) ;
            for (int i=0 ; i < bookList.Capacity ; i++)
            {
                Book b = new Book ( );
                b.ID = i+1;
                bookList.Add (b);
            }
            for ( int i=0; i< bookList.Count ; i++ )
            {
                ((Book)bookList[i]).ID+=15 ;
            }
            foreach ( object obj in bookList )
            {
                Console.WriteLine ("第{0}本书的编号是{1}", bookList.IndexOf (obj),((Book)obj).ID) ;
            }
        }
    }
```

程序的运行结果如图 6-1 所示。

```
file:///C:/Document
第0本书的编号是16
第1本书的编号是17
第2本书的编号是18
第3本书的编号是19
第4本书的编号是20
```

图 6-1　例 6-1 程序运行结果

6.2.2　队列

队列的概念源于数据结构，队列具有先进先出（FIFO）的特点。队列是一种特殊的线性结构，只能够在队列的前端（front）进行删除操作，而只能在队列的后端（rear）进行插入操作。进行插入操作的一端称为队尾，进行删除操作的一端称为队头。当队列中没有元素对象时，称为空队列。

队列空的条件：队头位置 = 队尾位置

队列满的条件：队尾位置 ＝MAXSIZE-1（达到了队列对象的最大元素个数）

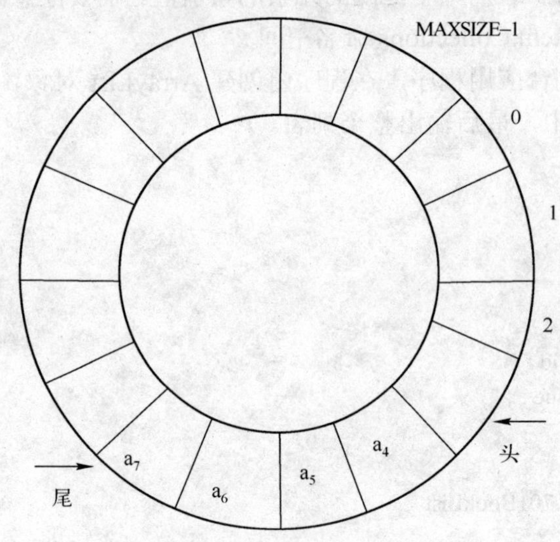

图 6-2　队列结构示意图

队列结构也可以使用类似数组 A[0…n-1]来表示，数组的上界 n 即是队列最大容量。在队列的运算中需设两个指针：head，即队头指针，指向实际队头元素的前一个位置；taill，即队尾指针，指向实际队尾元素所在的位置。一般情况下，两个指针的初值都设为 0，这时队列为空队列，队列中没有数据对象。一个由 8 个元素构成的队列，队列定义 A[1…10]。A[i] i=1,2,3,4,5,6,7,8，头指针 head＝1，尾指针 tail＝8。队列中拥有的数据对象个数为:Length=tail-head 现要让排头的元素出队，则需将头指针加 1。即 head=head+1 这时头指针向上移动一个位置，指向 A[2]，表示 A[1]已出队。如果想让一个新的数据对象入队，则尾指针向上移动一个位置。即 tail=tail+1 这时 A[9]入队，若队尾已经处在最上面时，即 tail=10，如果还要执行入队操作，则会发生“上溢”，但实际上队列中还有 2 个空位置，所以这种溢出称为“假溢出”。

消除假溢出的方法有两种。一种是将队列中的所有数据对象全部向低地址区移动，这种方法简单但是很费时间；另一种方法是将数组存储区看成是一个首尾相接的环形区域。当存放到 n 地址后，下一个地址就“翻转”为 1 。在数据结构上采用这种方式来存储的队列称为循环队列。

队列 Queue 在.NET Framework 中被实现为集合类的一种。与 ArrayList 类似， Queue 也是弱类型化的集合，在数据出对时应显式转换为特定类型。但是，队列的使用方式比较特别，无法用索引访问指定元素，而且入队和出队的操作只适用于队尾和队头，无法访问队列中间的元素。

对于队列的操作主要有以下一些。

（1）入队与出队操作

队列的入队操作由 Queue.Enqueue (object obj) 方法实现 ，该方法将 obj 对象添加到队尾，此时如果队列的容量不足会自动增长。

```
Queue que = new Queue ( );
que.Enqueue ( new Book () );
```

队列的出队操作由 Queue.Dequeue ()实现，该方法返回并删除队首元素，当然返回的是 object 对象，要实际使用最好进行强制转换。

```
…
Book b = new Book () ;
b.ID = 5 ;
for ( int i=0 ; i<que.Count ; i++ )
{ Console.WriteLine ("{0}号书已出队", ( Book ) que.Dequeue.ID) ; }
…
```

（2）查看队首元素、清空队列以及检查队列元素

有时候需要查看队首的元素但并不想改变队列，这时就需要用到 Queue.Peek ()方法，该方法类似于 Queue.Dequeue ()， 但该方法并不会删除队首元素。

```
…
Queue bookQueue = new Queue（）;
for ( int i=0 ; i<5 ; i++ )
{
    Book < b = new Book ();
    b.ID = i+1 ;
    bookQueue.Enqueue ();
}
for ( int i=0 ; i< book Queue.Count ; i++ )
{
    Console.WriteLine ("{0}号书正在被读取",( Book ) ( bookQueue.Peek () ).ID ) ;
}
…
```

上面代码的执行结果会显示，每次读取的都是同一本书（即同一对象），说明了队首元素一直没有改变，即未出队。

最后一个方法是 Queue.Contains （ object obj ）， 该方法将返回一个 bool 值，表示该队列中是否包含 obj 对象。这个方法是判断 obj 对象与 Queue 中的某对象是否为同一引用。

6.2.3 哈希表

哈希表又称散列表，哈希表有这样一个特性：当数据结构中有关键字和 K 相等的记录时，则必定在 f(K)（代表与 K 有关的一个函数值）的存储位置上。这种存储结构可以不需要进行比较直接取得所需记录。称对应函数关系 f 为散列函数(Hash function)，按这个方式建立的数据结构为哈希表。

当不同的关键字得到同一散列地址，即 key1≠key2，而 f(key1)=f(key2)时，这种现象称冲突，具有相同函数值的关键字称做该哈希函数的同义词。根据哈希函数 H(key)和处理冲突的方法是将一组关键字映像到一个有限连续的地址集（区间）上，并以关键字在地址集中的“像”作为记录在表中的存储位置，这一映像过程称为散列造表或散列，所得的存储位置称

散列地址。

当对关键字集合中的任意关键字，经散列函数映像到地址集合中任何一个地址的概率是相等时，则称此类哈希函数为均匀哈希函数(Uniform Hash function)，这就是使其关键字经过哈希函数得到一个“随机的地址”，从而减少冲突。

哈希表也可以视为键/值对的集合，这些键/值对是根据每对键的哈希代码进行组织的。每对键/值在哈希表内部是保存在一个名为 DictionaryEntry 的结构中，每对元素的键不能为 NULL（空引用），但是值是可以的。

对于哈希表的操作主要有以下一些。

（1）添加元素

Hashtable 类使用 Add（object key, object value ）方法向集合中添加元素。

```
…
Hashtable ht = new Hashtable ();
ht.Add (1,"Hash");
ht.Add ("Table",2 );
…
```

上面例子中第一次调用 Add 方法时，第一个参数为整数，第二个为字符串，而第二次调用 Add 方法时，两个参数类型则刚好相反。这两种方式都是可以的，这是因为两个参数都是 object 类型，所以传递何种类型的参数没有区别，但是在从哈希表中取出时则一定要注意。

（2）删除元素

Hashtable 提供 Remove (object key)方法删除元素，key 为指定元素的键，如果该 Hashtable 不包含 key 时不发生错误，也不会抛出异常。

```
…
Hashtable ht = new Hashtable() ;
ht.Add(1，"Hash");
ht.Add(2，"Table");
ht.Remove （2） ;
ht.Remove （3） ;
…
```

上面代码中第二次调用 Remove 方法时不会发生任何事情。Hashtable 也提供了 Clear()方法清除所有元素。

（3）检索元素

Hashtable 的每对键/值对都存放在 DictionaryEntry 结构中，所以可以通过 DictionaryEntry 遍历整个 Hashtable。Hashtable 也允许使用键索引的方法访问。另外，Hashtable 提供 GetEnumerator ()方法获取一个 IDictionaryEnumerator 对象，也可以通过遍历该接口的方法实现迭代访问。在已知键值的情况下，多使用键索引方式读取数据，而使用另外两种方式遍历读取数据。

【例 6-2】 编写控制台应用程序，在程序内创建 Hashtable 对象，并操纵这个 Hashtable 对象。

```
public class Ex0702ReadHashtable
    {
        public static void Main ( string [ ] args )
        {
            Hashtable ht = new Hashtable ();
            ht.Add(1, "Hash");
            ht.Add(2, "Table");
            ht.Add(3.0, "Hashtable");
            foreach (DictionaryEntry de in ht )
            {
                Console.WriteLine ("{0}—{1}", de.Key,de.Value);
            }
            Console.WriteLine ("{0}将被删除", ht[3.0]);
            ht.Remove ( 3.0 ) ;
            Console.WriteLine ("=====");
            IDictionaryEnumerator ide =ht.GetEnumerator () ;
            while (ide.MoveNext())
            {
                Console.WriteLine ("{0}—{1}", ide.Key,ide.Value );
            }
            Console.ReadLine();
        }
    }
```

程序的运行结果如图 6-3 所示。

6.2.4 栈

栈是一种 LIFO（Last In First Out，后进先出）式的数据结构。栈（stack）是指仅在列表结尾进行插入或删除操作的线性列表结构。

栈是一种数据结构，是只能在某一端插入和删除的特殊线性表。栈结构严格依据先进后出的原则存储数据对象，先进入的数据对象被置于栈底，最后进入的数据对象置于栈顶，读取数据对象时从栈顶开始弹出数据（最后一个放入栈的数据对象将会被第一个读取出来），如图 6-4 所示。

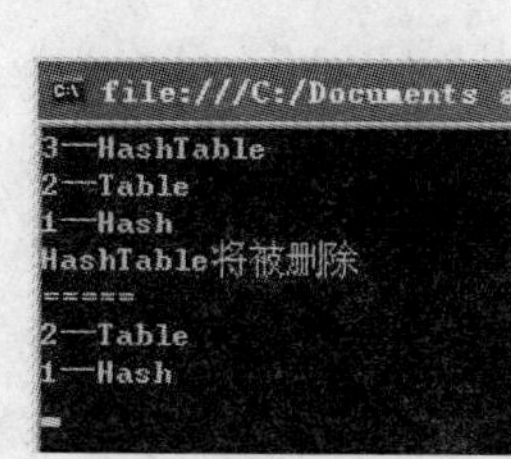

图 6-3　例 6-2 程序运行结果

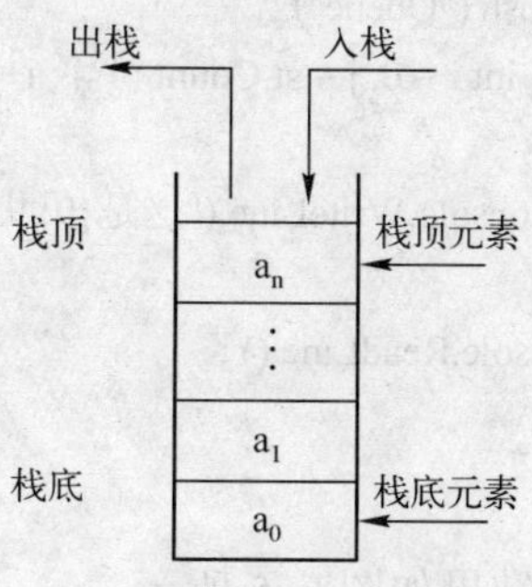

图 6-4　栈结构示意图

栈结构是在同一端进行插入和删除操作的特殊线性结构。唯一能够进行插入和删除操作的一端称为栈顶(top)，另一端为栈底(bottom)；栈底固定，而栈顶会随数据量的大小改变；栈中数据对象的个数为零时称为空栈。插入操作一般称为入栈（PUSH），删除操作则称为出栈（POP），有时也直接称栈为后进先出结构。

栈结构可以用于在调用函数的时候存储断点，使用递归结构时就会用到栈结构。

.NET 中的 Stack 类就是一种栈式的集合类。所有进入 Stack 的元素都遵循 LIFO 原则，所以 Stack 类的使用不那么自由，只在许多特定环境下使用。

对于栈的操作主要有以下一些。

（1）入栈与出栈

Stack 类提供 Push（ object obj ）方法入栈，Pop()方法出栈。与之前的集合类一样，Stack 集合也是弱类型化的，所以要注意类型问题。

```
…
Stack st = new Stack () ;
st.Push ("stack" );
st.Pop() ;
…
```

（2）检索与清空

由于栈的特性，只能操作栈顶元素，所以也只能读取栈顶元素。Stack 提供 Peek()方法返回但不删除栈顶元素，提供 Clear()清除这个栈。

【例 6-3】 编写控制台应用程序，在程序内创建 Stack 对象，使用 Push()放入 3 个字符串对象，然后使用 Peek()和 Pop()方法。

```
public class Ex0603StackOperation
{
  public static void Main (string [ ] args )
  {
    Stack st = new Stack ();
    st.Push ("Stack") ;
    st.Push ("Hashtable") ;
    st.Push ("Queue") ;
    for ( int i = 0, j = st.Count ; i<j ; i++)
    {
      Console.WriteLine ("这是{0}集合，{1}集合已出栈",st.Peek() , st.Pop() ) ;
    }
    Console.ReadLine () ;
  }
}
```

程序的运行结果如图 6-5 所示。

```
file:///C:/Documents and Settings/StarGa
这是Queue集合，Queue集合已出栈
这是Hashtable集合，Hashtable集合已出栈
这是Stack集合，Stack集合已出栈
```

图 6-5　例 6-3 程序运行结果

6.2.5　有序表

有序表是一种结合列表与哈希表两种数据结构特点的集合类，有序表可以像哈希表一样存储键/值对，同样可以用 DictionaryEntry 对象来访问，也可以用索引的方式访问值。有序表对象实际是在内部使用两个数组存储所有键/值对，一个数组保存所有键，另一个数组保存所有值。SortedList 实现了不同的 IComparer 接口，可以根据键的类型进行排序。但有序表中不能存放不同类型的键，也不可以存放重复的键。有序表中各元素的顺序是基于排序的顺序的。当添加元素时，有序表会找到该元素的排序位置并将该元素添加进去，同时索引会相应地进行调整。当移除元素时，索引也会进行调整。因此，当在 SortedList 对象中添加或移除元素时，其他的键/值对元素的索引可能会更改。

由于要进行排序，有序表 SortedList 对象的各种操作要比哈希表的各类操作要慢。但与此同时，SortedList 可以通过键或索引访问值，提供了比哈希表更大的灵活性。

对于有序表的操作主要有以下一些。

（1）添加与修改元素

SortedList 类提供 Add (object key ,object value)方法向 SortedList 中添加元素，参数 key 代表键，参数 value 代表值。SortedList 还提供了 SetByIndex (int index , object value)方法替换指定位置的值，参数 index 代表索引值，通过该索引指定位置，然后用参数 value 中的值去替换，实例代码如下所示。

```
…
SortedList sl = new SortedList();
sl.Add(2, "!");
sl.Add(1, "hello" );
sl.SetByIndex(2，"world");
…
```

（2）定位与移除元素

SortedList 提供 IndexOf key (object key)和 IndexOf value(object value)来获取指定键或值的索引号。由于有序表中键是唯一的，但值不一定唯一，所以前一个方法返回该键对应元素从零开始的索引，找不到返回-1。而后一个方法则返回第一个搜索到的匹配元素的索引号，同样在找不到时返回-1。在获取了索引号之后就可以使用 RemovAt(int index)方法移除指定索引处的元素，当然也可以使用 Remove(object key)方法，根据唯一的键来移除该键对应的元素。示例代码如下所示。

```
…
```

```
SortedList sl = new SortedList ();
sl.Add (1,"Hello") ;
sl.Add(3,"!");
sl.Add(2,"world");
int i=sl.IndexOf key ("!");
Console.WriteLine ("{0}", i );
i = sl.IndexOfValue ("!");
Console.WriteLine ("{0}", i );
sl.RemoveAt(i);
i = sl.IndexOfValue("!");
Console.WriteLine ("{0}", i );
sl.Remove（2）;
i = sl.IndexOfValue("world");
Console.WriteLine ("{0}", i );
…
```

（3）检索元素

SortedList 提供 GetKey(int index)和 GetByIndex(int index)方法，通过参数 index 作为索引来获取指定位置的键和值；同时也提供了 GetKeyList()和 GetValueList()获取全部的键和值，这两个方法都返回 IList 对象，即可以像列表那样操作。可惜的是，这些 IList 对象是 SortedList 对象的只读视图。所有对源 SortedList 对象所作的修改都会立即在这些 IList 对象上体现出来。

【例 6-4】 编写控制台应用程序，在程序内创建 SortedList 对象，然后操作这个 SortedList 对象。

```
public class Ex0604SortedListOperation
{
    public static void Main (string [ ] args )
    {
      SortedList sl = new SortedList () ;
      sl.Add (4,"Table");
      sl.Add(1,"sorted");
      sl.Add(3,"Hash");
      sl.Add(2,"List");
      Console.WriteLine ("{0}{1}",sl.GetByIndex(0),sl.GetByIndex（1） );
      sl.Remove (5);
      foreach (DictionaryEntry de in sl )
      {
          Console.WriteLine ("{0}...{1}",de.Key,de.Value);
      }
      for ( int i = 0 ; i < sl.Count ; i++ )
      {
          Console.WriteLine ("{0}",sl[i+1]);
      }
      Console.ReadLine();
    }
```

```
}
```

程序的运行结果如图 6-6 所示。

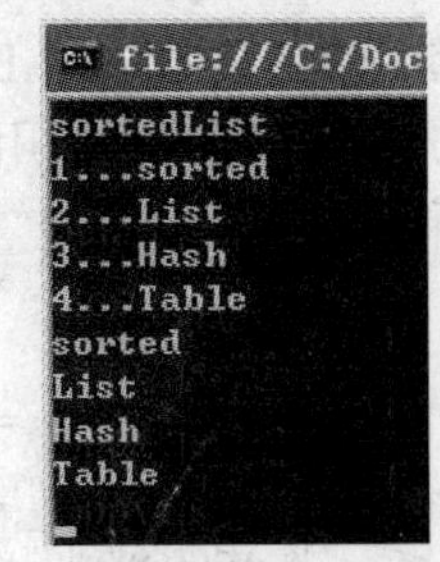

图 6-6　例 6-4 程序运行结果

6.3　泛型

泛型是在 C# 2.0 中新增的概念，它使得用 C#语言编写的面向对象程序的效力和灵活性大大提高。不必再进行对值类型的装箱和拆箱操作，或对引用类型进行向下强制类型转换操作，所以性能得到极大提升。编程人员可以使用泛型，对数据类型的要求延迟至使用泛型实例时才确定。泛型为编程人员提供了一种高性能的编程方案，大大提高了代码的重用性，并使得编程人员能够编写非常优雅的解决方案。

泛型类和泛型方法同时具备复用性、类型安全和高效 3 个特点，这是非泛型类和非泛型方法无法比拟的。泛型通常使用于集合和在集合上运行的方法中。.NET Framework 2.0 版类库提供一个新的命名空间 System.Collections.Generic，包括了许多新的基于泛型的集合类型。面向 C# 2.0 版的所有应用程序都建议使用新的泛型集合类，而不要再使用非泛型集合类，如 ArrayList。

泛型机制支持创建自定义泛型和泛型方法，以提供自定义的通用解决方案，设计类型安全的高效模式。大多数情况下，建议使用 .NET Framework 类库原生提供的 List<T> 泛型类，而不是自定义泛型类。通常使用具体类型来表示列表中所存储项的类型时，可使用类型参数 T。

泛型具有类型参数的特点，在设计类和方法时使用类型参数就可以在声明和实例化这些类和方法时再指定类型。假设用 P 代表某一个类型，那么支持 P 类型的类的声明如下。

```
…
public class MyList <p>{...}
```

当然 public 不是必需的，而且类型参数常用 T 来代替。

使用这种类型参数的技术可以给客户代码（使用该类的代码）以更高的灵活度，并消除运行的强制转换或集装箱操作的成本和风险。

使用泛型类型的特点是可以最大限度地重用代码、保护类型安全以及提高性能，其最常见的用途就是创建集合类。许多系统提供的泛型集合类都是前面描述的集合类的泛型实现，它们的使用方法殊途同归，本节重点说明 ArrayList 的泛型实现 List<T>和 Stack 的泛型实现 Stack<T>。

6.3.1　List<T>

List<T>表示存储了 T 类型的对象的强类型列表，其可以通过索引进行访问，并提供用于搜索、排序等操作的方法。List<T>是 ArrayList 类的泛型实现（或称泛型版本），List<T>不像 SortedList 那样在元素入列时排序，而是需要调用 Sort ()方法才进行排序。

对于 List<T>的操作主要有以下一些。

（1）添加和移除元素

List<T>提供 Add（T items）和 AddRange (IEnumerable<T> collection)方法将一个或一组 T 类型的元素添加到 List<T>中。还提供了 Remove(T item)和 RemoveAt（int index）方法移除与 item 为同一引用或同一值的第一个匹配项，以及移除指定索引处的元素。示例代码如下所示。

```
…
List<string> ls = new List<string>();
ls.Add("Hello");
ls.Add("world");
ls.Add("!")
ls.Remove("world");
ls.RemoveAt（1）;
…
```

（2）对元素进行排序

List<T>提供 Sort()方法对所有元素进行排序，默认情况并不能支持所有类型 T 的排序。示例代码如下。

```
…
List<string> ls = new List<string>();
ls.Add("world");
ls.Add("yeah");
ls.Add("Hello");
ls.Sort();
…
```

（3）插入和检索元素

List<T>提供 Insert（int index，T item）和 InserRange(int index,IEnumerable<T> collection) 方法插入一个或一组 T 类型的元素。可以使用类似数组下标的索引数或遍历的方式读取 List<T>中的 T 对象。

【例 6-5】 编写控制台应用程序，在程序内创建 List<string>对象，在 List<string>对象放入几个字符串对象后输出 List<string>对象中的所有元素。调用这个 List<string>对象的方法，最后输出 List<string>对象中的元素。

```
public class Ex0605GenericList
{
    public static void Main (string [ ] args )
    {
        List<string>   ls = new   List<string>();
        string[ ] s={"world","yeah!","Hello"};
        ls.AddRange (s);
        ls.Add("!");
        foreach(string st in ls)
        {
```

```
            Console.WriteLine("{0}",str);
        }
        ls.sort();
        ls.RemoveAt(0);
        ls.Remove("HELLO");
        for(int i =0; i< ls.Count; i++)
        {
            Console.WriteLine("{0}",ls[i]);
        }
        Console.ReadLine();
    }
}
```

程序的运行结果如图 6-7 所示。

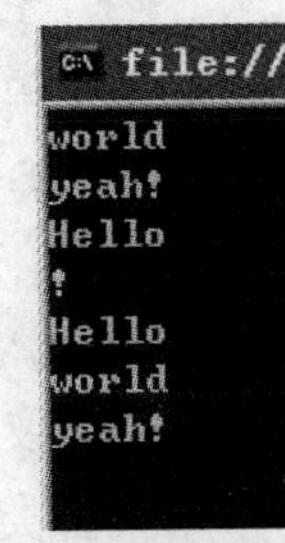

图 6-7 例 6-5 程序运行结果

6.3.2 Stack<T>

Stack<T>是集合类 Stack 的泛型实现，表示一种特定类型的栈结构。当然，这种泛型栈中只能存放 T 或可以为 T 类型的对象。Stack<T>的出入栈及检索方法基本与 Stack 集合相同。

【例 6-6】 编写控制台应用程序，在程序内创建 Stack<string>对象，然后调用这个对象的相应方法。

```
public class GenericStack
{
    public static void Main (string [ ] args )
    {
        Stack<string> ss=new stack<string>();
        ss.Push("Yeah!");
        ss.Push("world");
        ss.Push("Hello");
        foreach(string str in ss )
        {
            Console.WriteLine(str);
        }
        for (int i=0, j=ss.Count ; i<j ; i++ )
        {
            Console.WriteLine ("{0}1—{1} has gone", ss.Peek(),ss.Pop() );
        }
        Console.WriteLine("栈中还有{0}个 string ",ss.Count) ;
        Console.ReadLine();
    }
}
```

程序的运行结果如图 6-8 所示。

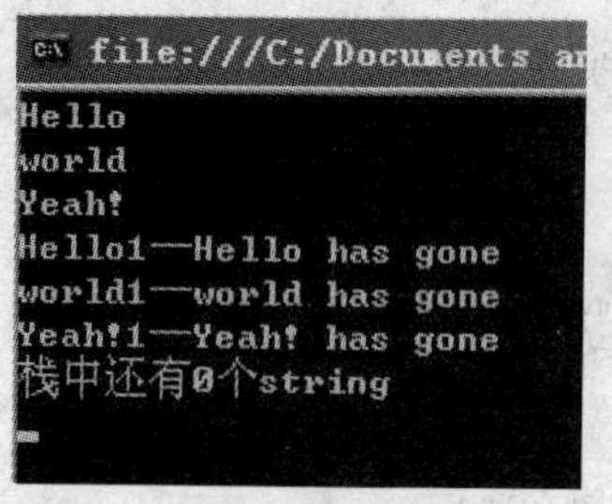

图 6-8　例 6-6 程序运行结果

6.4　小结

本章主要介绍了在 C#编程中常用的数组、集合和泛型类型，它们的定义和使用方法，并对常用的几个类型的属性和方法进行的讲解和分析。读者应体会泛型的好处与方便之处，在编程中尽量使用泛型来完成功能。

通过本章的学习，读者应该掌握如下内容。

- 数组的定义和使用方法。
- 常用集合类，集合相对于数组的优势。
- 泛型的含义和常用泛型类型的使用方法。

6.5　习题

1）产生一个包含 100 个元素的 int 数组，在数组中从前到后放入 100～1，输出这个数组的每一个元素。

2）使用数组实现一个控制台应用程序，实现用户如果输入 1，则让用户输入一个学生的学号、姓名和年龄；如果用户输入 2，则输入一个学生学号后从程序中删除这个学生的信息；如果用户输入 3，则输出程序中保存的每个学生的学号、姓名和年龄信息；如果用户输入 4，则退出程序。（读者应创建一个学生类来保存学生的信息）

3）使用泛型替换数组来完成上面程序的功能。

第7章 常用类和数据类型

本章将介绍一些在编程中常用的类和数据类型。在编程中经常要操作文本和日期时间，.NET Framework 中的 DateTime 结构是表示日期时间的数据类型；程序中的文本体现为字符串，在.NET Framework 中主要用 String 类和 StringBuilder 类处理字符串。数据类型之间的相互转换也是要常常用到的。

本章将介绍以下内容。

- 字符串
- 日期时间
- Object 类
- 随机数对象
- 类型之间的转换

7.1 字符串

在 C#中，字符串被表示为类 String 或 StringBuilder，其中 String 类是关键字 string 的实际类型，字符串在字符串确定以后是不可变的，而 StringBuilder 是长度可变的字符串类。

字符串由字符组成，随着计算机语言形成国际标准并普及，许多现代的编程语言都使用 Unicode 字符集，它比 ASCⅡ码字符集规模大得多。无论如何，每个字符在计算机内部都是由一个整数来表示的。

为了区分程序代码和字符串，所有的字符串都放置于一对双引号中，例如"CSharp "表示一个字符串，而直接写 CSharp 就表示一个变量名。另外，由于一些字符具有特殊的意义，比如说双引号，要使用这些字符时就要用转义符（\）。还有一种使用特殊字符的方式是在含有特殊字符的字符串前加上一个@字符，含义是字符串中所有的字符都是其本意而没有转义字符。下面两个字符串是等价的。

```
String str1 = "c:\\windows\\system\\if.txt";
String str2 = @"c:\windows\system\if.txt";
```

前面说过.NET Framework 中实现了两种字符串，String 和 StringBuilder。String 类型的字符串是定长的字符串，StringBuilder 类型的字符串是可变长度的字符串。一般来说，当字符串的长度较短时使用 String 类，即 string 关键字，当仅仅存储或显示字符串时也使用 String 类。而如果字符串较长又频繁变化，则应使用 StringBuilder 类，它可以高效应对字符串的大小和内容的频繁变化。

String 对象的值是不可改变的。每次调用 System.String 类中的方法时，都会在内存中创建一个新的字符串对象副本，此时会为该对象分配额外的内存空间，然后将这个字符串副本作为方法的返回值。请读者注意，在前面这个过程中原来的字符串是从来没有发生过变化的，这也是为什么说 String 类型的字符串是定长的字符串。在对字符串执行重复修改的情况下，用于创建新的 String 对象的系统开销可能会非常巨大。如果要修改字符串而不是创建新的字符串对象，则可使用 System.Text.StringBuilder 类。例如，在循环结构中将许多字符串拼接在一起的情况下，使用 StringBuilder 类可以较显著地提升性能。

7.1.1 System.String 类

System.String 是用来存储和处理字符串的类，在编写程序时通常使用的是首字母小写的 string，实际上它们是一样的。String 类的功能是很强大的，它有大量处理字符串的功能，但处理大量多变的文本的优先选择还是 StringBuilder 类。

String 对象是不可改变（只读）的对象，原因在于创建该对象后，就不能再改变该对象的值。修改了 String 对象的方法实际上是返回另外一个 Stirng 对象，而该 String 对象包含新的内容。

.NET 中的字符使用 Unicode 编码形式，字符串中的每个 Unicode 字符都是由 Unicode 码值确定的，Unicode 码值也称为 Unicode 码位或 Unicode 字符数值。每个码位都使用 UTF-16 编码形式进行编码（UTF-16 即 Unicode），编码的每个元素的数值都使用一个 Char 对象保存。

一个 Char 字符对象通常表示一个码位，即 Char 的数值等于该字符的码值。但某些情况下，一个码值可能需要使用多个编码元素来表示。例如，Unicode 辅助码值就使用两个 Char 字符对象进行编码的。

字符索引是指字符对象在字符串对象中的位置，而非 Unicode 字符的位置，这是由多编码元素对应 1 个字符对象导致的。字符索引是从零开始、从字符串的起始位置（其字符索引为零的位置）计起的非负数字。连续的索引值可能不与连续的 Unicode 字符一一对应，这是因为一个 Unicode 字符可能会编码为多个字符对象。

String 类型的成员可以对 String 对象执行序号运算或语义运算。序号运算是指对每个字符对象的数值执行的运算；语义运算则是只对考虑了特定了区域性的大小写、排序、格式化和语法分析规则的字符执行的运算。语义运算只在指定了区域或者隐式指定区域的上下文中执行。

大小写规则是确定更改 Unicode 字符的大小写的方式。例如，由小写字符变为大写字符。格式化规则确定将值转换为字符串表示的方式，而语法分析规则则确定如何将字符串表示转换为值。排序规则确定 Unicode 字符串的字母排序方式，以及字符串比较方式。例如，Compare 方法会按语义规则执行比较，而 CompareOrdinal 方法则按序号规则执行比较。因此，如果当前的区域为美国英语时，Compare 方法认为“b”小于“B”，而 CompareOrdinal 方法会认为“a”大于“B”。

.NET 中字符串支持以单词、字符串和序号方式进行排序。单词排序方式按执行区分区域的方式进行字符串比较，在此方式中，某些非字母和数字 Unicode 字符可能会对其进行特殊处理。例如，连字符（“-”）的优先级非常小，因此“coop”和“co-op”在排序列表中是接连出现的。字符串排序的规则与单词排序相近，区别在于所有非字母数字符号的优先级均大于所有字母数字的 Unicode 字符，没有特例。

序号排序方式根据字符串中每个字符对象的码值对字符串进行比较。序号排序方式在比较时自动区分大小写，因为字符的小写和大写版本的码值不同。在某些情况下，若大小写的区别在应用程序中并不重要，则可使用忽略大小写的序号比较规则。这种方式相当于使用固定区域规则并将字符串中的字符全部转换为大写，然后对结果执行序号排序。

按区域比较的方式适用于排序，而按序号比较的方式则不适合。序号比较方式适用于确定两个字符串是否相等（即确定标识），而按区域比较的方式则不适用。

在执行比较和搜索方法时可以指定是按大小写比较、按区域比较还是依据两者。依据定义，任何字符串（包括空字符串""）的比较结果都不为 Null；而两个 Null 引用结果是相等的。

一些 Unicode 字符具有多种二进制表示，这些二进制表示中包含几组 Unicode 字符组合或复合的 Unicode 字符组合。Unicode 标准定义了规范化的过程，此过程会把一个字符的任意等价二进制表示转换为统一的二进制表示。可使用多种算法对字符执行规范化，这些遵循不同规则的算法也称为范式。.NET 当前支持的范式有 C、D、KC 和 KD。常按序号比较方式来比较规范化的字符串。

如果应用程序要进行有关符号标识符（如文件名或命名管道）或持久化数据（如 XML 数据）的安全决策，则该操作应按序号方式进行比较而不应按区域方式进行比较。这是由于如果区域不同，按区域方式进行比较可能导致不一致的结果，而按序号方式进行的比较则仅依赖于字符的二进制值，不会出现不一致的情况。

对于字符串常用的操作有创建、比较、定位与查找、提取、拆分等，下面分别加以介绍。

（1）创建字符串

String 类功能强大，但如前所述，不断修改 String 对象的效率是极低的，不论是给 String 对象增减内容还是修改内容，当次数繁多而文本规模又大时，对系统内存的占用就很可观，这主要是由于 String 类的初始化方式。首先，String 类被设计为定长的字符串，系统会创建一个新的 String 对象并分配新的空间，最后将改变后的 String 对象存放到新的空间里。显然，如果频繁地改变 String 对象就要频繁地分配和放弃内存空间，如果文本较庞大，其效率之低下就可想而知了。

常用的创建字符串的方法如下。

```
…
string str 1= "Hello";
char [ ] forstr2={'w','o','r','l','d','!'};
String str 2= new String (forstr2);
String str 3= new String (forstr2,0,5);
String str 4= new String ('!',4);
…
```

（2）比较字符串

每个字符都有对应的数值，所以比较字符串就是对两个字符串中的字符按顺序比较对应值的大小。另外值得注意的是.NET 平台使用 Unicode 编码，所以字符对应的数值是源于 Unicode 字符集。可以用"==" 判断两个字符串是否相等，String 类也提供了静态方法 Compare（ string str1， string str2 ）和 Equals (string str1， string str2) 以及实例方法 CompareTo(string str)和 Equals (string str) 。这些方法都返回一个 32 位有符号整数，指示两个比较数之间的词法先后关系，比较字符串的返回值见表 7-1。

表 7-1 比较字符串的返回值表

值	条 件
小于零	此实例小于 str2。
零	此实例等于 str2。
大于零	此实例大于 str2。或 str2 为 null

【例 7-1】 编写控制台应用程序，分别使用 Equals 和 CompareTo 方法进行字符串的比较，再使用 String 类的静态方法 Equals 进行字符串的比较。

```
public class string Comparison
{
    public static void Main (string [ ] args )
    {
        string strOne = "abc";
        string strTwo = "abd";
        if (strOne.Equals (strTwo) )
        {
            Console.WriteLine ("用实例方法判读两字符串相等");
        }
        else if (strOne.CompareTo(strTwo)<0)
        {
            Console.WriteLine ("用实例方法判断第一个字符串小于第二个字符串");
        }
        else
        {
            Console.Write("用实例方法判断第一个字符串大于第二个字符串");
        }
        Console.WriteLine ("=====");
        if (string.Equals (strOne,strTwo) )
        {
            Console.WriteLine("两字符串相同，静态方法与实例方法的使用是类似的");
        }
        Console.ReadLine();
    }
}
```

程序的运行结果为：

用实例方法判断第一个字符串小于第二个字符串

=====

（3）定位与查找字符串

在使用 Word 系列软件或者记事本这类文字处理软件时，经常会使用字符串查找功能，String 类提供了一些方法来实现定位和查找字符串的功能。

String 类提供了 IndexOf 和 IndexOf Any 方法来分别获取某个字符串或任意一个字符串

在文本中的第一位置，这个位置是指索引位置，是字符数组的索引，从 0 开始，并且进行搜索是区分大小写的。该方法执行顺序搜索，即当且仅当 Unicode 码值相同时字符相等。

相应的，String 类也提供了 LastIndexOf 和 LastIndexOfAny 来获取这字符串最后一次出现的位置。另外，String 类还提供了 StartsWith 和 EndsWith 方法来判断文本是否以某个字符串为开始或结尾的，这两个方法的返回值都是 bool 型的。

【例 7-2】 编写控制台应用程序，分别使用字符串的 IndexOf、LastIndexOf、StartsWith 与 EndsWith 方法。

```
public class Ex0702LocationAndFindingForString
{
    public static void Main ( string [ ] args )
    {
      string text ="I'm abc,not abd" ;
      string target="ab" ;
      string sort="abd" ;
      Console.WriteLine ("ab 首次出现的位置是第{0}个字符", text.IndexOf (target) );
      Console.WriteLine("ab 最后出现的位置是第{0}个字符", text.LastIndexOf (target));
      if(text.StartsWith(sort) )
      {
        Console.WriteLine("文本是以 abd 开始的");
      }
      if (text.EndsWith (sort) )
      {
        Console.WriteLine("文本是以 abd 结束的");
      }
      Console.ReadLine();
    }
}
```

程序的运行结果如图 7-1 所示。

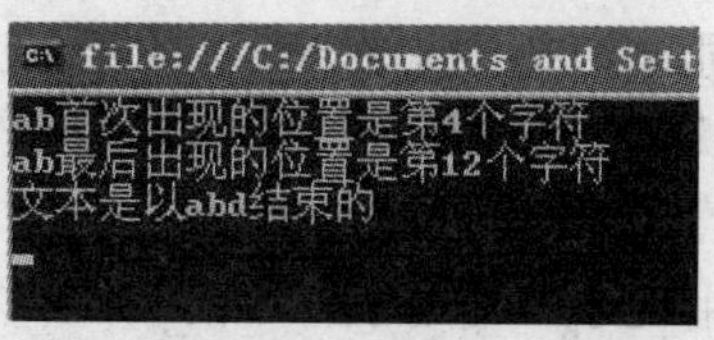

图 7-1　例 7-2 程序运行结果

（4）提取字符串

在查找和定位字符串之后，要做的另一项工作就是从字符串中提取需要的子字符串，比如要从一段文字中提取一些网址出来。String 类提供了 Substring (int index) 和 Substring (int index,int length)等几种重载方法来提取字符串。Index 代表取子字符串开始位置的索引，length 代表子字符串的长度。即第一个重载提取是从 index 索引处开始到字符串结束的内容作为子字符串返回，而第二个重载则是从 index 索引处开始的共 length 个字符作为子字符串的内容返回回来。

【例 7-3】 编写控制台应用程序，使用字符串的 Substring 方法，截取所需部分。

```
public class Ex0703GetSubstring
{
    public static void Main (string [ ] args)
    {
        string strOne ="I will be back! ";
        int index = strOne.IndexOf ("back");
        string strTwo = strOne.Substring (0,1)+ "m"+strOne.Substring(index);
        Console.WriteLine (strTwo);
        Console.ReadLine ();
    }
}
```

程序的运行结果为：

```
I'm back!
```

（5）拆分字符串

在解析文本时，常常会遇到依靠一些符号分割文本的情况，这些符号可以是标点符号对应的字符，也可以是预先约定的特殊符号，比如说“@”就常用于分割用户地址和邮箱主机。System.String 类提供了多个 Split 方法的重载形式，其中比较常用的是 Split(params char[ ])。params 是关键字，表示任意数量的参数，该方法接受任意个字符串数组，并依据所有这些字符对字符串进行拆分。拆分后的所有字符串将组合成一个拆分后的字符串数组，作为返回值返回。

Split 方法在执行时为其返回的数组对象分配内存，同时还为返回数组的每个元素创建一个 String 对象。如果在分隔符字符处分割字符串，最好使用 IndexOf 或 IndexOfAny 方法在字符串中定位分隔符字符。如果在分隔符字符串处分割字符串，最好使用 IndexOf 或 IndexOfAny 方法定位分隔符字符串的第一个字符。然后调用 Compare 方法以确定该字符后面的字符串是否等于分隔的另外一部分字符串。

若多个 Split 方法使用相同的字符组拆分字符串的话，应创建一个字符串数组并在每次调用时都使用该数组。这样可以极大地降低此方法调用时产生的额外系统开销，有利于程序的优化。

【例 7-4】 编写控制台应用程序，使用字符串的 Split 方法，把一个字符串拆分成字符串数组。

```
public class Ex0704SplitString
{
    public static void Main ( string [ ] args )
    {
        string text ="I will be back. I'm back." ;
        char[ ] signs= {' ','.'} ;
        string [ ] words = text.Split (signs);
        foreach (string word in words)
        {
```

```
            Console.WriteLine("{0}",word);
        }
        Console.ReadLine () ;
    }
}
```

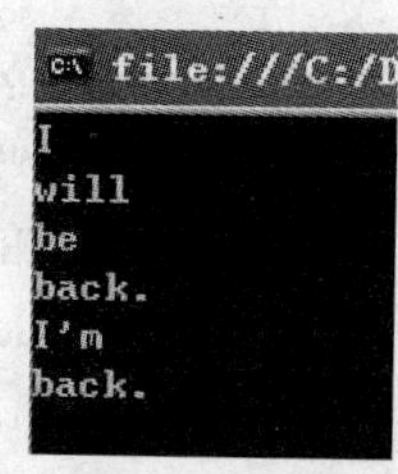

图 7-2　例 7-4 程序运行结果

程序的运行结果如图 7-2 所示。

7.1.2　System.Text.StringBuilder 类

由于固有的局限性，String 类无法应对大量文本的处理工作，所以 StringBuilder 类应运而生。前文对 String 类在效率方面的局限性已经详细讨论过了，StringBuilder 类在分配内存方面与 String 类有所不同，它的效率更高。但是 StringBuilder 类自带的方法比较少，使用起来可能不如 String 那样方便。

StringBuilder 类用于保存和处理可变字符串，其内部存储形式为字符对象序列。对于该类来讲，其内部保存的值是可变的，这点与 String 类的对象有本质区别。在追加、移除、替换或插入字符的过程中该类以列表的方式存储字符对象，所以创建后可以对其进行修改。

该类的多数实例方法都返回针对其自身的修改，由于针对的是对其自身的引用，因此可以调用其返回值的方法或属性。在编写连续连接字符串的操作时应尽量使用该类的实例。

StringBuilder 的长度上限是实例可存储的最大字符数，并且大于或等于其实例当前的实际字符串的长度。该类的实际容量可由 Capacity 属性或 EnsureCapacity 方法进行控制，但不能小于其实例当前实际字符串的长度。在实例化 StringBuilder 类的实例时没有指定容量或最大容量，则使用一个特定的默认值。

Concat 和 AppendFormat 方法会把新的字符串连到当前的 String 或 StringBuilder 对象上。对于 String 对象来讲，串联操作总是使用当前字符串和新字符串创建新的 String 对象。而 StringBuilder 对象会创建并保持其缓冲区，用于保存新的字符串。如果缓冲区中能够保存新的字符串，则将其追加到缓冲区的最后；否则，StringBuilder 对象将创建新的、更大的缓冲区，原缓冲区中的字符串复制到新的缓冲区，然后将新的字符串追加到缓冲区中。

String 或 StringBuilder 对象的串联方法的效率取决于其修改内存的频率。String 串联方法每次都会修改其占用的内存大小，而 StringBuilder 串联方法只有在其缓冲区容量不足以保存新的字符串时才修改其占用的内存大小。所以说，在串联固定数量和内容的 String 对象的情况下，适合使用 String 类的对象。在该情况下，编译器进行优化，将各个字符串的方法调用组合到一个操作中。而在串联任意数量的字符串的情况下，适合使用 StringBuilder 对象，例如，在循环中串联任意数量的字符串。

创建 StringBuilder 类的对象时，其默认容量是 16。当实例保存的字符串增加时，StringBuilder 会按需进行内存重分配，同时对容量进行调整。分配的内存量是基于其容量上限的，如果所需内存总量大于其容量上限，则会引发 ArgumentOutOfRangeException。

Chars 属性是 StringBuilder 对象读取其保存的字符序列的入口，本质为字符数组，索引起始位置为零。

对 StringBuilder 对象连续追加字符串的行为可能会产生内存碎片。在 Windows CE 系统中的进程内存空间有限，所以在追加约 3 MB 的字符串后可能出现内存碎片问题。解决此问题的方法是设置其容量上限 MaxCapacity 属性，或使用 MemoryStream 对象在内存流中保存字符串，而不使用 StringBuilder 类。

StringBuilder 类的常用功能有创建、追加、插入与移除、替换字符串的功能。

使用 StringBuilder 的常用操作如下：

（1）创建字符串

要创建 StringBuilder 的实例首先要确保已经引用 System.Text 命名空间，许多由系统创建的项目默认是未引用该命名空间的。使用 StringBuilder 类创建字符串时，系统一般会按照初始字符串的长度分配内存给这个字符串对象，在空间不足时容量会自动翻倍。所以，在可以接受的情况下，应给 StringBuilder 的实例分配尽可能大的空间。当然，这个“大”并不是说盲目地分配空间，而是尽可能合理。可以通过 Capacity 属性显示指定容量大小，也可以通过调用特定的构造函数。理论上，StringBuilder 的实例最多可以保存 20 亿个字符。另外，StringBuilder 的实例是无法直接作为 String 类型的字符串输出的，需要使用 ToString()方法将 StringBuilder 的实例转换成一个 String 型的字符串才可以。

下面是 StringBuilder 类的几个常用构造函数的示例。

使用初字符串作为初始参数 StringBuilder sb= new StringBuilder("C#");

使用初始容量作为初始参数 StringBuilder sb = new StringBuilder (80) ;　　//空字符串

使用初始容量和容量上限作为初始参数 StringBuilder sb = new StringBuilder(80，1000)；

使用初始字符串和初始容量作为初始参数 StringBuilder sb = new StringBuilder ("C#",80);

（2）追加字符串

StringBuilder 类提供了 Append 和 AppendFormat 两种实例方法的多个重载形式追加字符串。Append 方法有大量的重载形式可以将许多不同类型的值追加到 StringBuilder 实例的末尾，这些类型可以是整型、实数型、布尔型、字符型以及字符串型。事实上，无论什么类型的参数最终都会被转化成字符串追加到结尾。此外，不仅可以单纯地将各种字符串追加到结尾，还可以以特定的格式将字符串追究到 StringBuilder 实例的末尾。AppendFormat 最常用的一个重载形式足以应对常见的格式化情况：AppendFormat (string format,object [ ] args)，format 表示格式，而 args 表示要设置格式的对象数组。

【例 7-5】 编写控制台应用程序，使用 StringBuilder 对象的追加字符串的方法，向一个字符串对象上追加指定的字符串。

```
public class Ex0705AppendString
{
    public static void Main ( string [ ] args )
    {
        StringBuilder sb = new StringBuilder (100 ) ;
        sb.Append ("Hello");
        sb.Append ("      ");
        sb.Append ("world");
        sb.AppendFormat ("{0,2}" , '1');
        Console.WriteLine ("{0,25}",sb.ToString() );
        Console.ReadLine();
```

```
    }
}
```

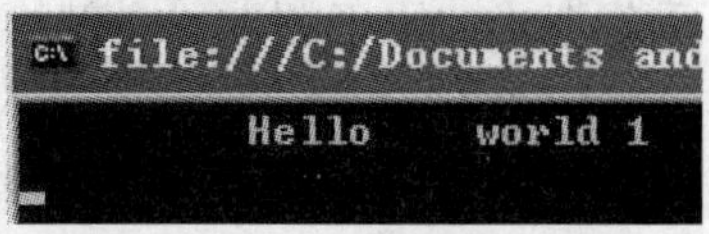

程序的运行结果如图 7-3 所示，请读者注意输出结果中的空格。

图 7-3 例 7-5 程序运行结果

（3）插入与移除字符串

StringBuilder 类提供了 Insert() 方法有大量的重载形式，将指定对象的字符串表示形式插入到其实例的指定字符位置。Insert 有 16 种重载形式用于在指定位置插入一个各种类型的变量，这些类型包括整型、实数型、布尔型、字符型、对象型及字符串型。另外，Insert 方法还有两种重载形式可以将一个指定数量的字符串或字符串数组插入到 StringBuilder 的实例中。对于 Insert 方法的插入单个变量的各种重载形式来说，在 Insert 方法内部也是将它们转换为字符串的形式再插入到指定位置。

例如，Insert 方法插入字符串的重载形式为 Insert(int index, string value)，其中 index 代表插入的位置，索引从 0 开始，value 代表要插入的字符串。

StringBuilder 还提供了 Remove 方法将指定范围的字符从其实例中移除，Remove 方法只有唯一一种形式。其方法声明为 Remove （int startIndex, int length ），其中 startIndex 表示移除的开始位置，length 表示移除的长度，即字符数。Remove 方法移除指定数量的字符后，会将 startIndex+length 处的字符移到 startIndex 处，并且将当前实例的字符串值缩短 length 而此实例的容量（Capacity）则不受影响。

如果移动当前某个字符的位置而为新的字符腾出空间时，该实例的容量会根据需要进行调节。如果插入的值为 nullNothingnullptrnull 引用，则 StringBuilder 不变。

【例 7-6】 编写控制台应用程序，使用 StringBuilder 对象来实现对字符串的插入和移除操作。

```
public class Ex0706InsertRemoveString
{
    public static void Main (string [ ] args )
    {
        StringBuilder sb=new StringBuilder("Hello world!");
        sb.Insert(6,"Yeah");
        Console.ReadKey();
        sb.Remove(6,5);
        Console.WriteLine ("{0,25}",sb.ToString() );
        Console.ReadLine();
    }
}
```

程序的运行结果如图 7-4 所示。

图 7-4 例 7-6 程序运行结果

（4）替换字符串

StringBuilder 类提供 Replace 方法用于指定的字符或字符串替换为其他的指定字符或字符串。该 Replace 方法与 String 的 Replace 方法作用相似，但 StringBuilder 的实际效率更高，它只是简单替换该对象的字符或字符串，而且 StringBuilder 还提供了额外的两个 Replace 方法的重载形式，用于划定一个替换的范围，范围外的字符或字符串并不进行替换。

【例 7-7】 编写控制台应用程序，使用 StringBuilder 对象来实现一个简单的加密解密程序。加密算法可以使用字符串替换方法，让用户输入一个整数，截取这个整数的个位数，用这个个位数对需要加密的字符串中的每个字符都按某种规则进行替换，解密方法则正好相反。具体实现方式请参考以下的示例代码。

```
public class Ex0707ReplaceCryptoString
{
    static string Encode (string text,int factor )          //加密的方法，参数为要加密的文本和加密因子
    {
        StringBuilder sb=new StringBuilder(text);
        for (int i=0; i<text.Length ; i++)
        {
            char oldchar=text[i];
            char newchar=Convert.ToChar(Convert.ToInt32 (oldchar)+factor);
            sb.Replace (oldchar ,newchar,i,1) ;
        }
        return sb.ToString();
    }
    static string Decode (string text ,int factor )         //解密的方法
    {
        StringBuilder sb=new StringBuilder(text);
        for (int i=0; i<text.Length; i++)
        {
            char oldchar=text[i];
            char newchar =Convert.ToChar(Convert.ToInt32(oldchar)-factor);
            sb.Replace (oldchar,newchar,i,1);
        }
        return sb.ToString ();
    }
    public static void Main(string [ ] args )
    {
        StringBuilder sb=new StringBuilder("Hello world!");
        int password,factor=0;
        Console.WriteLine("原文为:{0}\n 请输入整数加密码",sb.ToString());
        password=Convert.ToInt32(Console.ReadLine());
        while(password>0)
        {
            factor+=password%10;
        }
        string output=Encode(sb.ToString(),factor);
        Console.WriteLine ("密文为:{0}\n 请输入解密码",output);
        factor=0;
        password =Convert.ToInt32(Console.ReadLine() );
        while (password>0)
        {
            factor+=password%10;
        }
```

```
            string deoutput=Decode(output,factor);
            Console.WriteLine("原文为：{0}",deoutput );
            Console.ReadLine();
        }
    }
```

程序的运行结果如图 7-5 所示。

图 7-5　例 7-7 程序运行结果

7.2　日期时间

在.NET 的基础类库中用两种结构实现了日期时间类型，分别是 DateTime 和 TimeSpan。虽然这并不是全部的日期时间相关的类型，但已基本够用。由于 DateTime 和 TimeSpan 均实现为结构体类型（简称结构），所以它们都是值类型。DateTime 和 TimeSpan 的区别在于 DateTime 表示时间上的一刻，而 TimeSpan 表示一个时间间隔。所以，可以用两个 DateTime 实例的减法而求得一个 TimeSpan 的实例，也可以用一个 TimeSpan 加上一个 DateTime 实例来求某一时刻之后一段时间的日期。时间跨度（TimeSpan）可为正，也可为负，可以用时间刻度或秒等时间单位表示，也可用 TimeSpan 对象表示。下面介绍 DateTime 结构和 TimeSpan 结构。

时区是指处于同一时间的区域。通常，两个邻近时区间的时差为一小时，但有时存在特殊情况。任何时区的时间都可以用协调世界时 (UTC) 基准值加上偏移量来表示。

世界很多地区的时区基于夏时制。夏时制指在春季或初夏时将时间调快一个小时，而在夏末或秋季将时间调回正常（或标准）时间，从而延长白昼时间。这些调整规则用于在夏时制和标准时间之间进行切换。

在一些时区中，夏时制的切换既可以执行固定调整规则，也可以执行浮动调整规则。固定调整规则是指定某个日期，并在每年的这一天进行夏时制切换，例如，依据固定调整规则，夏时制在每年的 10 月 25 日切换为正常时间；而浮动调整规则是指定某月中某星期的一天，并在这一天进行夏时制切换。例如，依据浮动调整规则，规定在 3 月的第三个星期日从正常时间切换到夏时制。

在使用夏时制的时区中，夏时制的切换会产生两种特殊时间：无效时间和不确定的时间。无效时间是指因从正常时间转换为夏时制产生的实际没有的时间，例如，如果这种切换发生在某一天的凌晨 1:00，从而使时间改为凌晨 2:00，这样介于凌晨 1:00 和凌晨 1:59:99 之间的任何时间跨度都是无效的；不确定的时间是指同一时区中同时代表两个不同的时间。这种情况是在从夏时制切换为正常时间时出现的，例如，如果这种切换发生在某天的凌晨 3:00，使时间改为凌晨 2:00，那么介于凌晨 2:00 和凌晨 2:59:99 之间的任何时间跨度既可以代表正常时间，也可以代表夏时制。

TimeZoneInfo 类可简化程序识别时区的复杂度。TimeZone 类可以使用当前区域时区和协调世界时 (UTC)基准值。TimeZoneInfo 类不仅支持上述两种时区，还支持注册表中预定义的任何时区。使用 TimeZoneInfo 还可以定义系统尚未支持和定义的任何自定义时区以及相关的调整规则。

由于关于时区的操作在基础的 C#语言应用中并不常见，所以这里只简要介绍，表 7-2

展示了关于时区的相关术语。

表 7-2　时区术语

术语	定　义
调整规则	一种规则，用于定义从标准时间转换为夏时制以及从夏时制转换回标准时间的时间。每个调整规则都包含以下要素：一个定义规则有效期的开始日期和结束日期（例如，调整规则的有效期为 1986 年 1 月 1 日到 2006 年 12 月 31 日）、一个增量（因施行调整规则而使标准时间更改的时间量）以及有关调整期内发生转换的特定日期和时间的信息。转换可遵循固定规则，也可以遵循浮动规则
不明确的时间	指可在一个时区中映射为两个不同时间的时间。当向回调整时钟时间时（例如，某时区在从夏时制转换为标准时间的过程中），就会出现此情况
固定规则	一种调整规则，它会指定一个特定的日期，并在这一天进行夏时制的来回转换。例如，夏时制在每年的 10 月 25 日转换为标准时间，这遵循的便是固定调整规则
浮动规则	一种调整规则，它会指定特定月份中特定星期的一个特定日期，并在这一天进行夏时制的来回转换。例如，如果规定在 3 月的第三个星期日从标准时间转换为夏时制，这遵循的便是浮动调整规则
无效时间	指因从标准时间转换为夏时制而产生的不存在的时间。当向前调整时钟时间时（例如，某时区在从标准时间转换为夏时制的过程中），就会出现此情况
转换时间	有关特定时区中的特定时间更改的信息，例如，从夏时制更改为标准时间，或从标准时间更改为夏时制

7.2.1　DateTime 结构

DateTime 结构表示时间上的某一时刻，通常以日期和当天的时间表示。其表示范围是从公元 1 年 1 月 1 日午夜 0 点整到公元 9999 年 12 月 31 日晚 11:59:59 之间的日期和时间。时间的值以 100ns 为单位，并称该单位为刻度。

DateTime 结构的时间值描述通常使用协调通用时间（UTC）标准来表达，它是格林尼治标准时间（GMT）的国际标识名。本地时间（通常为本机时间）是相对于特定时区而言的，一个时区与时区偏移量相关联，这个偏移量是以小时为单位的相对于格林尼治原点的偏移量。另外如果遇到夏时制（夏令时）的情况，还应增加或减少一个小时。由于中国的国情需要，取消了对夏时制的使用，而西方许多国家还在使用这种计时方式。所以，当前所在区域的时间计算方式是将时区的偏移量加上 UTC 基准值，在必要情况下，再根据夏时制进行调整。格林尼治原点的时区偏移量为零。UTC 时间计算方式适用于计算和比较日期时间，以及将某个日期时间存储在记录中。本地时间适合于在桌面应用程序的用户界面中显示。如果是识别时区的应用程序还需要使用其他时区。

使用 DateTime 结构对象的计算方法（如 Add 或 Subtract）时不改变该对象的值，而是返回新的 DateTime 结构对象，新的 DateTime 对象保存计算结果。时区之间（例如，UTC 基准值和当前所在区域时间之间，或者两个时区之间）的转换计算会考虑夏时制，但是算术和比较运算则不受夏时制影响。

DateTime 结构本身不支持时区之间的转换。使用 DateTime 结构进行转换的方式是使用 ToLocalTime 方法将 UTC 基准值转换为当前所在时区的时间，或使用 ToUniversalTime 方法从当前所在时区的时间转换为 UTC 基准值，然后再进行计算。但转换时区的最佳方式是使用 TimeZoneInfo 类，该类提供了整套的时区转换方法。使用该类的方法，可以在世界上任何时区间进行时间转换。

DateTime 结构对象的计算和比较仅当这些对象代表相同时区中的时间时才是有意义的。在进行不同时区间的时间差计算时，应用 TimeZoneInfo 类的对象来表示时区，二者的关系为松耦合（也就是说，除 Kind 属性外，DateTime 对象不包含表示 DateTime 结构对象的时区的属性。）所以在区分时区的程序中，需要依赖某些外部机制来确定使用 DateTime 结构对象的时区。例如，可以使用结构来封装 DateTime 对象的值以及代表其时区的 TimeZoneInfo 对象。

每个 DateTime 结构对象的成员都隐式使用公历执行其操作，但在指定了日历的构造函数以及使用从 IFormatProvider 派生的参数的情况下该参数隐式指定日历的类型。

DateTime 结构对象的成员在执行计算时会考虑闰年和当月天数等因素。另外，DateTime 结构实现了“+”，“-”以及所有相等性运算符，即可以直接将两个 DateTime 实例相加减和比较大小。

DateTime 结构常用于获取和设置、调整、比较日期时间。对于 DateTime 结构常用的操作如下。

（1）获取和设置日期时间

如果不实例化 DateTime 结构，也可以通过一些静态属性获取日期时间，例如，DateTime.Now 属性表示当前计算机的日期时间，为本地时间。如果要指定某一时刻的话，那就应通过 DateTime 结构的构造函数来指定日期和时间。DateTime 结构的公共字段和属性如表 7-3 和表 7-4 所示。

表 7-3　DateTime 结构的公共字段

可 见 性	名　称	说　明
静态公共	MaxValue	表示 DateTime 的最大可能值。此字段为只读
静态公共	MinValue	表示 DateTime 的最小可能值。此字段为只读

表 7-4　DateTime 结构的公共属性

可 见 性	名　称	说　明
公共	Date	获取此实例的日期部分
公共	Day	获取此实例所表示的日期为该月中的第几天
公共	DayOfWeek	获取此实例所表示的日期是星期几
公共	DayOfYear	获取此实例所表示的日期是该年中的第几天
公共	Hour	获取此实例所表示日期的小时部分
公共	Kind	获取一个值，该值指示由此实例表示的时间是基于本地时间、协调通用时间 (UTC)，还是两者皆否
公共	Millisecond	获取此实例所表示日期的毫秒部分
公共	Minute	获取此实例所表示日期的分钟部分
公共	Month	获取此实例所表示日期的月份部分
静态公共	Now	获取一个 DateTime 对象，该对象设置为此计算机上的当前日期和时间，表示为本地时间
公共	Second	获取此实例所表示日期的秒部分
公共	Ticks	获取表示此实例的日期和时间的刻度数
公共	TimeOfDay	获取此实例的当天的时间
静态公共	Today	获取当前日期
静态公共	UtcNow	获取一个 DateTime 对象，该对象设置为此计算机上的当前日期和时间，表示为协调通用时间 (UTC)
公共	Year	获取此实例所表示日期的年份部分

（2）调整日期时间

DateTime 结构提供了一系列未重载的方法来增加一段时间，它们是 AddYears、AddMonths、AddDays、AddHours、AddMinutes、AddSeconds、AddMilliseconds、AddTicks，分别用于增减年、月、日、时、分、秒、毫秒、刻度（100 纳秒）。这些方法的参数值可正可负，正表示增，负表示减。另外，DateTime 结构还提供 Add 方法，将指定的 TimeSpan 的值加到日期时间上。以上这些调整日期时间的方法都返回一个 DateTime 结构的实例。

DateTime 结构还提供了 Subtract 的两种重载形式，Subtract(DateTime Value)和 Subtract（TimeSpan timeValue）分别从当前实例中减去指定的日期和时间以及指定的时间间隔。其中 Subtract（DateTime value）重载形式返回一个新的 TimeSpan 实例，在进行这个操作前应当确保当前实例和参数 value 是在同一时区内的，否则结果会包含时差。而 Subtract（TimeSpan timeValue）重载形式返回一个新的 DateTime 实例，和另外一个重载形式，它们都不会改变当前 DateTime 实例的值。

（3）比较日期和时间

由于 DateTime 结构实现了比较运算符和 IComparable 接口，所以它可以提供多种方式比较两个 DateTime 实例的大小，下面的示例代码段描述了比较 DateTime 的方法。

```
DateTime alt =DateTime.Now ;
Bool i=dt>DateTime.Now;
int j=dt.Compare（DateTime.Now）;
int k=DateTime.Compare（DateTime.Now, dt）;
```

7.2.2 TimeSpan 结构

TimeSpan 结构作为与 DateTime 结构相辅相成的类型而存在，DateTime 代表时间点，TimeSpan 代表时间间隔。

TimeSpan 结构对象代表一段时间跨度或持续时间区间，按天数、小时数、分数、秒数以及秒的小数部分进行度量，并区分正负值。用于度量时间跨度的最大时间单位是天。由于比天跨度更长的时间单位（如月和年）的天数不同，所以为保持一致，时间跨度以天为单位进行度量。

TimeSpan 结构对象的值是其时间跨度的刻度数。一个时间刻度等于 100ns，TimeSpan 结构对象的值的范围在最小值 MinValue 和最大值 MaxValue 之间，关于最大最小值详见表 7-4。

TimeSpan 值可以表示为[-]d.hh:mm:ss.ff，其中负号是可选符号，如果有负号则表示负的时间跨度，d 表示天数，hh 表示小时（24 小时制），mm 表示分数，ss 表示秒数，而 ff 为秒的小数部分。即时间跨度包括跨度的正负、天数和当天余下的时长，或者只包含不足一天的时长。例如，“121.15:32:15.22”表示 121d，15h，32min，15s 和 0.22s 的正时间跨度。

与 DateTime 结构相似，TimeSpan 也实现了加减和比较运算符，可以直接进行计算。TimeSpan 结构的主要成员如表 7-5～表 7-7 所示。

表 7-5 TimeSpan 结构的公共字段

名　称	说　明
MaxValue	表示最大的 TimeSpan 值。此字段为只读
MinValue	表示最小的 TimeSpan 值。此字段为只读
TicksPerDay	表示一天中的刻度数。此字段为常数
TicksPerHour	表示 1h 的刻度数。此字段为常数
TicksPerMillisecond	表示 1ms 的刻度数。此字段为常数
TicksPerMinute	表示 1min 的刻度数。此字段为常数
TicksPerSecond	表示 1s 的刻度数
Zero	表示零 TimeSpan 值。此字段为只读

表 7-6 TimeSpan 结构的公共属性

名　称	说　明
Days	获取由当前 TimeSpan 结构表示的整天数
Hours	获取由当前 TimeSpan 结构表示的整小时数
Milliseconds	获取由当前 TimeSpan 结构表示的整毫秒数
Minutes	获取由当前 TimeSpan 结构表示的整分钟数
Seconds	获取由当前 TimeSpan 结构表示的整秒数
Ticks	获取表示当前 TimeSpan 结构的值的刻度数
TotalDays	获取以整天数和天的小数部分表示的当前 TimeSpan 结构的值
TotalHours	获取以整小时数和小时的小数部分表示的当前 TimeSpan 结构的值
TotalMilliseconds	获取以整毫秒数和毫秒的小数部分表示的当前 TimeSpan 结构的值
TotalMinutes	获取以整分钟数和分钟的小数部分表示的当前 TimeSpan 结构的值
TotalSeconds	获取以整秒数和秒的小数部分表示的当前 TimeSpan 结构的值

表 7-7 TimeSpan 结构的公共方法

名　称	说　明
Duration	返回新的 TimeSpan 对象，其值是当前 TimeSpan 对象的绝对值
FromDays	返回表示指定天数的 TimeSpan，其中对天数的指定精确到最接近的毫秒
FromHours	返回表示指定小时数的 TimeSpan，其中对小时数的指定精确到最接近的毫秒
FromMilliseconds	返回表示指定毫秒数的 TimeSpan
FromMinutes	返回表示指定分钟数的 TimeSpan，其中对分钟数的指定精确到最接近的毫秒
FromSeconds	返回表示指定秒数的 TimeSpan，其中对秒数的指定精确到最接近的毫秒
FromTicks	返回表示指定时间的 TimeSpan，其中对时间的指定以刻度为单位
Parse	从字符串中指定的时间间隔构造新的 TimeSpan 对象
TryParse	从字符串中指定的时间间隔构造新的 TimeSpan 对象。参数指定时间间隔以及从中返回新 TimeSpan 对象的变量

7.3 System.Object 类

System.Object 类是非常重要的一个类，因为在.NET Framework 中的所有类都直接或间接派生于 System.Object，也就是说 System.Object 类是所有类的基类，是类型层次结构的根。从 System.Object 类派生而来的类是隐式的，C#编译器将自动完成这个任务，不需要显式地指明自己的类是从 System.Object 类派生而来。在编程时如果定义类时没有指定其基类，编译器就会自动假设这个类派生于 System.Objectt。对于结构而言，结构是派生于 System.ValueType 的，而 System.ValueType 也是派生于 System.Object。在编程时常常使用的是 object 类型，它是 System.Object 类的别名。

由于 System.Object 类是所有类的基类，可以将任何类型的值直接赋给 object 类型的变量，而不用进行强制类型转换。将值类型的变量转换为 object 对象的过程称为“装箱”操作；将 object 对象类型的变量转换为值类型（需要强制转换）的过程称为“拆箱”操作。

【例 7-8】 编写控制台应用程序，创建一个 int 类型的变量，并把它转换成 object 类型的变量，再把转换完之后的 object 变量还原为 int 类型的变量。

```
public class Ex0708Object
{
    static void Main(string[] args)
    {
        int i = 5;
        object o = i;          //将其他类型转转换成 object 类型
        Console.WriteLine(o);
        int j = (int)o;        //将 object 类型转换成其他类型
        Console.WriteLine(j);
    }
}
```

从例子中可以看出，把 int 类型转成 object 类型是可以直接转换过去的，并不需要特殊的操作，实际上所有其他类和类型都可以这样转换。在从 object 类型转成某一具体的类或类型时，需要进行特殊的操作，在上例中使用的强制类型转换操作。

因为 .NET Framework 中的所有类均从 Object 派生，所以在 Object 类中定义的每个方法在所有类中都可以使用，并且从 Object 类派生的类可以重写这些方法来达到自己的特殊处理操作，这些方法包括。

Equals：可以用于对象之间的比较。

Finalize：在.NET Framework 自动回收对象之前执行一些清理操作。

GetHashCode：可以生成一个与对象的值相对应的数字用于哈希表的使用。

ToString：可以将某一个类的实例转成字符串。

7.4 随机数对象

在编程时有时需要用到随机数，在.NET Framework 中提供了一个专门用来产生随机数的类 System.Random。对于随机数，计算机不可能产生完全随机的数字，所谓的随机数发生器都是通过一定的算法对事先选定的随机种子做复杂的运算，用产生的结果来近似地模拟完全随机数，这种随机数被称做伪随机数。伪随机数是以相同的概率从一组有限的数字中选取的。所选数字并不具有完全的随机性，但是从实用的角度而言，其随机程度已足够了。Random 类的当前实现是基于 Donald E. Knuth 的减随机数生成器算法的。伪随机数的选择是从随机种子开始的，所以为了保证每次得到的伪随机数都足够“随机”，随机种子的选择非常重要。如果随机种子一样，那么同一个随机数发生器产生的随机数也会一样。一般情况下，使用同系统时间相关的参数作为随机种子，这也是 System.Random 类默认采用的方法。随机数的生成是从种子值开始的，如果反复使用同一个种子，就会生成相同的数字系列。

默认情况下，Random 类的无参数构造函数使用系统时钟生成其种子值，而参数化构造函数可根据当前时间的计时周期数采用一个整数值作为种子。但是如果使用无参数构造函数连续创建不同的 Random 对象，可能会因为所采用的时间种子相同而生成相同随机数序列的 Random 对象，这在编程中一般是无意义而需要避免的。使用当前系统时间的毫秒部分作为随机数的种子，可在一定程度上避免产生相同的随机数的 Random 对象。一般来说，在编程中使用一个 Random 对象就可以满足大多数情况的要求，可以通过多次调用这个 Random 对象的 Next 方法来产生多个希望的随机数。

【例 7-9】 编写控制台应用程序，使用当前系统时间的毫秒部分创建一个 Random 类型的随机数对象，用这个对象的方法来产生所需要的随机数。

```
public class Ex0709Object
{
    static void Main(string[] args)
    {
        Random rd = new Random(DateTime.Now.Millisecond);
        //产生一个 0 到 100 之间的随机整数
        int score = rd.Next(100);
        Console.WriteLine(score);

        //产生一个 90～100 之间的随机整数
        int veryGood = rd.Next(90, 100);
        Console.WriteLine(veryGood);

        //产生一个 0.0～1.0 之间的随机小数
        double ran = rd.NextDouble();
        Console.WriteLine(ran);
    }
}
```

在上例中，产生的随机数对象是以当前系统时间的毫秒值作为种子。rd.Next(100)产生一个 0～100 之间的随机整数，有可能会取到下限值 0 但是上限 100 不会被取到，也就是说会取到的值是从 0～99 之间的某一个整数；rd.NextDouble()产生一个 0.0～1.0 之间的随机小数，同样有可能会取到 0.0 但是 1.0 不会被取到。

7.5 类型之间的转换

现代编程多以处理信息为主，这就是说在编程中将会大量地使用字符串变量，比如从控制台捕捉用户输入的，Console.ReadLine()方法的返回值就是字符串。再比如从文本文件中读取全部文本的 File.ReadAllText()方法返回值也是字符串。但是编程中往往还需要把字符串转换为其他类型的变量，或者需要其他类型之间做相互转换，这就需要掌握 C#中的类型转换原则。

类型转换主要涉及到两种情况，隐式转换和显式转换（强制转换）。隐式转换比较简单，由编译器自动完成，并且不会出现异常情况；显式转换就是明确的要求编译器把某一类型转换成其他某一个类型，显式转化可能会产生异常。

【例 7-10】 编写控制台应用程序，把一个 int 类型的变量转换成 long 类型的变量；把一个 long 类型的变量转换成一个 int 类型的变量。

```
public class Ex0710Type
{
    static void Main(string[] args)
    {
        int i = 10;
        long j = i;
        Console.WriteLine(j);
        int k = (int)j;
        Console.WriteLine(k);
    }
}
```

在上例中 long j=i；把一个 int 类型的变量转换成了一个 long 类型的变量，没有做其他复杂的操作而是直接完成，这是由编译器完成的。一般来说，小范围类型的变量类型需要转换成大范围类型都可以做隐式转换，子类到父类的转换也可以隐式进行。但是如果把一个大范围类型转换成小范围的就需要使用（int）进行强制转换操作。

隐式转换非常简单可以描述为：

目标类型变量=变量;

例如：

```
int a=3;
double b=a;
```

如果只看赋值运算符右侧的表达式，不能明显地看出发生了类型转换。

下面代码是无法通过编译的，因为 3.5 默认是 double 类型，将其赋值给低精度的变量必须显式地进行类型转换。对于数值类型之间从高精度到低精度的转换则必须显式地地进行，父类对象转成子类对象也同样。

```
int a=3.5;
```

可以修改上边的代码如下：

```
int a=(int)3.5;
```

在显示数据时通常需要将各种类型的数据转换成字符串类型，由于这是一个非常常用的方法，.NET Framework 为 Object 类型提供了 ToString()方法，并且为所有的预定义类型重写了该方法，这样编程人员主要对某个类型的变量调用 ToString()方法，就可以将该变量转换成字符串类型。语法可以描述如下。

```
string 字符串变量=原始变量.ToString();
```

需要注意的是，只有通过变量才能调用 ToString()方法，如果只有数值，是不能使用该方法的。下面代码是正确的。

```
int result=operator1+operator2;
labResult.Text=result.ToString();
```

但直接使用 3.ToString()是会产生语法错误的。

有一些类或类型自带了进行强制转换，在字符串类型数据到值类型数据的转换中，常常使用 Parse()方法，其语法可以描述为：

目标类型的变量=目标类型.Parse（源数据）；

下面的代码可以将字符串 3.5 转换成数字 3.5。

```
double num=Double.Parse("3.5");
```

还可以使用 System.Convert 类来进行类型之间的转换。Convert 类自带了很多静态方法来支持类型之间的转化，把转换的结果作为方法的返回值，比较常用的方法如表 7-8 所示。

表 7-8　System.Convert 常用静态方法

Convert.ToBoolean(par)	把 par 转换成 bool 值
Convert.ToDecimal(par)	把 par 转换成 decimal 值
Convert.ToDouble(par)	把 par 转换成 double 值
Convert.ToInt32(par)	把 par 转换成 int 值
Convert.ToString(par)	把 par 转换成 string 值

【例 7-11】 编写控制台应用程序，让用户在控制台界面上输入两个数字，然后计算这两个数字的和。这里请使用 Convert 类的静态方法进行强制类型转换。

```
public class Ex0711Convert
{
    static void Main(string[] args)
    {
        Console.WriteLine("请输入第一个加数");
        string input = Console.ReadLine();
        int a = Convert.ToInt32(input);
        Console.WriteLine("请输入第二个加数");
        input = Console.ReadLine();
        int b = Convert.ToInt32(input);
        int c = a + b;
        Console.WriteLine("它们的和是：{0}",c);
    }
```

```
}
```

在上例中，因为 Console.ReadLine()方法的返回值是 string 类型，所以需要借助 Convert.ToInt32()方法把用户的输入转换成 int 类型，转换成 int 之后才能做加法求和。

需要注意的是所有的显示转换操作都可能会引发转换异常。

7.6 小结

在本章主要介绍了在使用 C#编程中使用的非常频繁的一些类和结构，包括字符串类型时间和日期结构，还有随机数对象和类型转换问题，熟悉这些常用的类和类的方法将会对提高编程效率起重要作用。

通过本章的学习，读者应该掌握以下内容。

- String 类和 StringBuilder 类的区别和适用情况。
- 时间、日期的获取和操作。
- 随机数的产生和使用。
- 类型之间进行转换。

7.7 习题

1）先输出系统的当前时间（包括年、月、日、时、分、秒），让用户输入一个秒数，然后输出告诉用户从当前系统时间再过这些秒数的时间（包括年、月、日、时、分、秒）是什么，并输出这个时间所在的年份是不是闰年。

2）产生一个含 100 个元素的 int 数组，在数组的各个元素中随机放入 1～100（需要有机会取到 100）的某一个数，输出这个数组的每一个元素。

3）使用控制台程序实现一个可以完成加、减、乘、除的计算器程序，用户在界面上指定需要做的运算，然后再输入需要运算的数字，程序输出结果。需要不断地完成用户的运算要求，直到用户发出某一指令再结束程序的执行。

第 8 章　Windows 窗体和控件

本章将介绍窗体及创建窗体应用程序、设置窗体的属性、特殊窗体的创建方法。介绍窗体控件属性、窗体的事件、窗体的方法、窗体的控件及常用的窗体控件的使用，窗体的菜单设计及使用，鼠标键盘事件，常用对话框的设计使用，SDI 和 MDI 应用程序的概念及简单设计使用。本章主要内容如下。

- 窗体概述
- 窗体控件
- 窗体的菜单
- 鼠标键盘事件
- 对话框控件
- SDI 和 MDI 应用程序

8.1　窗体概述

窗体（Form）是.NET 中的一种特殊的类，不仅提供了许多可以直接使用的控件，还提供了自行开发控件的基础结构。控件也是一种类，可以像使用其他类一样使用它们。使用窗体和控件，例如，标签和文本框（它们是 Windows 窗体的固有部分），可以编写比较复杂的 Windows 窗体程序。

窗体类是从基类 System.Windows.Forms.Form 中继承的，控件则直接或间接继承于基类 System.Windows.Forms.Control，这个基类确保 Windows.Forms 中的所有控件都拥有某些功能。Windows 窗体控件是可重用的组件，它们封装了用户界面功能，可以在基于 Windows 的客户端应用程序中使用。

8.1.1　创建窗体应用程序

创建窗体应用程序的一般步骤如下。

1）创建窗体应用程序，在“文件”菜单上，单击“新建”，然后单击“项目”。

2）在左侧“项目类型”窗格中，选择“Visual C#”，然后在右侧的“Visual Studio 已安装的模板”窗口中选择“Windows 窗体应用程序”，输入项目的名称，如“mytestpram”，同时解决方案也默认为同样的名称。可以接受默认的项目位置，也可以输入一个位置或者浏览到要保存项目的目录。选中创建项目解决方案的目录复选框，点击“确定”按钮，Visual Studio 系统自动创建 Windows 窗体项目。

3）Windows 窗体设计器将打开并显示一个区域即一个默认的窗体，用户可以将要放置的控件添加到该区域中。

4）在视图菜单中打开新建的项目解决方案管理器，在界面的右侧显示项目解决方案管理器的内容，其中有解决方案名及项目名，在下边是 Visual Studio 默认创建的代码文件 Form1.cs，点击展开 Form1.cs 左边的“+”号，展开后显示一个 Form1.Designer.cs 文件，分别打开这两个文件，在这两个文件中使用关键字 partial 定义同一个类 Form1 的不同部分，而在文件 Form1.cs 中定义 Form1 是 Form 类的子类。

5）可以在界面左边的工具箱中选择需要的控件添加到设计窗体中，当添加控件到设计窗体中后，系统会自动添加与该控件相关的代码到 Form1.Designer.cs 文件中。注意，凡是系统自动添加的代码都会自动加到 Form1.Designer.cs 文件中，而开发人员的代码则只需添加到 Form1.cs 文件中，这样就可以把系统添加的代码与用户代码分开，使得程序的结构更加清晰。

8.1.2 设置窗体的属性

属性定义窗体、文档、控件的状态、行为和外观，可以通过修改窗体的属性来改变窗体的某些特征，如窗体的大小、标题、背景等。窗体的属性有很多，当鼠标停留在某个属性上时，就会出现相应的提示信息，供使用者参考，下面将对比较常用的属性进行解释。

8.1.3 窗体的事件

事件是一个对象为了通知程序应进行某个动作（某种处理）而发的消息，它可以由用户的操作触发，也可以通过程序触发。触发事件的对象称做“发送者”，捕获并响应事件的对象称做“接受者”。

窗体应用程序的一个重要特点就是事件驱动，所以在开发窗体应用程序时，必须考虑处理各种事件。下面列出了一些窗体常用事件。

1）Activate：窗体被激活事件。

2）Click：点击或双击窗体的客户区事件。

3）Paint：在窗体上绘制事件。

4）FormClosed：关闭窗体事件。

5）Load：加载窗体事件。

如果对窗体的哪个事件感兴趣，则需要添加该窗体事件的处理方法，可以使用“属性”窗口为窗体事件添加事件处理方法。在“属性”窗口中点击表示“事件”的图标，则在事件列表中列出了所有相关事件，只要双击某个事件，则系统会在 Form1.cs 文件中自动创建事件的空的处理程序，程序员只需把响应事件的代码添加进去即可。

对于最常用的 Load 事件，一般双击窗体即可默认为其添加一个空的处理方法，该处理方法的名称为“类名_Load”，例如，上述创建的窗体应用程序，其 Load 事件的默认处理程序为：Form1_Load。

【例 8-1】 创建 Windows 应用程序，使用窗体的 Load 事件来改变窗体的 Text 属性值为“load 事件中改变属性”。

1）新建一个窗体应用程序。

2）双击新建的 Form1 窗体，在添加的空处理方法 Form1_Load()中添加如下代码。

```
Private void Form1_Load(Object sender,EventArgs e)
{
  This.Text="load 事件中改变属性";  //设置窗体的标题
}
```

8.1.4 窗体的方法

方法是指对象具有的行为和执行的操作。窗体的方法表示窗体的某些行为、操作。下面列出了一些窗体常用方法。

1）CenterToScreen：在屏幕中央打开窗体。

2）Close：关闭窗体，触发窗体的 Closes 事件。

3）Hide：隐藏窗体。

4）Show：显示当前的窗体。

【例 8-2】 创建 Windows 应用程序，在鼠标点击窗体时创建并显示另外一个窗体。

1）新建一个窗体应用程序，将 Form1 的 Text 属性设置为“第一窗体”。

2）在顶部菜单中选“项目”，在其子菜单中选择“添加新项”，打开添加新项对话框，在其中选择“Window 窗体”选项，窗体名称使用默认的“Form2.cs”，点击“添加”按钮，则在现有项目中添加了一个新窗体 Form2。

3）在 Form1 窗体的属性窗口中，单击事件图标，找到 Click 事件然后双击它，系统自动创建一个空处理程序 Form1_Click，并打开该程序，添加如下代码：

```
Private void Form1_Click (Object sender,EventArgs e)
{
    Form2 frm=new Form2();     //创建窗体 Form2 实例
    frm.Show();                //显示窗体 Form2
}
```

8.1.5 特殊窗体的创建

通过设置窗体的 FormBorderStyle 属性值改变窗体的边框形态。例如，把该属性值设成 None 的话，则不显示窗体的标题栏和边框。

首先需要创建一个 GraphicsPath 实例，如下所示。

```
GraphicsPath gp = new GraphicsPath();
```

接下来要把窗体修改成什么形状，就把什么形状的线条添加到 GraphicsPath 实例中。

```
gp.AddEllipse(this.ClientRectangle);
```

最后修改窗体的 Region 属性，此属性决定了窗体的外形。用上面的 gp 为参数，重新实例化当前窗体的 Region 属性，如下所示。

```
this.Region = new Region(gp);
```

程序运行结果如图 8-1 所示。

图 8-1 圆形窗体

【例 8-3】 创建 Windows 应用程序，窗体的形状是一个多边形。

修改加入到 GraphicsPath 实例中的线条形状，如多边形，其代码如下：

```
// 要把窗体修改成什么形状就把什么形状的线条添加到实例中
PointF p1 = new PointF(40.0f, 50.0f);
PointF p2 = new PointF(150.0f, 120.0f);
PointF p3 = new PointF(250.0f, 260.0f);
PointF p4 = new PointF(140.0f, 300.0f);
PointF p5 = new PointF(30.0f, 150.0f);
PointF[] ptsArray =
{
    p1,p2,p3,p4,p5
};
gp.AddPolygon(ptsArray);
```

程序运行结果如图 8-2 所示。

图 8-2　例 8-3 程序运行结果

8.2　窗体控件

8.2.1　窗体控件概述

.NET 中的控件都派生于 System.Windows.Forms.Control 类。这个类定义了控件的基本功能，这就是控件中的许多属性和事件都相同的原因。许多类本身就是其他控件的基类，图 8-3 显示了 Label 和 TextBoxBase 类。

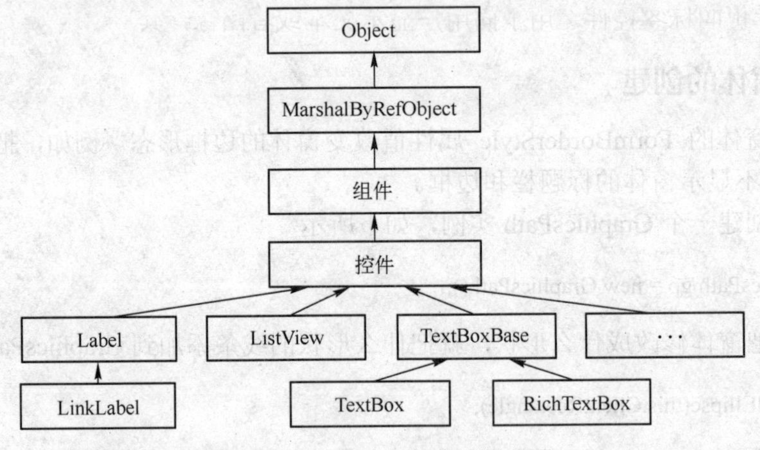

图 8-3　.NET 中的控件类树形图

8.2.2　窗体控件属性

窗体控件属性表示控件的特征、状态，通过修改控件的属性可以改变控件的某些特征或状态。修改、设置控件属性是编写窗体应用程序的必要操作。窗体控件有许多属性，下面介绍一些常用并且共有的属性及修改操作。

（1）改变控件大小（Height 和 Width 属性）

Height 属性：表示控件的高度。

Width 属性：表示控件的宽度。

改变 Height 和 Width 属性即可改变控件的高度及宽度，也就是改变空间的大小。

（2）改变控件位置（Left 和 Top 属性）

Left 属性：控件左上角的横坐标。

Top 属性：控件左上角的纵坐标。

（3）改变控件名称（Name 属性）

Name 属性是每个控件都具有的属性，它表示该控件在应用程序中实例对象的名称，在程序中使用该属性实现对控件的调用。它是一个控件的唯一标识。

（4）设置控件是否为可视（Enable 和 Visible 属性）

Enable 属性：确定控件是否有效，也就是控件是否能够对事件作出反应，值为 True（默认）为有效，否则为无效，即不响应事件，显示效果为灰色。

Visible 属性：表示在程序运行时控件是否可见，值为 True（默认）可见，False 则控件不可见。

（5）设置控件的标题（Text 属性）

Text 属性：确定控件标题或控件表面的显示内容。

8.2.3 常用的窗体控件

在 Windows 窗体中可以使用很多 Visual Studio 自带的控件，为开发者提供了很大的便利，常用的控件有以下一些。

（1）Label 控件

Label 控件也叫标签控件，用于向用户显示文本或者图像，其部分属性如下。

Image：定义在控件表面显示的图像。

AutoSize：是否根据文本自动调整大小，设置为 True 时自动调整其大小。

Text：属性表示 Label 控件显示的文本内容。

Font：设置 Label 控件中文本所用的字体。

TextAlign: Label 控件中文本的对齐方式。

【例 8-4】 创建 Windows 应用程序，在窗体内使用 Label 控件中显示当前的系统时间。

实现步骤如下。

1）创建新的 Windows 窗体控件项目。

2）如果“属性”窗口不可见，请单击“视图”菜单上的“属性窗口”。

3）如果“工具箱”窗口不可见，请单击“视图”菜单上的“工具箱”。

4）将一个 Label 控件从“工具箱”拖动到设计图面上，设置标签的下列属性。

将“Text”设置为数字“0”(零)。

将“Autosize”设置为“False”。

将“Size”设置为“30, 20”。

将“TextAlign”设置为“MiddleCenter”。

保留“Name”属性（在代码中将使用它来引用该控件）为“label1”。

5）通过双击窗体，打开窗体 Load 事件处理程序，并添加如下代码：

```
private void Form1_Load(object sender, EventArgs e)
```

```
{
    label1.Text = "当前时间为：" + System.DateTime.Now.ToString();
}
```

程序运行结果如图 8-4 所示。

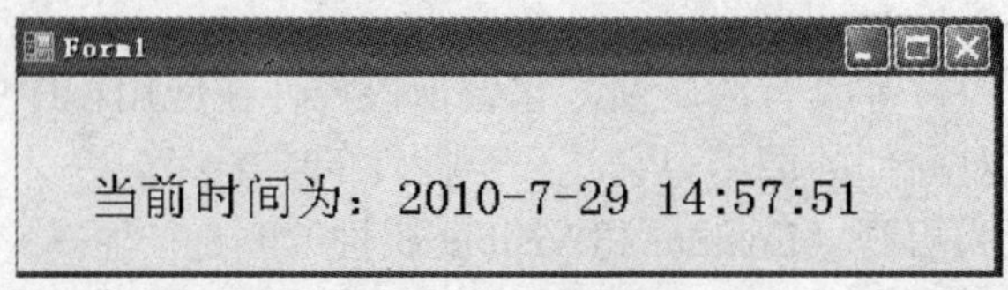

图 8-4　例 8-4 程序运行结果

（2）TextBox 控件

TextBox 控件的作用是向用户提供用于输入和输出的可编辑控件，控件的部分属性介绍如下。

Text：TextBox 存放、显示文本数据的属性。

AcceptsReturn：指示多行编辑控件中是否可以输入回车符。

Multiline：控制编辑控件的文本是否跨越多行。

ReadOnly：控制用户是否可以在运行时修改文本框的内容。

PasswordChar：修改该属性可使其成为一个密码文本框。如果把该属性的值设置为"*"，则在该密码框的输入字符都将显示成"*"。

【例 8-5】 创建 Windows 应用程序，拖拽一个 TextBox 控件到窗体，并设置其 Name 属性为 txtName，使用 Validating 事件及 Enter 事件对文本控件 TextBox 内容进行验证。

当焦点进入控件时激发 TextBox 控件的 Enter 事件；当焦点离开控件时激发 TextBox 控件的 Validating 事件。

在属性窗口中添加并打开 Validating 事件处理程序，在属性窗口中添加并打开 Enter 事件处理程序，添加如下所示的代码。

```
private void txtName_Validating(object sender, CancelEventArgs e)
{
    if (txtName.Text.Trim() == string.Empty)
    {
        MessageBox.Show("用户名为空，请重新输入！");
        txtName.Focus();
    }
}
private void txtName_Enter(object sender, EventArgs e)
{
    if (txtName.Text.Trim() == string.Empty)
    {
        MessageBox.Show("用户名为空，请重新输入！");
        txtName.Focus();
    }
}
```

程序运行结果如图 8-5 所示。

图 8-5　例 8-5 程序运行结果

【例 8-6】 创建 Windows 应用程序，拖拽一个 TextBox 控件到窗体，并设置其 Name 属性为 txtPassword；把 TextBox 控件修改成密码输入框，设置其 PasswordChar 属性值为“*”；在属性窗口中添加并打开 Validating 事件处理程序，添加如下代码。

```
private void txtPassword_Validating(object sender, CancelEventArgs e)
{
    if (txtPassword.Text.Trim() == string.Empty)
    {
        MessageBox.Show("密码为空，请重新输入！");
        txtPassword.Focus();
    }
}
```

【例 8-7】 创建 Windows 应用程序，设置一个密码文本框、一个验证密码框，验证第二次输入的密码是否为空，如不为空是否与第一次输入的密码相同，如不相同则清空，请用户重新输入，比较用户两次输入的密码是否一样。

将两个 TextBox 控件拖拽到窗体内，分别设置其 Name 属性为 txtPassword 及 txtAgain；设置 txtPassword 控件的 PasswordChar 属性值为“*”；在属性窗口中添加并打开 txtAgain 控件的 Validating 事件处理程序，添加如下代码。

```
private void txtAgain_Validating(object sender, CancelEventArgs e)
{
    if (txtAgain.Text.Trim() == string.Empty)
    {
        MessageBox.Show("密码为空，请重新输入！");
        txtAgain.Focus();
    }
    else if (txtAgain.Text.Trim() != txtPassword.Text.Trim())
    {
        MessageBox.Show("密码输入有误，请重新输入！");
        txtPassword.Clear();
        txtAgain.Clear();
        txtPassword.Focus();
    }
}
```

（3）Button 控件

Button 控件提供可单击的按钮，开发者通常创建 Click 事件处理程序来响应用户单击按钮。

其部分属性如下。

FlatStyle：定义 Button 控件实例的外观。

Image：控件表面显示的图形。

ImageAlign：定义图像与按钮的可视区域的对齐方式。

【例 8-8】 创建 Windows 应用程序，拖放一个 Button 控件到窗体上，点击按钮时，窗体中按钮位置将随机改变。

拖放一个 Button 控件到窗体上，设置 Button 控件的 Name 属性为 btnClickMe；可以设置 Button 控件的 Image 属性，进行添加图片；双击 Button 控件，激发 Button_Click 事件，在其处理程序中添加如下代码。

```
private void btnClickMe_Click(object sender, EventArgs e)
{
    //创建伪随机数生成器变量 r
    Random rd = new Random();
     //使用伪随机数生成器变量 r 产生随机数并赋值给 btnClickMe 按钮的 Left 和 Top 属性
     btnClickMe.Left = rd.Next(this.Width – btnClickMe.Width);
     btnClickMe.Top = rd.Next(this.Height – btnClickMe.Height);
}
```

程序的运行结果如图 8-6 所示，当点击按钮时按钮会随着点击而改变位置。

图 8-6　例 8-8 程序运行结果

（4）RadioButton 控件

RadioButton 控件也叫单选按钮，有时也称为选项按钮，通常用来执行多选一操作。单选按钮通常分组使用，在一个按钮组中，只能有一个按钮处于选择状态。

其部分属性如下。

CheckAlign：确定控件位置。

Checked：指示控件是否被选中。

FlatStyle：确定控件实例的外观。

Image：确定在控件表面显示的图像。

Text：控件的文本；显示在控件右侧。

单选按钮常用的事件是 CheckedChanged，当单选按钮的 Checked 属性发生变化时触发这个事件。用户可以通过事件根据单选按钮的状态的变化执行相应的处理程序。

【例 8-9】 创建 Windows 应用程序，拖放一个 Button 控件、两个 RadioButton 控件到窗体上，设置 Button 控件的 Text 属性为“确定”，通过用户选择的性别对用户进行提示。

分别设置两个 RadioButton 控件的 Name 属性为 rbMan 及 rbWoman。

分别设置两个 RadioButton 控件的 Text 属性为“男”及“女”。

分别设置两个 RadioButton 控件的 Checked 属性为 true 及 false。

双击 Button 控件，激发 Button_Click 事件，在其处理程序中添加如下代码。

```
private void button1_Click(object sender, EventArgs e)
{
        if (rbMan.Checked == true)
        {
            MessageBox.Show("您的性别为男！");
        }
        else
        {
            MessageBox.Show("您的性别为女！");
        }
}
```

程序运行结果如图 8-7 所示。

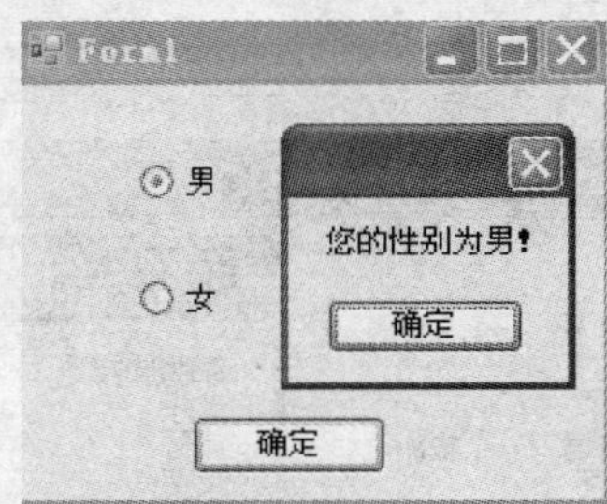

图 8-7　例 8-9 程序运行结果

（5）CheckBox 控件

CheckBox 控件即复选框控件，用于多项选择操作，以及描述复选框作用的文本。

其部分属性如下。

CheckAlign：确定空间中复选框的位置。

Checked：指示该复选框是否选中。

AutoCheck：单击复选框时是否更改其状态。

CheckState：指示复选框的当前状态。

Text：控件的文本，显示在控件右侧。

【例 8-10】 创建 Windows 应用程序，拖放一个 Button 控件、四个复选框控件到窗体上。设置 Button 控件的 Text 属性为“确定”；设置四个复选框控件的 Text 属性分别为“音乐”、“体育”、“文学”、“旅游”，供用户选择，点击“确定”按钮后提示用户所选的选项。

双击 Button 控件，激发 Button_Click 事件，在其处理程序中添加如下代码。

```
private void button1_Click(object sender, EventArgs e)
{
        string showstring = "你的选择是： "+"\n";
        if (checkBox1.Checked ==true)
        {
                showstring += checkBox1.Text+"\n";
        }
        if (checkBox2.Checked == true)
        {
                showstring += checkBox2.Text + "\n";
        }
        if (checkBox3.Checked == true)
        {
                showstring += checkBox3.Text + "\n";
        }
        if (checkBox4.Checked == true)
        {
                showstring += checkBox4.Text + "\n";
        }
                MessageBox.Show(showstring);
        }
```

程序运行结果如图 8-8 所示。

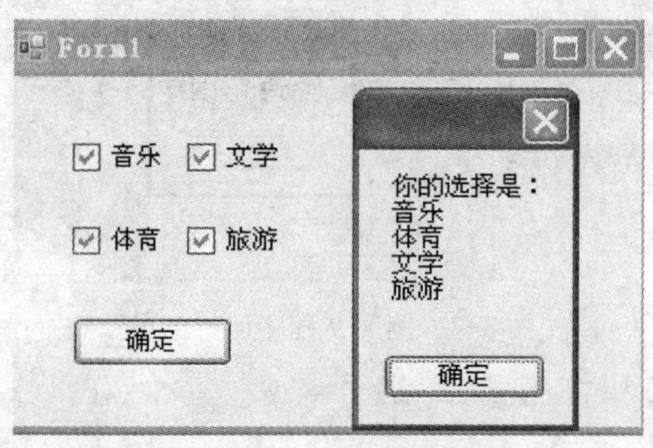

图 8-8　例 8-19 程序运行结果

（6）GroupBox 和 Panel 控件

GroupBox 即分组框架控件，Panel 即面板控件，它们都是容器控件，能够包含窗体上创建的其他控件实例。移动 GroupBox 或者 Panel 控件实例时，它们包含的控件实例也会移动。这些空间主要用于逻辑分组控件，它包含的控件可以作为一个整体，这样有利于界面设计时对不同的逻辑控件进行分组划分。GroupBox 和 Panel 控件的主要区别是 Panel 没有标题，但可以包含滚动条，用户可以使用滚动条查看其中的控件。

（7）ListBox 和 ComboBox 控件

ListBox 为列表框，ComboBox 为组合框。两者的作用相同，都是让用户从项目列表中选择一个或者多个项目。两者之间的主要区别是组合框可以在下拉列表中显示列表项目，而列表框控件的区域是固定的。

其部分属性如下。

Items：列表框中的项。

SelectedIndex：被选中项的索引编号。

SelectedItem：返回当前选中项。

Sorted：控制是否为列表框中的项进行排序。

Multicolumn：是否允许多列显示。

ComboBox 控件还有如下属性。

DropDownStyle：判断组合框的类型。

MaxDropDownItems：制定下拉列表中最多可以显示的项数（1～100），如果项数超过了该值，则控件中就会出现一个滚动条。

【例 8-11】 创建 Windows 应用程序，拖放一个 GroupBox 即分组框架控件 GroupBox1。拖放两个 ListBox 控件—ListBox1 和 ListBox2 到窗体上的 GroupBox1 中。在两个 ListBox 控件中间拖放两个 Button 控件—Button1 和 Button2，拖放两个 Label 空件—Label1 和 Label2 到窗体上的 GroupBox1 中。学生对待选课程进行选择，并把选择好的课程加入到“选中课程”的列表中。

设置 GroupBox1 控件的 Text 属性为“学生选课”；设置 Button1 控件的 Text 属性为“添加》”，设置 Button1 控件的 Text 属性为“《删除”；设置 Label1 控件的 Text 属性为“待选课程”，Label2 控件的 Text 属性为“选中课程”。

在 ListBox1 控件的属性窗口中选中 Items，单击 Items 旁的[...]按钮，弹出字符串集合编辑器对话框，在其中输入 ListBox1 中的各项，然后单击“确定”按钮，程序界面如图 8-9 所示。

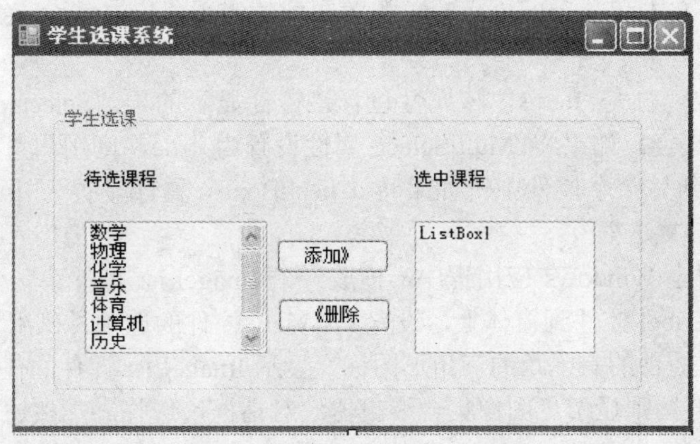

图 8-9　选课系统界面设计

双击“添加”按钮控件，激发 Button1_Click 事件；双击“删除”按钮控件，激发 Button2_Click 事件。Button1_Click 事件处理程序中添加如下代码。

```
if (this.listBox1.SelectedItem != null)
{
```

```
        this.listBox2.Items.Add(this.listBox1.SelectedItem);
        this.listBox1.Items.Remove(this.listBox1.SelectedItem);
    }
```

Button2_Click 事件处理程序请读者仿照上述代码自行完成。

（8）ImageList 控件

图像列表控件即 ImageList 控件，用于存放一组图片，如 bmp、gif、jpeg 等图像或图标；一个窗体可以包含多个 ImageList 控件，每个 ImageList 控件中的图片大小必须一致；两个 ImageList 控件可以存放大小不同的图片。

ImageList 控件并不直接显示在窗体上，运行程序后只能看见 ImageList 控件中提供的图片，但看不到 ImageList 控件本身，这样的控件是不在运行期间显示的控件。

该控件的属性一样可以通过动态和静态两种方式来访问和设置，其部分常用属性如下。

Image：在图片框中显示的图片。

ImageSize：设置图片大小。

（9）ListView 控件

ListView 控件类似于列表框，都用于显示一些项的列表，但 ListView 控件以 ListItem 对象的形式，分别用图标、小图标、列表或报表四种不同的视图方式显示数据。每个 ListItem 对象都有可选的图标与其相关联。其部分常用属性如下。

View：改变列表视图的显示模式。

LargeIcon：显示大图标，并在图标下面显示标题。

List：每一项包含一个图标和一个标题，并使用列表来组织列表项。

Details：使用报表模式显示列表项时，每一项占一行。最左边显示该项的小图标和标题，其他列显示该项的子项。

SmallIcon：显示小图标，并在图标右边显示标题。

ListItem：包含文本和 ListImage 对象相关图标的索引；ListItems 集合包含一个或多个 ListItem 对象。

ListView：主要属性是 Items，该属性包含该控件显示的项。SelectedItems 属性包含控件中当前选定项的集合。如果将 MultiSelect 属性设置为 true，则用户可选择多项，例如，同时将若干项拖放到另一个控件中；如果将 CheckBoxes 属性设置为 true，ListView 控件可以显示这些项旁的复选框

【例 8-12】 创建 Windows 应用程序，拖放一个 ImageList 控件、一个 ListView 控件到窗体上；拖放一个 Label 控件到窗体上，设置 ListView 控件的选项，供用户选择。

点击 ImageList 控件的右上角的三角形图标，显示 ImageList 控件的任务对话框，在其中点击“选择图像”链接则显示“图像集合编辑器”对话框，选择添加按钮，为 ImageList 控件添加所要保存的图像。

点击 ListView1 控件的右上角的三角形图标，显示 ListView1 控件的任务对话框，在其中视图选择“LargeIcon”，“大 ImageList”对应的下拉列表中选择“ImageList1”，点击“编辑项”链接则显示“ListViewItem 集合编辑器”对话框，选择添加按钮，为 ListView 控件添加项，然后为新添加项设置“Text”为显示项的标题，“ImageKey”或“ImageIndex”属性为显示项的图标。反复添加，完成 ListView1 控件各列表项的添加，如图 8-10 所示。

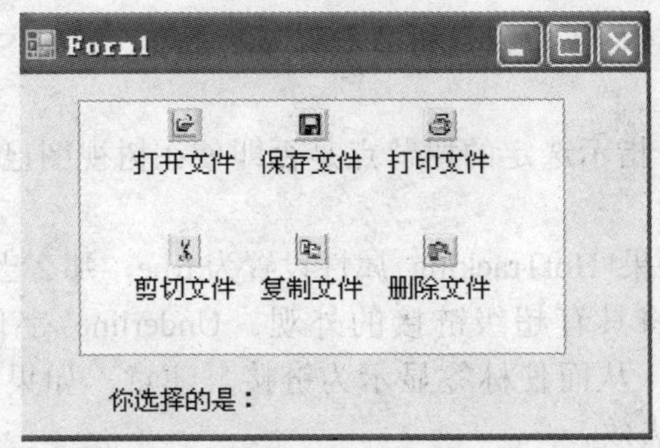

图 8-10　添加 ListView1 控件各列表项结果

在 ListView1 属性对话框中，选择事件设置窗口，双击 SelectedIndexChanged 事件，在 listView1_SelectedIndexChanged 中添加如下代码。

```
label1.Text = "你选择的是：";
foreach (ListViewItem Itm in listView1.SelectedItems)
{
    label1.Text += Itm.Text;
}
```

程序运行结果如图 8-11 所示。

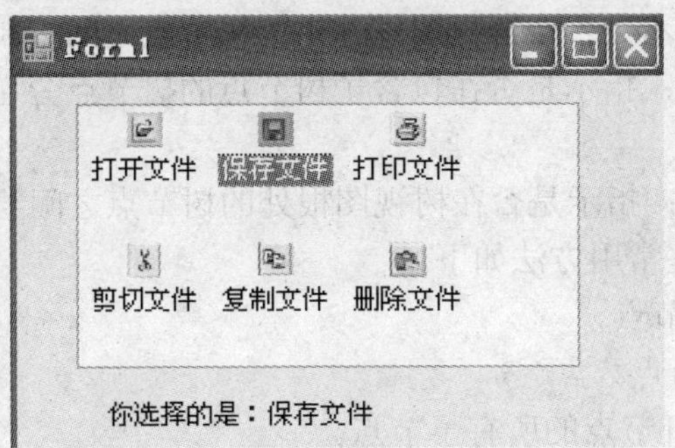

图 8-11　例 8-12 程序运行结果

（10）TreeView 控件

Windows 资源管理器中的驱动器和其下的文件及文件夹就是按照一种层次结构来安排的，TreeView 控件为编程人员提供了一种按层次结构显示信息的方式。TreeView 控件包含了称做“节点（node）”的一些条目的一个列表。每一个节点都可以有自己的节点集合，从而提供了一种更深层的数据定义。每个节点都可以被折叠起来，从而允许访问者在一个 TreeView 控件中查找，只看他所感兴趣的那一级数据，就像 Windows 的资源管理器一样，使用 TreeView 控件显示树形结构。

TreeView 控件的一些常用属性如下。

CheckBoxes 属性：指示是否在树视图控件中的树节点旁显示复选框。

ImageList 属性：用 ImageList 控件中的图标显示节点旁的图标。

FullRowSelect 属性：当 FullRowSelect 为 true 时，选择突出显示将跨越树视图的整个宽度，即整个显示区域的宽度而不仅仅是树节点标签的宽度。如果 ShowLines 设置为 true，则将忽略 FullRowSelect 属性。

HideSelection 属性：指示选定的树节点是否即使在树视图已失去焦点时仍会保持突出显示。

HotTracking 属性：如果 HotTracking 属性设置为 true，那么当鼠标指针移过每个树节点标签时，树节点标签都将具有超级链接的外观。Underline 字体样式将应用于 Font 而 ForeColor 将设置为蓝色，从而使标签显示为链接。注意，如果 CheckBoxes 属性设置为 true，HotTracking 属性将失效。

Indent 属性：设置每个子树节点级别的缩进距离（以像素为单位）。

ItemHeight 属性：设置树视图控件中每个树节点的高度。

Nodes 属性：获取分配给树视图控件的树节点集合。这个属性是 TreeView 控件最重要的属性之一。

PathSeparator 属性：树节点路径（TreeNode.FullPath 属性）所使用的分隔符串，默认为反斜杠字符（\），树节点路径包括一组由 PathSeparator 分隔符串分隔的树节点标签。标签的范围为根节点到所需的节点。如下代码可以获得当前选中的节点的路径。

MessageBox.Show（TreeView1.SelectedNode.FullPath）

SelectedNode 属性：获取或设置当前在树视图控件中选定的树节点，如果没有选定任何节点，则 SelectedNode 属性则为 Nothing。

ShowLines 属性：指示是否在树视图控件中的树节点之间绘制连线。

ShowPlusMinus 属性：指示是否在包含子树节点的树节点旁显示加号（+）和减号（–）按钮。

ShowRootLines 属性：指示是否在树视图根处的树节点之间绘制连线。

TreeView 控件的一些常用方法如下。

Collapes 方法：折叠节点。

Expand 方法：展开节点。

ExpandAll 方法：展开节点的所有子节点。

GetNodeCount 方法：返回节点数。

【例 8-13】 创建 Windows 应用程序，拖放一个 ImageList 控件、一个 TreeView 控件到窗体上，在 TreeView 控件中提供部分国家的部分城市供用户选择。

点击 ImageList 控件的右上角的三角形图标，显示 ImageList 控件的任务对话框，在其中点击“选择图像”链接则显示“图像集合编辑器”对话框，选择“添加”按钮，为 ImageList 控件添加所要保存的图像。

点击 TreeView1 控件的右上角的三角形图标，显示 ListView1 控件的任务对话框，在其中的 ImageLis 对应的下拉列表中选择 ImageList1，点击“编辑节点”链接则显示“TreeNode 编辑器”对话框，选择添加根按钮，为 TreeView 控件添加根节点，选择添加子级按钮为 TreeView 控件的某节点添加子节点。 然后为新添加节点设置“Text”为显示项的标题，“ImageKey”或“ImageIndex”属性为显示项的图标。反复添加，完成 TreeView1 控件各列表项的添加，如图 8-12 所示。

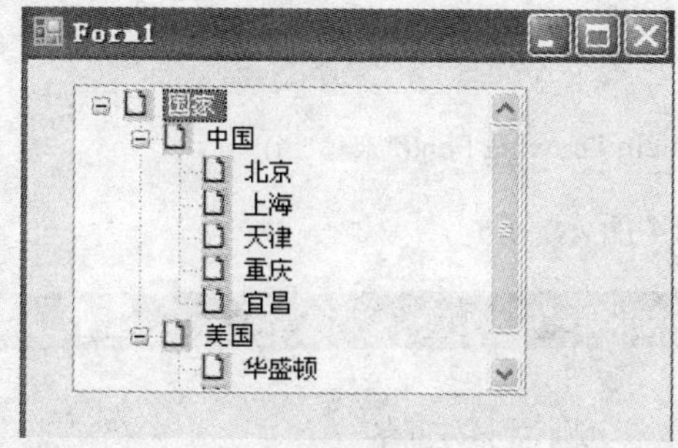

图 8-12　添加 TreeView1 控件各列表项结果

在 TreeView1 属性对话框中，选择事件设置窗口，双击 MouseDoubleClick 事件，在 TreeView1_MouseDoubleClick 中添加如下代码。

```
MessageBox.Show("你选择的城市是：  "+treeView1.SelectedNode.Text);
```

程序运行结果如图 8-13 所示。

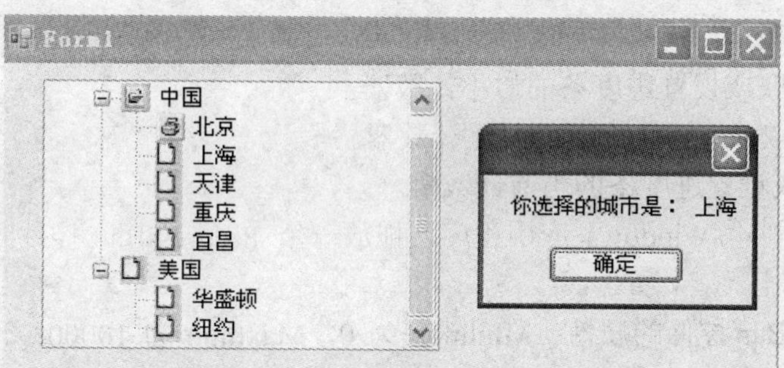

图 8-13　例 8-13 程序运行结果

（11）滚动类控件

滚动条是一种常用的滚动控件，可用鼠标调整滚动条中滑块的位置来改变值。水平滚动条 HscrollBar 和垂直滚动条 VscrollBar 是两个极为相似的控件，区别仅仅是滚动的方向不同，两者常用属性如下。

Value：其值决定了滚动条中滑块的位置，而滑块的位置也影响该值的大小。

Minimun：将滑块移动到滚动条的最左端或最上端时，Value 值达到的最小值。

Maxmun：将滑块移动到滚动条的最右端或最下端时，Value 值达到的最大值。

SmallChange：单击滚动条端点的某一个箭头时，Value 值的加减数。

LargeChange：单击滚动条端点与滑块之间的任一位置时，Value 值的加减数。

【例 8-14】 创建 Windows 应用程序，拖放一个水平滚动条 HscrollBar 到窗体上；拖放一个 Label 控件到窗体上，在窗体中使用水平滚动条。

设置 HscrollBar 控件的属性：Minimun 为 5，Maxmun 为 60，SmallChange 为 1，LargeChange 为 5。设置 Label 控件的 Text 属性值为“测试滚动条”。

在 HscrollBar1 属性对话框中，选择事件设置窗口，双击 Scroll 事件，在 hScrollBar1_Scroll 中添加如下代码。

```
int i;
i = hScrollBar1.Value;
label1.Font = new System.Drawing.Font("宋体", i);
```

程序运行结果如图 8-14 所示。

图 8-14　例 8-14 程序运行结果

（12）ProgressBar

进度条控件 ProgressBar 使用矩形块从左到右显示某一程序的执行进度，列如复制进度条等。

常用属性如下。

Minimun：读取或设置进度条的最小计数器。

Maxmun：读取或设置进度条的最大计数器。

Value：读取或设置进度条的当前计数值。

【例 8-15】 创建 Windows 应用程序，拖放一个 ProgressBar 控件到窗体上；拖放一个 Button 控件到窗体上。

设置 ProgressBar 控件的属性：Minimun 为 0，Maxmun 为 10000；设置 Button1 控件的 Text 属性值为“确定”。

双击 Button1 控件，在其 Click 事件处理程序中添加如下代码。

```
int i;
for (i = 0; i <= 10000; i++)
{
    progressBar1.Value = i;
}
```

图 8-15　例 8-15 程序运行结果

程序运行结果如图 8-15 所示。

（13）Timer 控件

Timer 是定时控件，在规定的时间间隔内触发 Tick 事件，然后由像 Timer_Tick 这样的方法处理，时间间隔由 Timer 控件的 Interval 属性确定，单位为 ms，Tick 事件仅在 Timer 控件的 Enabled 属性设置为 true 时有效。

【例 8-16】 创建 Windows 应用程序，拖放一个 Timer 控件到窗体上；拖放一个 Label 控件到窗体上，在窗体上显示当前的时间的时、分和秒，并不断地进行更新。

设置 Timer 控件的 Interval 属性值为 1000，Enabled 属性设置为 true。

在 Timer 控件属性对话框中，选择事件设置窗口，双击 Tick 事件，在 Timer1_Tick 中添加如下代码。

```
double second = (double)DateTime.Now.Second;    //当前的秒数
double minute = (double)DateTime.Now.Minute;    //当前分数
double hour = (double)DateTime.Now.Hour;    //当前小时数
label1.Text = hour.ToString()+"点" + minute.ToString() +"分"+ second.ToString()+"秒";
```

程序运行结果如图 8-16 所示。

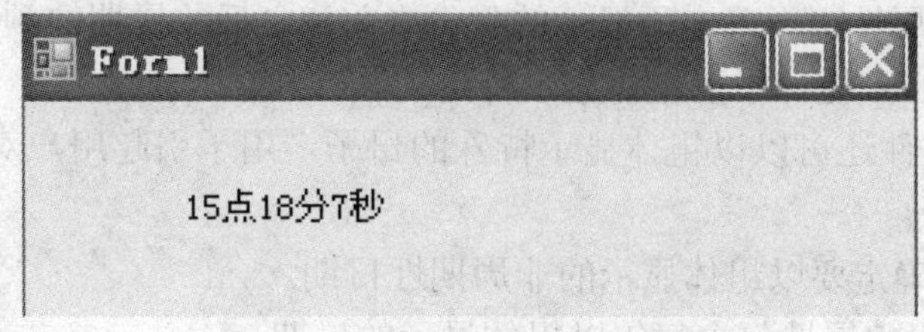

图 8-16 例 8-16 程序运行结果

（14）MonthCalendar（月历控件）

在工具箱中有一个用于日期设置的控件——MonthCalendar 控件（月历控件），如图 8-17 所示。下面简要说明 MonthCalendar 控件的使用方法。

图 8-17 MonthCalendar 控件

1）更改 MonthCalendar 控件的外观。

MonthCalendar 控件允许编程人员使用配色、选择显示或隐藏周数和当前日期等多种方式来自定义它的外观，达到用户想要的结果。

显示一年中的周数：在控件的“属性”窗口将 ShowWeekNumbers 属性设置为 true。或者使用代码设置该属性，方式如下。

MonthCalendar1.ShowWeekNumbers = True;

设置完毕后，周数以单独的列显示在一周的第一天的左边。

在控件下部显示当前日期：将 ShowToday 属性设置为 true，则在控件的底部显示当前的日期，设置为 false 则不显示。同时可以通过 TodayDateSet 属性获取 ShowToday 属性显示设置的值，而 ShowTodayCircle 属性用于指示是否在今天的日期上加一个红色的圆圈。

更改 MonthCalendar 控件的颜色：MonthCalendar 控件提供了 Font、ForoColor、TitleBackColor、TitleForeColor 和 TrailingForeColor 等属性。

Font 属性和 ForoColor 属性用于确定控件内部文字的字体、大小与颜色，也就是月历中每个日期数字的字体与颜色。

TitleBackColor 属性用于确定日历标题区的背景颜色，同时它也确定周一到周日的字体颜色。

TitleForeColor 属性用于确定日历标题区的前景色即标题的颜色。

TrailingForeColor 属性用于确定所显示的月份之前和之后的日期的颜色。

2）在 MonthCalendar 控件中以粗体显示特定的某一天。

MonthCalendar 控件还可以以粗体显示特殊的日子，用于引起用户对特殊日期（如假日和周末）的注意。

BoldedDates 属性确定要以粗体显示的非周期性日期。

AnnuallyBoldedDates 属性包含每年以粗体显示的日期。

MonthlyBoldedDates 属性包含每月以粗体显示的日期。

以上三个属性中的每一个都包含一个 DateTime 对象数组。若要从这些列表中的某一个添加或移除日期，必须添加或移除 DateTime 的对象。

在属性窗口中设置 DateTime 对象数组：选择要添加特殊日期的属性，然后单击属性后的符号，将弹出“DateTime 集合编辑器”窗口，然后使用“添加”或者“移除”按钮来进行编辑。对于新添加的 DateTime 对象，需要在右边的“Value”属性中设置对应的日期。

（15）日历控件 DateTimePicker

工具箱中还有另外一个用于日期设置的控件——DateTimePicker（日历控件）。

C/S 设计中的 DateTimePicker，有以下两种操作模式。

1）下拉式日历模式（默认）：允许用户显示一种能够用来选择日期的下拉式日历。

2）时间格式模式：允许用户在日期显示中选择一个字段（例如，月、日、年等），按下控件右边的上下箭头来设置它的值。

DateTimePicker 常用的属性如下。

CalendarForeColor 属性、CalendarmMonthBackColor：设置日历前景后景色。

CalendarTitleBackColor 属性、CalendarTitleForeColor 属性：设置日历标题的前景后景色。

Format 属性：设置控件格式属性。

Value 属性：DateTimePicker 控件的取值。

Hour 属性、Minute 属性、Second 属性、Year 属性（ActiveX 控件）、Month 属性、Day 属性：表示 DateTimePicker 控件的取值中提取时间日期的分量，小时、分、秒、年、月、日。

DateOfWeek 属性：表示 DateTimePicker 控件的取值中提取当前日期是星期几。

Date 属性：表示 DateTimePicker 控件的取值中提取日期部分。

TimeOfDay 属性：表示 DateTimePicker 控件的取值中提取时间部分。

Day 属性：表示 DateTimePicker 控件的取值中提取该日期的月的第几天。

DayOfYear 属性：表示 DateTimePicker 控件的取值中提取该日期的年的第几天。

MaxDate 属性、MinDate 属性：设置 DateTimePicker 控件表示时间的最大最、小值。

DateTimePicker 控件常用的方法如下。

Refresh 方法：刷新方法，使工作区无效，然后重新绘制。

以下为 DateTimePicker 控件的一些事件，它们由相关操作产生的，可以从事件的名称上体会事件的涵义，这里就不详细解释了。

CloseUp 事件，CallKeyDown 事件，Format 事件，FormatSize 事件，DropDown 事件（DateTimePicker 控件），DragDrop 事件，DragOver 事件，GotFocus 事件，LostFocus 事件，Validate 事件，OLECompleteDrag 事件（ActiveX 控件），OLEDragDrop 事件（ActiveX 控件），OLEDragOver 事件（ActiveX 控件），OLEGiveFeedback 事件（ActiveX 控件），OLESetData 事件（ActiveX 控件），OLEStartDrag 事件（ActiveX 控件），Change 事件（ActiveX 控件），Click 事件（ActiveX 控件），DblClick 事件（ActiveX 控件），KeyDown, KeyUp 事件（ActiveX 控件），KeyPress 事件（ActiveX 控件），MouseDown, MouseUp 事件（ActiveX 控件），MouseMove 事件（ActiveX 控件）。

【例 8-17】 创建 Windows 应用程序，拖放一个 DateTimePicker 控件“dateTimePicker1”到窗体上；拖放一个 Label 控件“label1”到窗体上，实现使用 DateTimePicker 控件进行时间日期的选择。

在 Form1_Load 方法中添加如下代码。

```
DateTimePicker dateTimePicker1 = new DateTimePicker();
// Set the MinDate and MaxDate.
dateTimePicker1.MinDate = new DateTime(1985, 6, 20);
dateTimePicker1.MaxDate = DateTime.Today;
// Set the CustomFormat string.
dateTimePicker1.CustomFormat = "MMMM dd, yyyy - dddd";
dateTimePicker1.Format = DateTimePickerFormat.Custom;
// Show the CheckBox and display the control as an up-down control.
dateTimePicker1.ShowCheckBox = true;
 dateTimePicker1.ShowUpDown = true;
 label1.Text= dateTimePicker1.Value.ToString();
```

对 dateTimePicker1 进行相关设置，显示控件的取值，在 Form1_Load 方法中添加如下代码。

```
label1.Text = dateTimePicker1.Value.Date.ToString();
```

程序的运行结果如图 8-18 和图 8-19 所示。

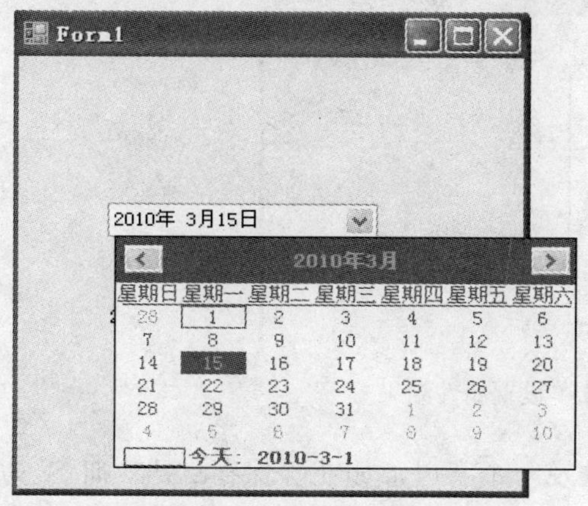

图 8-18 例 8-17 程序运行结果 1

图 8-19 例 8-17 程序运行结果 2

8.3 窗体的菜单

在 Windows 程序中，大多数应用程序都会有菜单元素。通过使用菜单，可以把对程序的各种操作命令非常规范有效地表示给用户。一个 Windows 程序菜单一般包括一个主菜单（主菜单下面包含许多子菜单）及很多弹出式菜单。单击菜单项则程序将执行相应的功能。

另外在程序窗体的许多地方单击鼠标右键将会弹出一个针对性的快捷菜单（也可以称为弹出式菜单），单击将执行相应的功能，使得软件的应用变得更加简单，更加人性化。ContextMenuStrip 控件实现快捷菜单功能。

MenuStrip 控件的常用属性如下。

Checked：菜单选项可以具有复选框功能。

Enable：制定菜单选项是否启用或禁用，如禁用，菜单为灰色，不能用。

Shortcut：制定快捷键执行对应的命令。

ShowShortcut：是否在菜单项旁显示快捷键。

Text：菜单选项的文本。

ToolTipText：如果鼠标悬停在菜单项上，就会自动出现该属性中所设提示。

MenuStrip 控件的常用事件是 Click 事件，可以通过该事件来实现命令的执行。

【例 8-18】 创建 Windows 应用程序，在窗体中放入 MenuStrip 控件并利用 MenuStrip 控件创建菜单。

拖放一个 MenuStrip 控件到窗体上；然后即可为菜单栏创建菜单项。在该菜单项名下会出现要求输入第一个选项的文本框，再在该菜单项名的右边出现第二个菜单项的文本框。按照上述规律，可以创建所需的所有菜单项及其选项。例如，在该控件上添加“文件”菜单项，为该菜单项创建新建、保存、另存为、退出选项。添加“编辑”菜单项，为该菜单项创建剪贴、复制、粘贴选项。添加“帮助”菜单项，为该菜单项创建关于选项。

为菜单设置属性：在菜单选项上单击鼠标右键，在弹出菜单中选中“编辑 DropDownItem”命令。弹出“项集合编辑器”，列出菜单项及其属性，可选择其中的项进行编辑。如“ShowShortcutKey”设为 true，使用 ShortcutKey 属性添加快捷键，其结果如图 8-20 所示。

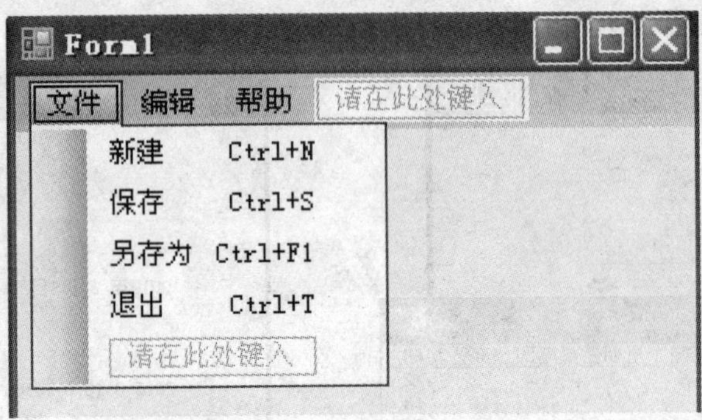

图 8-20 例 8-18 菜单设置属性结果

菜单的热键的设置：在菜单项标题后输入&及一个字母，如在“保存&S”，则 S 为保存菜单项的热键。

ContextMenuStrip 控件的属性与 MenuStrip 控件基本一样，而对于 ContextMenuStrip 则需要设置窗体的 ContextMenuStrip 属性为 ContextMenuStrip 控件实例名，这样才能使 ContextMenuStrip 与窗体之间进行绑定。利用 ContextMenuStrip 控件创建快捷菜单的过程与 MenuStrip 控件创建菜单的过程基本一样，这里不再重复。

8.4 鼠标键盘事件

鼠标与键盘是 Windows 程序与用户交互的主要操作工具，对于鼠标和键盘事件的编程是编程人员必须掌握的基本技能。

8.4.1 鼠标操作

与鼠标操作相关的事件主要有以下一些。

MouseDown：按下鼠标按钮时发生的事件。

MouseEnter：鼠标光标首次进入控件区域时触发的事件。

MouseHover：鼠标光标悬停在控件上方时触发的事件。

MouseLeave：鼠标光标离开控件区域时触发的事件。

MouseMove：鼠标光标移入控件区域时触发的事件。

MouseUp：鼠标光标停留在控件上时释放鼠标键，或者当它离开控件区域时触发的事件。

与鼠标相关的事件有四个：MouseDown、MouseUp、Click、DoubleClick。无论按鼠标的哪个键（左、中、右），都会触发这些事件。

当单击一个对象时触发的事件的先后顺序如下。

MouseDown、Click、MouseUp

当双击一个对象时触发的事件的先后顺序如下。

MouseDown、DoubleClick、MouseUp 而对于 MouseDown、MouseUp、MouseMove 事件的处理方法中的一个参数 MouseEventArgs 类型定义了鼠标操作相关的属性值，通过该参数传递给处理方法，这些属性如下。

Button：获取鼠标按下的是哪个按键。

Click：获取按下并释放鼠标按键的次数。

Delta：获取鼠标滚轮转动的次数和定位。

X：获取鼠标单击的 x 坐标。

Y：获取鼠标单击的 y 坐标。

其中属性 Button 的值可以为 Left、Middle、None、Right 等中的某一个。

【例 8-19】 创建 Windows 应用程序，在窗体左上部实时显示鼠标的坐标。按下鼠标的左键、中键或右键进行拖动可以分别实现不同功能，以实现在屏幕上鼠标的各种操作。

步骤如下。

1）创建 Windows 项目。

2）在窗体中添加两个标签和两个文本框，标签文本分别设为“X 坐标：”、“Y 坐标：”，如图 8-21 所示。

图 8-21 鼠标操作界面

3）对窗体对象 MouseDown、MouseUp、MouseMove 事件的编码如下所示。

```
Point[] mpt=new Point[2];
bool begin=false;
 private void Form1_MouseDown(object sender, MouseEventArgs e)
 {
       mpt [0] = new Point(e.X,e.Y);
       begin =true;
       if (e.Button == MouseButtons.Left)
       {
            this.Cursor = Cursors. Hand;
       }
       else if (e.Button == MouseButtons.Right)
       {
            this.Cursor = Cursors. Cross;
       }
 }
 private void Form1_MouseMove(object sender, MouseEventArgs e)
 {
       if (begin == true)
       {
            if (e.Button == MouseButtons.Left)
            {
                 mpt[1]=new Point(e.X,e.Y);
                 Graphics g=this.CreateGraphics();
                 g.DrawCurve(Pens.Blue,mpt);
                 mpt[0]=mpt[1];
            }
            else if (e.Button == MouseButtons.Middle)
            {
                 mpt[1]=new Point(e.X,e.Y);
                 Graphics g=this.CreateGraphics();
```

```
                    g.DrawString("X",new
                    Font("Arial",12,FontStyle.Bold),Brushes.Red,e.X,e.Y);
                    mpt[0]=mpt[1];
                }
                else if (e.Button == MouseButtons.Right)
                {
                    mpt[1]=new Point(e.X,e.Y);
                    Graphics g=this.CreateGraphics();
                    g.FillRectangle(Brushes.White,e.X-6,e.Y-6,12,12);
                    mpt[0]=mpt[1];
                }
            }
             textBox1.Text = e.X.ToString();
             textBox2.Text = e.Y.ToString();
        }
        private void Form1_MouseUp(object sender, MouseEventArgs e)
        {
            begin = false;
            this.Cursor = Cursors.Default;
        }
    }
```

运行程序，当鼠标在窗体上移动时，文本框中显示变化的鼠标位置坐标，当按住鼠标左键移动鼠标时，在鼠标移动的轨迹上画细蓝线，当按住鼠标右键移动时，在鼠标移动的轨迹上画粗白线，如图 8-22 所示。

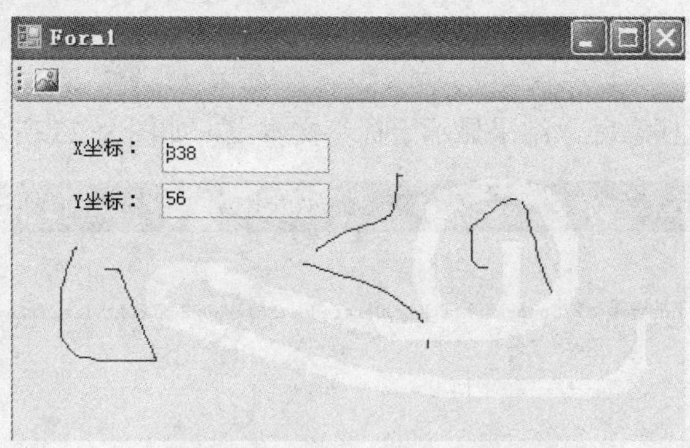

图 8-22　例 8-19 程序的操作结果

8.4.2　键盘操作

与键盘操作相关的键盘事件主要有以下一些。

KeyDown：按下键盘上任意一按键时将会触发此事件。

KeyPress：每次按下并释放时触发该事件。如果一直按住某个键不放，则按系统定义的重复速率触发 KeyPress 事件。

KeyUp：释放键盘上任意一按键时将会触发此事件。

系统在向 KeyDown、KeyUp 事件的处理方法传递的参数类型为 KeyEventAgrs，而 KeyPress 事件的处理方法接受的参数类型为 KeyPressEventAgrs。这两个参数类型定义了操作相关的各种属性值，通过该参数传递给处理方法，这些属性如下所示。

Alt：指示按键按下时是否同时按下〈Alt〉键。

Control：指示按键按下时是否同时按下〈Control〉键。

Handled：指示是否已经处理过此事件。

KeyCode：可以获取 KeyDown 或 KeyUp 事件的键盘代码（是 Keys 枚举的成员中的某一个值）。

Shift：指示按键按下时是否同时按下〈Shift〉键。

Keys：枚举指定了键盘上的每个键以及组合键的常量定义，如 Keys.X：X 可以是 A、B、C...中的某一个。

Keys.DN：数字键，N 可以是 0、1、2…中的某一个。

Keys.FN：键盘上方的〈F1〉、〈F2〉、〈F3〉等功能键。

Keys.Space：代表空格键。

通过使用 Alt、Ctrl、Shift 属性和 KeyCode 属性，就可以检测出任意按键的组合。

【例 8-20】 创建 Windows 应用程序，把用户每次点击的键盘按键在程序界面中进行显示，实现键盘操作。

定义一个字符串变量 str，将每次 KeyPress 事件反馈的字符加到 str，并显示在文本框中，其代码如下所示。

```
private void Form1_KeyDown(object sender, KeyEventArgs e)
{
    label1.Text += e.KeyCode.ToString();
}
```

程序运行后按键盘任意键，结果显示于标签文本上，如图 8-23 所示。

图 8-23　例 8-20 键盘操作结果

8.5　对话框控件

8.5.1　使用 MessageBox 对话框

MessageBox（消息）对话框的简单形式如下。

MessageBox.Show("关于我们","　　关于我们!!!　　");

其中第一个参数为主题，第二参数为消息内容，其显示的对话框如图 8-24 所示。

图 8-24　消息对话框

消息框的完全形式如下。

```
DialogResult result = MessageBox.Show("信息确认", "信息确认", MessageBoxButtons.YesNoCancel,
MessageBoxIcon.Error, MessageBoxDefaultButton.Button1);
```

其中第一个参数为主题，第二参数为消息内容，第三个参数为消息对话框的按钮定义，第四个参数为消息对话框的图标定义，第五个参数是消息框上指定默认选中的按钮。

DialogResult result 定义消息框返回对象，当点击消息框上的按钮，将被点击的按钮对象赋给 result。

【例 8-21】 创建 Windows 应用程序，使用 MessageBox 对话框，并在此对话框中显示“是”、“否”和“取消”三个按钮。练习使用 MessageBox 对话框的各种形式。

内容：在窗体中放置一个标签控件，一个按钮控件，分别为 label1、button1，在按钮点击事件处理程序 button1_Click 方法中添加如下代码。

```
DialogResult result = MessageBox.Show("信息确认", "信息确认",
MessageBoxButtons.YesNoCancel, MessageBoxIcon.Error,
MessageBoxDefaultButton.Button1);
if(result == DialogResult.Yes)
{
   label1.Text = "信息确认";
}
```

显示的对话框如图 8-25 所示，其中按钮“是（Y）”为默认选中。点击时，则在标签上显示“信息确认”。

图 8-25　例 8-21 运行与操作结果

8.5.2　使用 FontDialog 对话框

有时需要编写应用程序，允许用户选择显示或输入数据所使用的字体，或者查看某个系统下安装的所有可用字体。这时就要用到 FontDialog 控件了，它在一个用户熟悉的标准对话框内，显示了安装在系统中所有可用字体的列表。

与 OpenFileDialog 和 SaveFileDialog 控件一样，FontDialog 类也可以用做控件（其方法是拖放到窗体上）或类（其方法是在代码中声明）。

FontDialog 控件使用起来很简单，只需设置一些属性，显示对话框，然后查询所需的属性。

FontDialog 控件的常用属性如下。

Color：所选字体的颜色。

Font：所选的字体。

ShowColor：对话框是否显示颜色选项。

ShowEffects：对话框是否包含允许用户指定删除线、下划线和文本颜色的选项。

MaxSize：用户可以选择的最大字号（单位是点）。

MinSize：用户可以选择的最小字号（单位是点）。

ShowHelp：对话框是否显示 Help 按钮。

显示 FontDialog 控件时，无需设置任何属性，其格式如下。

```
FontDialog1.ShowDialog();
```

注意，Font 对话框包含了 Effects 部分，允许用户检验使用 Strikeout 和 Underline 选项的效果。不过，在默认情况下，不提供字体的颜色选项。如果需要颜色选项，必须在调用对话框的 ShowDialog 方法之前设置 ShowColor 属性，如图 8-26 所示。

```
FontDialog1.ShowColor = True;
FontDialog1.ShowDialog();
```

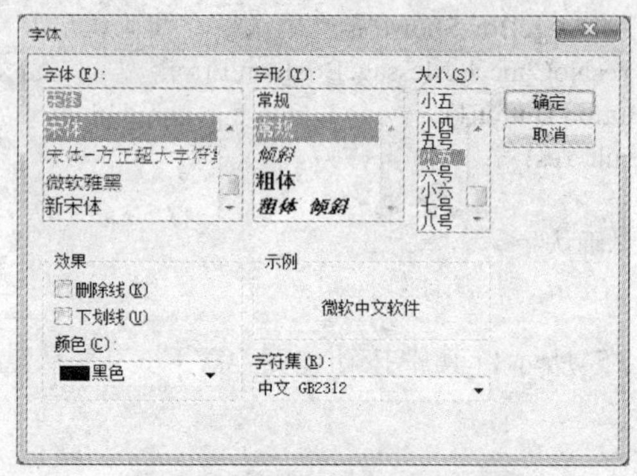

图 8-26 设置 ShowColor 属性

这个对话框的 ShowDialog 方法与前面介绍的 ShowDialog 方法一样，也返回 DialogResult，即返回 DialogResult.OK 或 DialogResult.Cancel。

对话框返回后，可以查询 Font 和 Color 属性，看看用户选择了哪种字体和颜色。然后将这些属性应用于窗体上的控件，或将它们保存到变量中，以备将来使用。

【例 8-22】 创建 Windows 应用程序，拖放一个 Button 控件到窗体上；拖放一个 Label 控件到窗体上，使用 FontDialog 控件中用户选择的字体改变 Label 控件中文字的字体。练习怎样使用 FontDialog 控件。

设置 Button 控件的 Text 属性为“改变字体”；设置 Label 控件的 Text 属性为“字体”。

双击 Button 控件，在其处理程序中添加如下代码。

```
FontDialog fd = new FontDialog();
if (fd.ShowDialog() == DialogResult.OK)
{
  label1.Font = fd.Font;
}
```

运行程序，单击“改变字体”按钮，显示 FontDialog 控件对话框，在该对话框中选择某一字体如“中华彩云”，大小为“一号”，单击“确定”按钮，其结果如 8-27 所示。

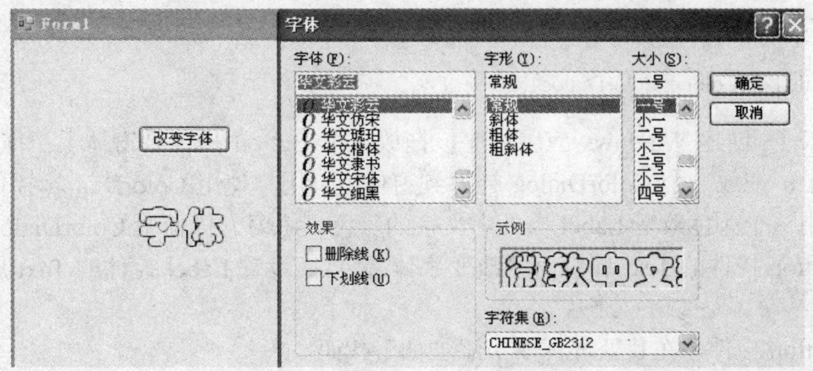

图 8-27 例 8-22 程序运行结果

8.5.3 使用 ColorDialog 对话框

有时需要让用户自定义窗体上的颜色。该颜色可能是窗体自身的颜色或控件的颜色，也可能是文本框中文本的颜色，ColorDialog 控件可以满足这些需求。同样，ColorDialog 控件也可以用做一个类，其方法是在代码中声明它，而不是把一个控件拖放到窗体设计器中。

注意，用户也可以自定义颜色，这给应用程序增加了更多的灵活性。当用户单击 Color 对话框中的 Define Custom Colors 按钮时，就可以调整颜色以满足自己的需求，如图 8-28 所示。

ColorDialog 控件的常用属性如下。

AllowFullOpen：用户是否能用对话框自定义颜色。

AnyColor：对话框是否显示基本颜色组中的所有可用颜色。

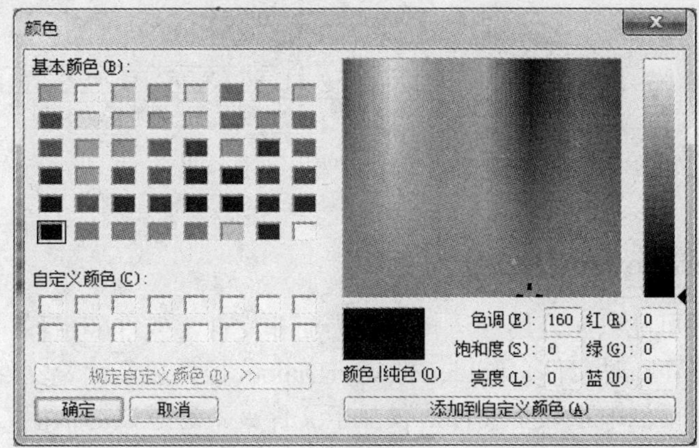

图 8-28 设置颜色对话框

Color：用户所选的颜色。

CustomColors：显示在对话框中的自定义颜色组。

与其他的对话框控件一样，ColorDialog 也包含 ShowDialog 方法。

为显示 Color 对话框，只需执行它的 ShowDialog 方法：ColorDialog1.ShowDialog()

ColorDialog 控件返回的 DialogResult 为“OK”或“Cancel”。因而，可以在 If…End If 语句中使用上面的语句，测试 DialogResult 的值是否为“OK”。

为了获取用户所选的颜色，只要将从 Color 属性获取的值赋给一个变量，或者支持颜色的控件的任一个属性，比如文本框的 ForeColor 属性。

```
txtFile.ForeColor = ColorDialog1.Color
```

【例 8-23】 创建 Windows 应用程序，拖放一个 Button 控件到窗体上；拖放一个 Label 控件到窗体上；拖放一个 ColorDialog 控件到窗体上，用户使用 ColorDialog 控件选择某一个颜色后，使用这个颜色改变 Label 控件中文字的颜色。练习怎样使用 ColorDialog 控件。

设置 Button 控件的 Text 属性为“改变字体颜色”；设置 Label 控件的 Text 属性为“字体颜色”。

双击 Button 控件，在其处理程序中添加如下代码。

```
colorDialog1.ShowDialog();      //显示“颜色”对话框
this.label1.ForeColor = colorDialog1.Color;      //改变标签字体颜色
```

运行程序，点击“改变颜色”按钮，显示 ColorDialog 控件对话框，在该对话框中选择某一颜色，点击“确定”按钮，其结果如图 8-29 所示。

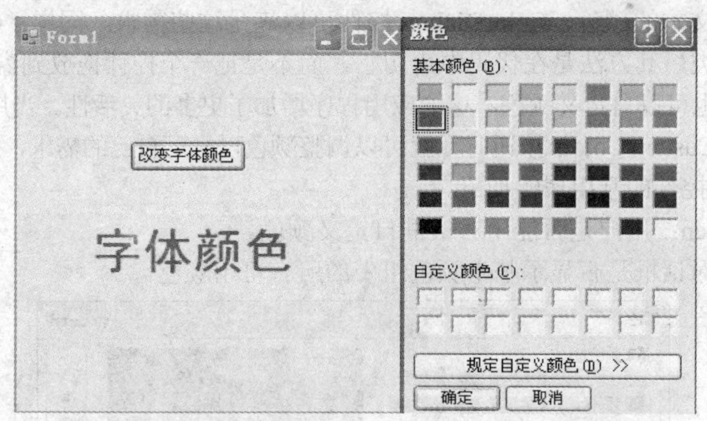

图 8-29 例 8-23 程序运行结果

8.5.4 使用 FolderBrowserDialog 对话框

有时候应用程序可能只允许用户选择文件夹而非文件，或许应用程序执行了备份，或许需要一个文件夹来保存临时文件。FolderBrowserDialog 控件显示浏览文件夹对话框，允许用户选择文件夹。该对话框中不显示文件，仅显示文件夹。通过该对话框，用户可以很方便地选择应用程序所需的文件夹。

FolderBrowserDialog 控件的常用属性如下。

SelectedPath：指示用户所选的文件夹。

ShowNewFolderButton：指示 Make New Folder 按钮是否显示在对话框中。

RootFolder：指示对话框开始浏览的根文件夹。

与其他对话框控件一样，FolderBrowserDialog 控件也包含 ShowDialog 方法，显示浏览文件夹对话框。

【例 8-24】 编写 Windows 应用程序，使用 FolderBrowserDialog 控件，把用户所选择的路径显示在程序界面上。

拖放一个 Button 控件到窗体上；拖放一个 Label 控件到窗体上；拖放一个 FolderBrowserDialog 控件到窗体上。设置 Button 控件的 Text 属性为“浏览文件夹”。

双击 Button 控件，在其处理程序中添加如下代码。

```
folderBrowserDialog1.SelectedPath = "c:\\";   //设置初始化打开的路径
folderBrowserDialog1.ShowNewFolderButton = true ;        //显示“新建文件夹”按钮
folderBrowserDialog1.Description = "请选择目录";          //目录树上要显示的提示信息
folderBrowserDialog1.ShowDialog();         //  打开“浏览文件夹”对话框
Label1.Text = folderBrowserDialog1.SelectedPath;      //返回打开文件夹名称
```

运行程序，点击“浏览文件夹”按钮，显示 FolderBrowserDialog 控件对话框，其结果如图 8-30 所示，在该对话框中选择某一文件夹，点击“确定”按钮。

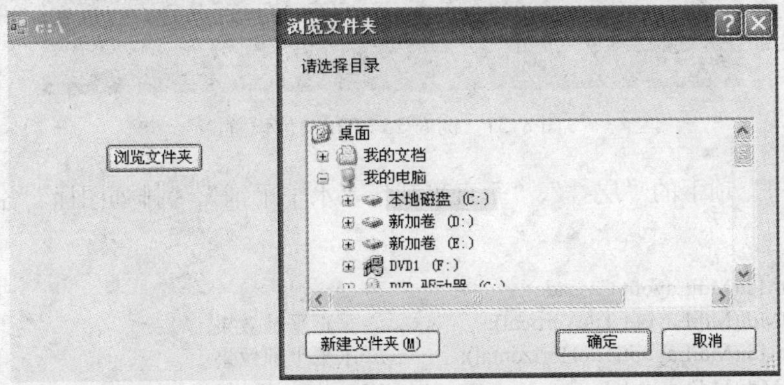

图 8-30 例 8-24 程序运行结果

8.6 SDI 和 MDI 应用程序

应用程序的用户界面主要分为两种形式：单文档界面（Single Document Interface，SDI）和多文档界面（Multiple Document Interface，MDI）。

单文档界面并不是指只有一个窗体的界面，而是指应用程序的各窗体是相互独立的，它们在屏幕上独立显示、移动、最小化或最大化，与其他窗体无关。在前面创建的所有程序都是单文档界面。Microsoft Windows 中的记事本应用程序就是典型的单文档界面。对于单文档界面中的窗体称做单文档窗体即 SDI 窗体。

多文档界面由多个窗体组成，但这些窗体不是独立的。其中有一个窗体称为父窗体，其他窗体称为它的子窗体。子窗体的活动范围限制在父窗体中，不能将其移动到父窗体之外。多文档界面中的父窗体就是多文档窗体，即 MDI 窗体，该窗体的 IsMdiContainer 属性值为 true。它负责管理包含在其中的每个子窗体及对它们的操作。子窗体实际上就是普通窗体。多个子窗体的样式可以相同或不同。注意，一个 MDI 应用程序只能有一个 MDI 窗体。

【例 8-25】 编写 Windows 应用程序，练习怎样创建 MDI 窗体。

创建窗体项目，选择“项目”→“添加 Windows 窗体”，在添加新项对话框的模板域中选择 MDI 父窗体，给出 MDI 父窗体名，然后点击“确定”按钮，即可创建一个 MDI 窗体，如图 8-31 所示。

菜单“文件”项下的“新建”选项的代码如下所示。

```
Form childForm = new Form();
childForm.MdiParent = this;
childForm.Text = "窗口 " + childFormNumber++;
childForm.Show();
```

图 8-31 例 8-25 MDI 窗体设置

菜单“窗口”项下的“层叠”、“垂直平铺”、“水平平铺”、“排列图标”各选项的代码如下所示。

```
LayoutMdi(MdiLayout.Cascade);              //层叠效果
LayoutMdi(MdiLayout.TileVertical);         // 垂直平铺效果
LayoutMdi(MdiLayout.TileHorizontal);       // 水平平铺效果
LayoutMdi(MdiLayout.ArrangeIcons);         //排列图标效果
```

选中 Program.cs 中的 static void Main()方法中语句：Application.Run(new Form1 ());
把其参数 new Form1 ()修改为 new MDI 窗体名()，如 new MDIParent1()。
运行程序，3 次选择“文件”→“新建”，打开 3 个“新建”子窗口，如图 8-32 所示。

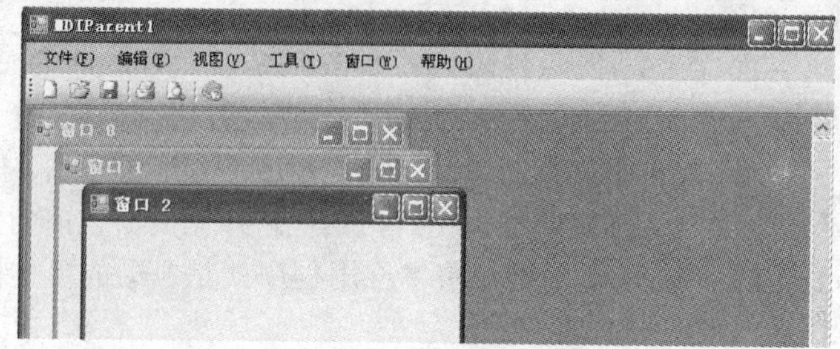

图 8-32 例 8-25 程序运行结果（1）

选择“文件”→“窗口”，选择“层叠”，其效果如图 8-33 所示。

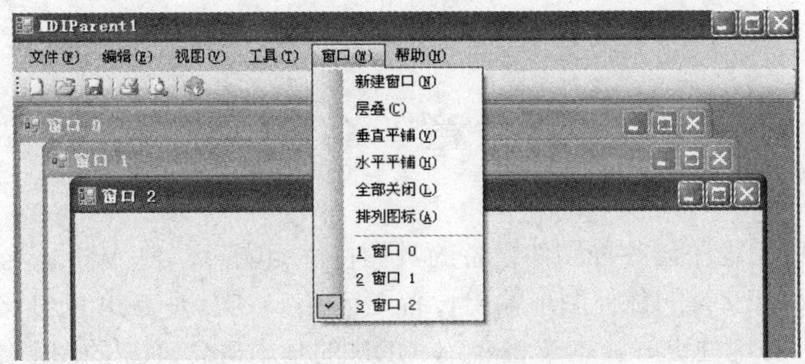

图 8-33 例 8-25 程序运行结果（2）

从上图可见，可以选择多种窗口排放方式，得到不同的窗口显示效果。

上例中的子窗体是自动产生的，也可以手动添加、设计子窗体，如 Form1，然后把“新建”下的代码改为如下代码：

```
Form1 childForm = new Form1();
childForm.Show();
```

选中 Program.cs 中的 static void Main()方法中语句：Application.Run(new Form1 ());

8.7 小结

本章主要介绍了窗体及创建窗体应用程序、设置窗体的属性、特殊窗体的创建方法，介绍了窗体控件属性、窗体的事件、窗体的方法、窗体的控件及常用窗体控件的使用，窗体的菜单的设计及使用，鼠标键盘事件，常用对话框的设计使用，SDI 和 MDI 应用程序的概念及简单设计使用。

8.8 习题

1）给出使用 Label 控件显示“你好！”的语句。

2）把 TextBox 控件设置成输入密码文本框的方法？

3）验证 TextBox 为空的事件及实现处理该事件的方法。

4）说明 ListBox 的 SelectedItem 及 SelectedItems 属性的作用。

5）说明 TreeView 控件的.SelectedNode 属性的作用。

6）Timer 控件的 Interval 属性表示什么特征？Timer 控件触发什么事件？

7）Timer 控件什么情况下有效？

8）说明 DateTimePicker 控件及 value 属性的作用。

9）MenuStrip 控件与 ContextMenuStrip 控件有什么功能，说明它们的区别。

第 9 章 GDI+

GDI 可以将应用程序与各种硬件设备的具体特性相隔离，使 Windows 应用程序能够毫无障碍地在 Windows 支持的任何图形输出设备上运行。GDI+是 GDI 的升级版本，对 GDI 进行了很好的改进，易用性更好。本章将介绍 GDI+的基本概念，C#的图形绘制结构和类，其中将详细介绍 Graphics 类、Pen 类、Brush 类的功能及使用方法。本章主要内容如下。

- GDI+概述
- C#的图形绘制结构和类
- 绘制图形
- 填充图形和清除方法
- 位图处理
- 坐标变换
- Paint 事件（此处为新加内容）

9.1 GDI+概述

GDI 位于应用程序与不同硬件之间的中间层，这种结构让程序员从直接处理不同硬件的工作中解放出来，把硬件间的差异交给了 GDI 处理。例如，可以在不改变程序的前提下，让能在 EPSON 点式打印机上工作的程序也能在激光打印机上工作。它把 Windows 系统中的图形输出转换成硬件命令然后发送给硬件设备。GDI 以文件的形式存储在系统中，系统需要输出图形时把它载入内存，如果转换成硬件命令时遇到非 GDI 命令，系统还能载入硬件驱动程序，驱动程序辅助 GDI 把图形命令转换成硬件命令。

GDI+是 GDI 的升级版本，GDI 的一个好处就是编程人员不必知道任何关于数据怎样在设备上渲染的细节，GDI+更好地实现了这个优点，也就是说，GDI 是一个中低层的 API，编程人员还可能需要知道硬件设备，而 GDI+是一个高层的 API，编程人员不必知道硬件设备。例如，如果要设置某个控件的前景和背景色，只需设置 BackColor 和 ForeColor 属性。

GDI+中提供多种画笔、画刷和画像等图形对象，它通过简化编程模型和引入一些新特性来扩充 GDI。这些新特征包括图形路径、已扩展的图形文件格式支持和一些新的绘图功能，例如，Alpha 混色、渐变色、纹理、消除锯齿及使用包括位图在内的多种图像格式功能。

9.2 C#的图形绘制结构和类

9.2.1 常用绘图结构

以下是 GDI+中常用的绘图结构。

（1）Point 与 PointF 结构

C#语言中定义的 Point 与 PointF 用来表示绘图平面上的一个点，与数学中平面上的点的含义相同，每个点用水平方向的 x 坐标及垂直方向的 y 坐标表示，其定义形式如下。

```
Point p=new Point(0,0);      //定义的点 p 表示 x 坐标为 0，y 坐标为 0
Point p=new Point(50,60);    //定义的点 p 表示 x 坐标为 50，y 坐标为 60
```

注意：Point 结构中的 x,y 坐标是 int 类型的，PointF 结构中的 x,y 坐标是 float 类型的，其他方面都相同。

（2）Size 与 SizeF 结构

Size 与 SizeF 结构使用 Width 及 Height 属性表示屏幕上的一个矩形区域的大小，其定义形式如下。

```
Size s1=new Size(400,300);        //表示宽 400，高 300 的矩形区域
Point p=new Point(100,200);
Size s2=new Size(p);              //表示宽为 p.x 即 100，高为 p.y 即 200 的矩形区域
```

注意：SizeF 结构中的变量是 float 类型的，其他方面都相同。

（3）Rectangle 与 RectangleF 结构

Rectangle 与 RectangleF 结构定义一个矩形区域，它有两种实例化方式。

```
Rectangle（Point p,Size s）；
Rectangle（x,y,width,height）；
```

其中，p 表示矩形的左上角，s 表示矩形的大小尺寸，而 x,y 表示矩形左上角坐标，width 和 height 表示矩形的宽度与高度。在以后的绘图应用实例中，可以看到绘图代码中可以通过定义一个矩形结构来确定所绘制的图形的范围。

（4）命名空间

使用 C#进行图形编程，是通过使用 GDI+提供的一组类、结构和枚举进行的。使用 GDI+常用的命名空间是 System.Drawing 和 System.Drawing.Drawing2D。GDI+使用的各种类大多包含在命名空间 System.Drawing 中，而 GDI+提供高级的二维和矢量图形功能大部分都在 System.Drawing.Drawing2D 名称空间下。

.NET Framework 类库支持开发者完全地访问 Windows GDI+。GDI+提供的服务大致可分为以下 4 种。

1）GDI+提供了绘制简单图形和复杂图形的类。

2）GDI+允许开发者绘制各种字体的文本。

3）GDI+允许开发者绘制位图和其他类型的图像。

4）GDI+提供图形变换功能。

9.2.2 Graphics 类

Syetem.Drawing 命名空间中的 Graphics 类是绘图操作的核心，它封装了 GDI+绘图界面，有 3 种基本类型的绘图界面，分别是 Windows 和屏幕上的控件、要发送给打印机的页面和内存中的位图和图像。

当绘制一个图片时，一般需要遵循如下步骤。

（1）创建一个用于绘图 Graphics 对象

要使用 Graphics 类执行绘图操作，首先要获得 Graphics 实例或创建 Graphics 实例，主要有以下 3 种方式。

第一种方式：通过 Windows 窗体或控件的 Paint 事件的处理函数参数来获得 Graphics 对象实例。比如下面的代码：

```
private void Form1_Paint(object sender, PaintEventArgs e)
{
    Graphics g=e. Graphics;
}
```

第二种方式：使用 Form（或某些控件）类的 CreateGraphics 方法。比如下面的代码：

```
Graphics g=this.CreateGraphics();
```

注意：该实例只在当前 Windows 窗体消息的过程有效。即在已经存在的窗体或控件中绘图可用此种方式。

第三种方式：从继承自图像的任何对象创建 Graphics 对象。比如下面的代码：

```
Bitmap images=new Bitmap("1.bmp");
Graphics g= Graphics.FromImage(images);
```

注意：因为这个 Graphics 实例 g 是在图片上创建的，所以在使用这个对象进行绘图时，所绘制图形也都绘制到图片上。

（2）Grahpics 类中常用的绘图成员

GDI+的中心就是 Graphics 对象，由 Graphics 类来表示，这个类定义了绘制和填充图形对象的方法和属性。所以 Graphics 类的方法和属性就显得相当重要了。

Graphics 类的属性（字段）很多，详细内容请查阅微软联机文档（MSDN）。Graphics 类的方法主要分为绘制、填充及其他 3 类。有：

- DpiX/DpiY　　返回图形设备水平/垂直分辨率。
- DrawArc　　绘制一弧线的方法。
- DrawEllipse　　绘制一椭圆的方法。
- DrawImage　　绘制一个图片。
- DrawLine　　绘制一直线的方法。
- DrawPie　　绘制饼图的方法。
- DrawPloygon　　绘制多边形的方法。
- DrawRectangle　　绘制矩形的方法。
- DrawString　　绘制字符串的方法。
- FillPie/FillPloygon/FillRectangle　　充填方法。

9.2.3 Pen 类

在.NET 框架中绘制图形要用到画笔，画笔用 Pen 类表示，在命名空间 Syetem.Drawing

中定义，用于绘制各种直线和曲线，在 GDI+中，Pen 类封装了画笔的功能。画笔具有颜色和线宽等基本属性。

```
Pen redPen = new Pen(Color.Red, 1);
Pen bluePen = new Pen(Color.Blue, 2);
Pen greenPen = new Pen(Color.Green, 3);
Pen blackPen = new Pen(Color.Black, 4);
```

上述代码中定义了 4 个画笔实例，其中第一个参数为画笔颜色，第二个参数表示画笔的线宽。所以定义的是红、蓝、绿、黑 4 种颜色，线宽为 1、2、3、4 的 4 种画笔。

另外需要一提的是 Pens 类中定义了可以直接使用的静态属性，可以直接定义某种颜色类型的画笔。如图 9-1 所示，通过 Pens 类直接选取定义好的各种颜色的画笔对象。

图 9-1 Pens 类的各种属性

9.2.4 Brush 类及 Brush 的派生类

在.NET 框架中绘制图形要用到画刷，画刷用 Brush 类表示，画刷是一种用来填充区域的工具。在 GDI+中，Brush 是抽象基类，封装了画刷的基本功能，不能直接用它来创建画刷对象实例，而其功能在其派生类中实现。

Brush 类有以下几种派生类，分别对应着几种画刷。

SolidBrush（单色画刷）类。

TextureBrush（纹理画刷）类。

HatchBrush（阴影画刷）类 。

LinearGradientBrush（线性渐变）类。

PathGradientBrush（渐变色效果）。

使用时需要实例化画刷类，如

```
SolidBrush mySolidBrush=new SolidBrush(Color.Black);
```

与画笔类似，Brushes 类中定义了可以直接使用的静态属性，可以直接定义某种颜色类型的画刷。如图 9-2 所示，通过 Brushes 类直接选取定义好的各种颜色的画刷对象。

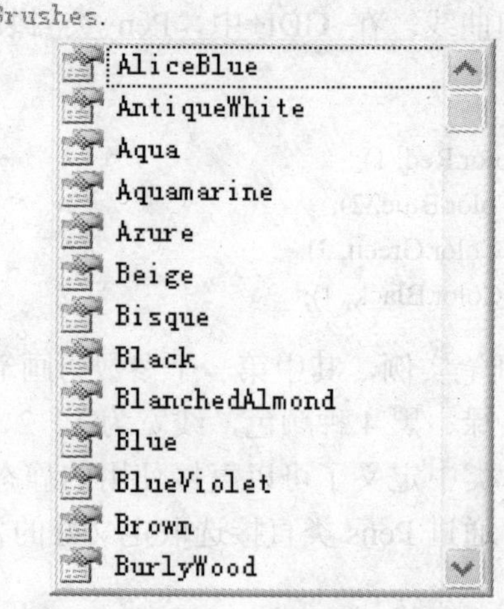

图 9-2 Brushes 类的各种属性

9.2.5 Color 类

颜色可以增强程序的表现力并有助于传递信息。在.NET 基础类库中，使用值类型来表示一个 RGB 颜色（分别对应于 Alpha 值和红、绿、蓝 3 色）。在该类中提供了多种预定义的颜色，它们使用静态属性来表示。所以可以直接通过类名 Color 来引用，例如，Color.Red 表示红色。表 9-1 为常用的 Color 预定义颜色。

表 9-1 常用的 Color 预定义颜色

属　性	说　明
A	获取此Color结构的Alpha分量值
B	获取此Color结构的蓝色分量值
Black	黑色
Blue	蓝色
Brown	棕色
G	获取此Color结构的绿色分量值
Gold	金色
Gray	灰色
Green	绿色
Honeydew	蜜色
Ivory	象牙色
LightGray	浅灰
LightGreen	浅绿
LightYellow	浅黄
Orange	橘色
OrangeRed	橘红色
Pink	粉红色
R	获取此Color结构的红色分量值

（续）

属　性	说　明
Red	红色
Wheat	淡黄色
White	白色
Yellow	黄色

9.2.6　Font 类

窗体或控件对象中包含一个 Font 属性，表示窗体或控件的当前字体。创建窗体或控件时，这个属性会被系统赋予一个默认值。用户可以直接使用这个默认字体，也可以创建新的字体。

在 GDI+中，字体使用 Drawing.Font 类来表示。通过创建这个类的一个新的实例可以创建新的字体。创建字体时，需要指定字体的名称、大小和风格。如果未指定风格，则创建常规字体。在.NET 框架中，字体风格使用 FontStyle 枚举类型表示。常用的字体风格如表 9-2 所示。

表 9-2　常用的字体风格

字 体 风 格	说　明
FontStyle.Blod	粗体
FontStyle.Italic	斜体
FontStyle.Regular	常规字体
FontStyle.Strikout	删除线
FontStyle.Underline	下划线

例如，创建大小为 20 磅的斜体黑体字的代码如下。

```
System.Drawing.Font fontHT;
fontHT=new Font("黑体"，20，System.Drawing.FontStyle.Italic);
```

9.3　绘制图形

9.3.1　绘制直线

使用 Graphics 中定义的 DrawLine 方法绘制直线，在由坐标对指定的两个点之间绘制一条直线。

【例 9-1】　编写 Windows 应用程序，实现在程序界面上绘制直线。

分别使用不同方式和颜色在程序界面上绘制直线。

```
// 用 4 种颜色和不同宽度创建 4 个 Pen 对象
Pen redPen = new Pen(Color.Red, 1);
Pen bluePen = new Pen(Color.Blue, 2);
Pen greenPen = new Pen(Color.Green, 3);
Pen blackPen = new Pen(Color.Black, 4);
```

```
Graphics g = this.CreateGraphics();
// 使用浮点坐标绘制直线
float x1 = 20.0F, y1 = 20.0F;
float x2 = 200.0F, y2 = 20.0F;
g.DrawLine(redPen, x1, y1, x2, y2);
// 使用 Point 结构体绘制直线
Point pt1 = new Point(20, 20);
Point pt2 = new Point(20, 200);
g.DrawLine(greenPen, pt1, pt2);
// 使用 PointF 结构体绘制直线
PointF ptf1 = new PointF(20.0F, 20.0F);
PointF ptf2 = new PointF(200.0F, 200.0F);
g.DrawLine(bluePen, ptf1, ptf2);
// 使用整数坐标绘制直线
int X1 = 60, Y1 = 40, X2 = 250, Y2 = 100;
g.DrawLine(blackPen, X1, Y1, X2, Y2);
// 释放对象
redPen.Dispose();
bluePen.Dispose();
greenPen.Dispose();
blackPen.Dispose();
```

9.3.2 绘制矩形

绘制矩形只需要指定矩形的起始点、高和宽即可，当然，不要忘记选择笔型。用 DrawRectangels 可以画出一组矩形来。

【例 9-2】 编写 Windows 应用程序，实现在程序界面上绘制矩形。

分别使用不同方式和颜色在程序界面上绘制矩形。

```
// 创建画笔和点
Pen redPen = new Pen(Color.Red, 1);
Pen bluePen = new Pen(Color.Blue, 2);
Pen greenPen = new Pen(Color.Green, 3);
float x = 5.0F, y = 5.0F;
float width = 100.0F;
float height = 200.0F;
Graphics g = this.CreateGraphics();
// 创建矩形
Rectangle rect = new Rectangle(20, 20, 80, 40);
// 绘制矩形
g.DrawRectangle(bluePen, x, y, width, height);
g.DrawRectangle(redPen, 60, 80, 140, 50);
g.DrawRectangle(greenPen, rect);
// 释放对象
redPen.Dispose();
bluePen.Dispose();
greenPen.Dispose();
g.Dispose();
```

9.3.3 绘制圆和椭圆

在 GDI+中，绘制圆和椭圆所使用的方法是一样的，可以把圆形看做特殊的椭圆，这样只要控制绘制椭圆所需要的参数值，就可以绘制出圆形来。所需要的参数值实际上是指定了这个椭圆外接矩形的长和宽，当其长、宽相等时候就是一个圆。很遗憾的是 GDI+中没有提供诸如离心率来画椭圆的方法。使用 DrawEllipse 方法，共有 4 种不同的重载方法可供选择。

【例 9-3】 编写 Windows 应用程序，实现在程序界面上绘制圆和椭圆。

分别使用不同方式和颜色在程序界面上绘制圆和椭圆。

```
// 创建画笔和点
Pen redPen = new Pen(Color.Red, 6);
Pen bluePen = new Pen(Color.Blue, 4);
Pen greenPen = new Pen(Color.Green, 2);
Graphics g = this.CreateGraphics();
// 创建矩形
Rectangle rect = new Rectangle(80, 80, 50, 50);
// 绘制椭圆
g.DrawEllipse(greenPen, 100.0F, 100.0F, 10.0F, 10.0F);
g.DrawEllipse(redPen, rect);
g.DrawEllipse(bluePen, 60, 60, 90, 90);
g.DrawEllipse(greenPen, 40.0F, 40.0F, 130.0F, 130.0F);
redPen.Dispose();
bluePen.Dispose();
greenPen.Dispose();
```

程序运行结果如图 9-3 所示。

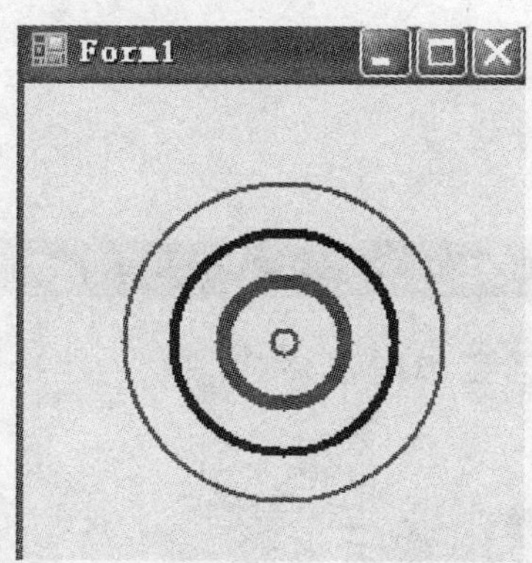

图 9-3 例 9-3 程序运行结果

9.3.4 绘制文本

利用 DrawString 方法可以在图形表面上绘制一个文本字符串，可以指定文本内容、字体、画笔和文本的起始点等。需要注意的是此处使用的绘制方法和前面章节中讲述的使用控件的方式显示文本是不一样的。

【例 9-4】 编写 Windows 应用程序，实现在程序界面上绘制文本。

分别使用不同方式和颜色在程序界面上绘制文本。

```
// 创建画刷
SolidBrush blueBrush = new SolidBrush(Color.Blue);
SolidBrush redBrush = new SolidBrush(Color.Red);
SolidBrush greenBrush = new SolidBrush(Color.Green);
// 创建矩形
Rectangle rect = new Rectangle(20, 20, 200, 100);
// 要绘制的文本
string drawString = "Hello World!";
// 创建 Font 对象
Font drawFont = new Font("Verdana", 14);
float x = 100.0F;
float y = 100.0F;
Graphics g = this.CreateGraphics();
// 字符串格式
StringFormat drawFormat = new StringFormat();
// 将字符串格式标记设置为垂直方向
drawFormat.FormatFlags = StringFormatFlags.DirectionVertical;
// 绘制字符串
g.DrawString("画文本内容", new Font("Tahoma", 14), greenBrush, rect);
g.DrawString(drawString, new Font("Arial", 12), redBrush, 120, 140);
g.DrawString(drawString, drawFont, blueBrush, x, y, drawFormat);
// 释放对象
blueBrush.Dispose();
redBrush.Dispose();
greenBrush.Dispose();
drawFont.Dispose();
g.Dispose();
```

程序运行结果如图 9-4 所示。

图 9-4　例 9-4 程序运行结果

9.3.5 绘制圆弧

其实这里能够绘制的不仅仅是圆弧，也可以是椭圆的一段弧。其方法的一个重载如下。

```
e.Graphics.DrawArc(redPen, rect, startAngle, sweepAngle);
```

指定画笔、椭圆的外接矩形、起始角和扫过角度。这里的“角度”采用角度制（360°，圆周）而非弧度制。起始点在椭圆的最右边，扫过的角度按照顺时针计算。如果超过 360 那就没有意义了，总是可以看见一个完整的椭圆。

9.3.6 绘制曲线

一般的方法是指定曲线上的几个点，然后通过张力定出一根曲线来。

【例 9-5】 编写 Windows 应用程序，在程序界面上绘制曲线。

```
Graphics g = this.CreateGraphics();
Pen bluePen = new Pen(Color.Blue, 1);
// 创建点的数组
PointF pt1 = new PointF(40.0f, 50.0f);
PointF pt2 = new PointF(50.0f, 75.0f);
PointF pt3 = new PointF(100.0f, 115.0f);
PointF pt4 = new PointF(200.0f, 180.0f);
PointF pt5 = new PointF(200.0f, 90.0f);
PointF[] ptsArray ={ pt1,pt2,pt3,pt4,pt5 };
// 绘制曲线
g.DrawCurve(bluePen, ptsArray);
bluePen.Dispose();
g.Dispose();
```

如果要画封闭曲线则用 DrawClosedCurve，具体请参考 MSDN 帮助。

9.3.7 绘制多边形

指定多边形的几个顶点，就可以画出这个多边形。

【例 9-6】 编写 Windows 应用程序，在程序界面上绘制多边形。

```
Graphics g = this.CreateGraphics();
Pen greenPen = new Pen(Color.Green, 1);
PointF p1 = new PointF(40.0f, 50.0f);
PointF p2 = new PointF(60.0f, 70.0f);
PointF p3 = new PointF(80.0f, 34.0f);
PointF p4 = new PointF(120.0f, 180.0f);
PointF p5 = new PointF(200.0f, 150.0f);
PointF[] ptsArray = { p1,p2,p3,p4,p5 };
g.DrawPolygon(greenPen, ptsArray);
greenPen.Dispose();
g.Dispose();
```

9.3.8 绘制图标

用 DrawIcon 方法可在指定坐标处绘制一个由指定对象表示的图标，并根据需要拉伸图标。后一种方法不缩放图标。

【例 9-7】 编写 Windows 应用程序，在程序界面上绘制图标。

在程序界面上使用两种不同方式来绘制图标，需要读者自行准备图标文件并放在 D 盘根目录下。

```
Graphics g = this.CreateGraphics();
Icon icon1 = new Icon(@"D:\bmw.ico");
Icon icon2 = new Icon(@"D:\explorer.ico");
int x = 20;
int y = 50;
g.DrawIcon(icon1,x, y);
Rectangle rect = new Rectangle(100, 200, 400, 400);
g.DrawIconUnstretched(icon2, rect);
```

9.3.9 绘制路径

图形路径就是多个图形的组合，GraphicsPath 类是定义在 System.Drawing.Drawing2D 命名空间中的。绘制图形路径的时候，先要创建一个 GraphicsPath 对象，然后通过调用这个对象的 Add 系列方法，把需要的图形加入到这个路径中去。

【例 9-8】 编写 Windows 应用程序，在程序界面上绘制路径。

```
Graphics g = this.CreateGraphics();
Pen greenPen = new Pen(Color.Green, 1);
// 创建一个图形路径
GraphicsPath path = new GraphicsPath();
// 将一条直线添加到此路径
path.AddLine(20, 20, 103, 80);
// 将一个椭圆添加到此路径
path.AddEllipse(100, 50, 100, 100);
// 添加另外三条直线
path.AddLine(195, 80, 300, 80);
path.AddLine(200, 100, 300, 100);
path.AddLine(195, 120, 300, 120);
// 创建矩形并加入路径
Rectangle rect = new Rectangle(50, 150, 300, 50);
path.AddRectangle(rect);
// 绘制路径
g.DrawPath(greenPen, path);
g.Dispose();
greenPen.Dispose();
```

9.3.10 绘制扇形

绘制扇形同前面绘制圆弧的方法类似，只不过多了两条从原点到端点的线段把整个图形封闭起来而已。角度的定义和使用方法与绘制圆弧相同。

【例 9-9】 编写 Windows 应用程序，在程序界面上绘制扇形。

```
Graphics g=this.CreateGraphics();
g.Clear(this.BackColor);
float startAngle = (float)Convert.ToDouble(textBox1.Text);
float sweepAngle = (float)Convert.ToDouble(textBox2.Text);
Pen bluePen = new Pen(Color.Blue, 1);
g.DrawPie(bluePen, 20, 20, 100, 100, startAngle, sweepAngle);
bluePen.Dispose();
g.Dispose();
```

9.4 填充图形和清除方法

Graphics 类的画笔（Pen）用于绘制图形的外边界，而画刷（Brush）用于填充图形的内部。Graphics 可用的填充方法很有限，只能填充特定的图形。常用的填充方法有以下一些。

（1）FillEllipse 方法

填充一个椭圆的内部，用法和 DrawEllipse 类似，只是注意 Pen 要改成 Brush。例如，

```
g.FillEllipse(blueBrush, 40.0f, 40.0f, 130.0f, 130.0f );
```

（2）FillPath 方法

填充图形路径的内部，同前面 DrawPath 一样，也是需要先建立 GraphicsPath 类，将路径添加进去，随后再调用 FillPath 填充。

（3）FillPie 方法

填充扇形区域，Arc 本来就只有一条曲线，也就不存在填充了。例如，

```
g.FillPie(new SolidBrush(Color.Red), 0.0f, 0.0f, 100, 60, 0.0f, 90.0f);
```

（4）FillPolygon 方法

填充多边形，此方法使用的参数有画笔、点数组和填充模式 3 个。例如，

```
g.FillPolygon(greenBrush, ptsArray);
```

（5）FillRectangle 方法

填充矩形区域，例如，

```
g.FillRectangle(new HatchBrush(HatchStyle.BackwardDiagonal, Color.Yellow, Color.Black), rect);
```

（6）FillRegion 方法

使用画笔填充指定的区域。

（7）Clear 方法

清除整个绘图表面，并使用指定的背景色填充绘图表面，参数是一个 Color 类型的变量。例如，

```
g.Clear(this.BackColor);       //使用窗体的背景色来清除整个窗体内容
```

9.5　位图处理

在.NET 基本类库中，Image 类封装了图像的基本操作。该类是一个抽象基类，不能直接用其来创建对象实例。它有两个子类，分别是 Bitmap 和 Metafile。

Bitmap 类封装了 GDI+位图的基本操作，可以使用这个类来操作位图。创建位图实例时，可以指定位图文件的路径。这样，新创建的对象就会自动装载入位图，然后即可调用 Graphics 类的 DrawImage 方法显示位图。代码如下所示。

```
Bitmap bmp=new Bitmap("aa.jpg");
This.CreateGraphics().DrawImage(bmp,new Point(50,50));
```

可以在显示图像时执行缩放操作，例如，将位图缩放到指定的大小。其实现代码如下。

```
Bitmap bmp=new Bitmap("aa.jpeg");
//在原点的位置上显示 10×10 大小的位图
This.CreateGraphics().DrawImage(bmp,0,0,10,10);
```

【例 9-10】 编写 Windows 应用程序，在程序界面上绘制图像。

使用 Image 类的静态方法 FromFile()来创建 Image 对象，然后把这个图片绘制到程序界面上。读者需要准备一张图片文件放在 D 盘根目录下，还需要注意这里的异常处理技巧。

```
Graphics g=this.CreateGraphics();
try
{
    Image newImage = Image.FromFile(@"D:\lena.bmp");
    g.DrawImage(newImage, this.ClientRectangle);
    newImage.Dispose();
}
catch (Exception ex)
{
     MessageBox.Show(ex.Message);
}
finally
{
     g.Dispose();
}
```

9.6　坐标变换

坐标是用来指明绘制图形对象的位置、大小、比例等特性的，在 CDI+中，使用三个坐标系统，即全局坐标、页面坐标和设备坐标。

（1）全局坐标

全局坐标是在编写程序代码时使用的坐标，是相对坐标而且是没有单位的。全局坐标需要转化成绝对坐标，即定义单位后才能确定具体位置、长度等。如绘制长度为 4 的线段，对于相对坐标，则无法确定这个“4”到底是多长，只有定义单位后，如 4 毫米、4 英寸、4 个像素等，转化为绝对坐标后才能确定线段的长度。

（2）页面坐标

页面坐标是绘图平面使用的一个虚拟坐标，可以设置坐标单位，如毫米或英寸等，这是和现实的物理世界对应的一个坐标系统。

（3）设备坐标

设备坐标是输出设备（如打印机、显示器等）实际使用的坐标。

三个坐标系统在初始默认情况下是重合的，也就是坐标原点都是（0,0），都位于绘制图形区域的左上角（注意不是中心位置）。坐标轴沿水平方向向右为正，沿垂直向下为正。可以进行坐标变换，变换后三个坐标系统就可能不重合了。

在程序设计中，绘图代码在执行绘图操作时首先要进行坐标变换，将全局坐标映射到虚拟坐标绘图表面上，转换为页面坐标，然后再转换为输出设备的设备坐标，从而在相应的设备上（如屏幕、打印机等）输出。

在 GDI+中，坐标系统的转换关系、坐标系统转换关系的确定，都包含在 Graphics 对象的属性和方法中。Graphics 类成员定义了用于说明和设置虚拟绘图平面的绘图特征，包括对坐标系统的确定等。与坐标系统特征相关的 Graphics 类的常用成员如下。

DpiX：获取 Graphics 对象的水平分辨率。

DpiY：获取 Graphics 对象的垂直分辨率。

PageScale：获取或设置 Graphics 对象的全局单位和页面单位的比例。

PageUnit：获取或设置 Graphics 对象中的页面单位的度量单位。

Transform：获取或设置 Graphics 对象的全局变换。

TranslateTransform()：将指定的内容平移加到此 Graphics 对象的变换矩阵。

RotateTransform()：将指定的内容旋转加到此 Graphics 对象的变换矩阵。

但在使用 Graphics 中的方法画一个图形时，代码使用的是全局坐标，默认情况下与页面坐标、设备坐标是重合的，前面几节中给出的画图实例都是这种情况。例如，在窗体的 Form_Paint()事件方法加入如下代码，即可在屏幕上绘制一条线。

```
Pen mp=new Pen(Color.Red);
e. Graphics.DrawLine(mp,0,0,300,100);
```

程序运行结果如图 9-5 所示。

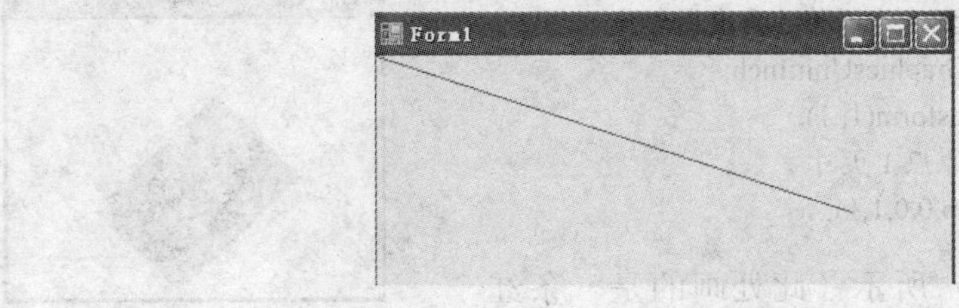

图 9-5　默认坐标系统

如果想把原点移动到窗体的某个位置上，例如，要把坐标原点移到当前的（60,60）位置上，就需要进行坐标转换，然后使用坐标转换后的坐标系统在屏幕上重新绘制这条直线，示例代码如下。

```
Pen mp = new Pen(Color.Red);
e.Graphics.TranslateTransform(60,60);
 e.Graphics.DrawLine(mp,-60,0,this.Width-60,0);
 e.Graphics.DrawLine(mp, 0,-60,0, this.Height -60);
 e.Graphics.DrawLine(mp, 0, 0, 300, 100);
```

程序运行结果如图 9-6 所示。

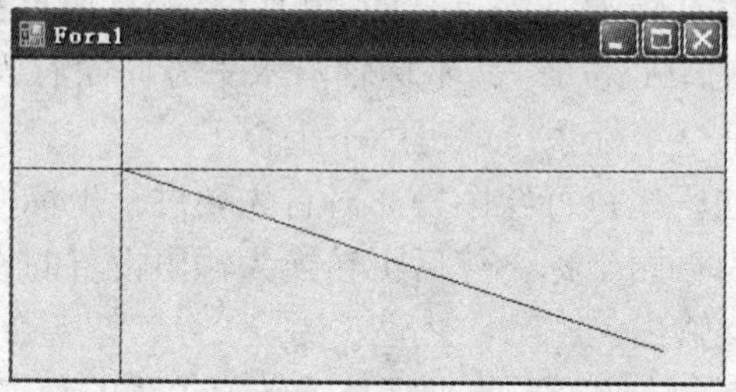

图 9-6　变换坐标系统后绘制的直线

这时，在三个坐标系统空间中坐标变换对应关系如表 9-3 所示。

表 9-3　坐标变换后三个坐标对应关系

全局坐标	页面坐标	设备坐标
（0,0）	（60,60）	（60,60）
（300,100）	（360,160）	（360,160）

可见，全局坐标通过 e.Graphics.TranslateTransform（60,60）变换后与页面坐标就不同了，这种变换称做全局变换，变换的结果保存在 Graphics 类的 Transform 属性中。

页面坐标的原点总是在虚拟绘图平面的左上角，由于页面坐标的度量单位默认为像素，而设备坐标的度量单位就是像素，所以此时页面坐标与设备坐标相同。

当改变页面坐标的度量单位时，如改为英寸，则页面坐标与设备坐标也就不再一样了。这时发生的页面坐标到设备坐标的变换称为页面变换。Graphics 类通过 PageUnit 和 PageScale 两个属性实现页面变换操作。示例代码如下所示。

```
Pen mp = new Pen(Color.Red);
//页面坐标变换，页面变换为以英寸为度量单位
e.Graphics.PageUnit = GraphicsUnit.Inch;
e.Graphics.TranslateTransform(1, 1);
//全局坐标变换，移动原点 1 英寸
e.Graphics.DrawLine(mp,0,0,1,1);
```

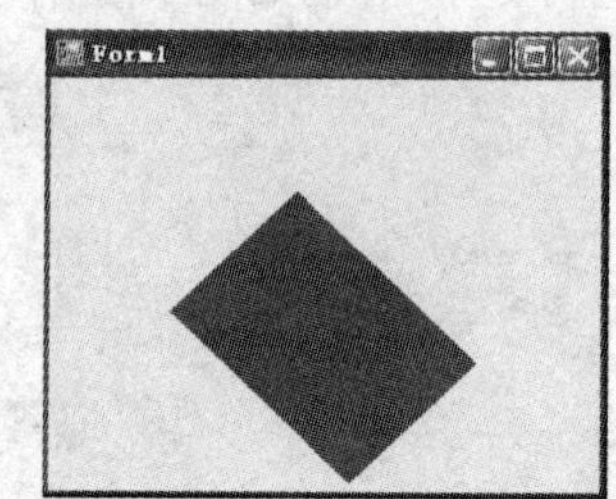

图 9-7　改变页面坐标后绘制的直线

程序运行结果如图 9-7 所示（此处画的是一条红线，不是矩形）。

如果显示器在水平、垂直方向每英寸都有 96 个点，这时，在三个坐标系统空间中坐标变换对应关系如表 9-4 所示。

表 9-4 改变页面坐标后三个坐标对应关系

全局坐标	页面坐标	设备坐标
(0,0)	(1,1)	(96,96)
(1,1)	(2,2)	(192,192)

图中的线看上去比较粗，这是因为在构造画笔时，笔的宽度使用的是默认值 1，转换到页面坐标就是 1 英寸，也就是 96 个像素点宽。

Graphics 类中定义的两个属性 DpiX 和 DpiY，用来检查显示设备每英寸的水平及垂直的点数。这样就可以根据 DpiX，DpiY 的值有效设定画笔的宽度，代码如下所示。

```
Pen mp = new Pen(Color.Red,1/ e.Graphics. DpiX);
```

其中笔的宽度页面坐标为 1/ e.Graphics. DpiX，经过坐标转换后的设备坐标为 1（设备坐标×96）。

Graphics 类中定义的 PageScale 属性用来设定全局坐标与页面坐标之间的画图比例，实现图形的整体放缩操作。代码如下。

```
e.Graphics.PageScale=0.5f;
```

这则意味着所画图形整体缩小一半。

最后，Graphics 类中定义的 RotateTransform()方法可以将虚拟绘图平面旋转任意给定的角度，代码如下。

```
e.Graphics.RotateTransform(60.0f);
```

意味着所画图形顺时针旋转 60°，其运行结果如图 9-8 所示。

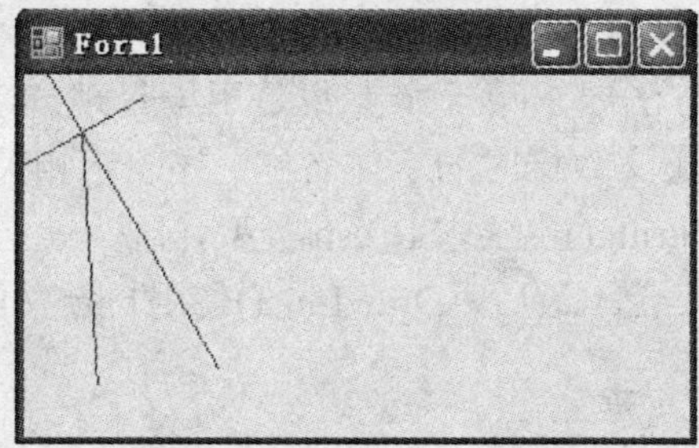

图 9-8 变换坐标系统

9.7 Paint 事件

可以在窗体或控件上绘制图形，而绘图的方法的代码就放置在要绘图的窗体或控件的 Paint 事件处理程序中。

Paint 事件的代理类型为 paintEventHandler，它所使用的事件参数类型为 PaintEventArges，PaintEventArgs 参数包含要求呈现在 Form 上的 Graphics 对象。

每次显示、更改大小、移动、最大化、还原或露出窗口时，Paint 事件就会被触发，在这些情况下，.NET 平台认为这些窗口需要被重画，Paint 事件处理程序将会被自动调用，在该事件处理程序中将重新绘制窗体及其控件。

【例 9-11】 编写 Windows 应用程序，在窗体的 Paint 事件绘制图形。

项目命名为 PaintEventApp，通过解决方案资源管理器，把 Form1.cs 更名为 MainWindow.cs，然后双击窗体的属性窗口的事件选项卡中的 Paint 事件，则生成 Paint 事件的处理程序 MainWindow_Pain()，为该程序添加如下代码。

```
private void MainWindow_Paint(object sender, PaintEventArgs e)
{
    // 为窗体获取图形对象
    Graphics g = e.Graphics;
    // 绘制一个扇形
    g.FillPie(Brushes.Blue, 0, 0, 180, 180,-30,120);
    // 用自定义的字体绘制字符串
    g.DrawString("你好!hello!!", new Font("Times New Roman", 30),
    Brushes.Red, 200, 200);
    // 用自定义的笔绘制线条
    using (Pen p = new Pen(Color.YellowGreen, 10))
    {
        g.DrawLine(p, 0, 0, 200, 200);
    }
}
```

从输入的 PaintEventArgs 参数中取得 Graphics 对象后，就可以调用 FillPie()。需要注意的是此方法（任何以 Fill 开头的方法都一样）要求第一个参数是一个派生自 Brush 对象的类型。可以创建任何在 System.Drawing2D 命名空间中的画刷对象（HatchBrush、Linear-GradientBrush 等）。

调用 DrawString()，此方法要求第一个参数是用于呈现的字符串。因此，GDI+提供了 Font 类型，它不仅表示呈现正文数据时的字体名称，还表示相关的特性，如点的大小（本例中是 30）。同时要注意 DrawString()也要求 Brush 类型，因为就 GDI+而言，“Hello GDI+”只是用于填充屏幕的几何图形集合。最后，DrawLine()使用自定义的 Pen 类型来呈现 10 像素宽的线条。

程序运行结果如图 9-9 所示。

图 9-9 例 9-11 程序运行结果

9.8 GDI+应用实例

【例 9-12】 编写 Windows 应用程序，实现简单的五子棋游戏程序。

本节将带领读者完成一个简易的五子棋游戏程序。五子棋游戏是一款经典的棋类游戏，规则也比较简单。本游戏需要在 Windows 窗体上绘制棋盘，根据玩家点击棋盘的位置，画出棋子，然后根据算法判断输赢。

具体的实现步骤如下。

1）使用 Visual Studuo 2008，新建 Windows 应用程序 FiveChess，并在程序界面上添加“开始”按钮。

2）编写代码，定义三个全局变量及在 Form1 中开始按钮处理方法、Paint 事件处理方法、鼠标点击处理方法，其代码如下。

```
public partial class Form1 : Form
{
    private bool start = false;          //是否开始游戏
    private int count = 1;               //记录下棋次数
    //private Stones stone = new Stones();                      //棋子对象
    private ChessBoard chess = new ChessBoard();              //棋盘对象
    private void Form1_Paint(object sender, PaintEventArgs e)
    {
        //画棋盘，如果有棋子在棋盘上也会被画出
        Graphics g = e.Graphics;
        chess.DrawBoard(g);
    }
    private void button_Start_Click(object sender, EventArgs e)
    {
        //开始游戏
        start = true;
        button_Start.Enabled = false;
    }
    private void Form1_MouseDown(object sender, MouseEventArgs e)
    {
        if (start && e.Button == MouseButtons.Left)
        {
            if (e.X < 600 && e.Y < 600)
            {
                Graphics g = this.CreateGraphics();
                //取下棋点(坐标必须落在棋盘交点处)
                int m = Convert.ToInt32(Math.Floor((decimal)e.X   /35));
                int n = Convert.ToInt32(Math.Floor((decimal)e.Y   /35));
                chess.DownStone(m,n,count,g);
                g.Dispose();
                count++;
            }
```

```
        }
    }
```

3）创建棋盘类 ChessBoard，提供了绘制棋盘及判断输赢功能，其代码如下所示。

```
public class ChessBoard
{
    //棋子对象
    private Stones stone = new Stones();
    //arrChessBoard 为棋盘情况数组，arrChessBoard[i,j]=1 表示此处为黑子，arrChessBoard[i,j]=2
    //表示此处为白子
    private int[,] arrChessBoard = new int[15, 15];
    //绘制棋盘
    public void DrawBoard(Graphics g)
    {
        Point point;
        for (int y = 50; y < 576; y += 35)
        {
            for (int x = 50; x < 576; x += 35)
            {
                point = new Point(x, y);
                Pen pB = new Pen(Color.Black);
                g.DrawRectangle(pB, point.X, point.Y, 35, 35);
            }
        }
    }
    //下棋并判断结果
    public void DownStone(int m, int n, int count, Graphics g)
    {
        stone.X = m * 35;
        stone.Y = n * 35;
        //画黑棋，判断是否黑棋赢
        if (count % 2 == 1)
        {
            if (arrChessBoard[m, n] != 1 && arrChessBoard[m, n] != 2)
            {
                stone.DrawBlackStone(stone.X, stone.Y, g);
                arrChessBoard[m, n] = 1;
                if (Rule.Result(m, n, arrChessBoard) > 0)
                {
                    MessageBox.Show("黑棋胜利！");
                }
            }
        }
        //画白棋，判断是否白棋赢
        if (count % 2 == 0)
        {
```

```
                    if (arrChessBoard[m, n] != 1 && arrChessBoard[m, n] != 2)
                    {
                        stone.DrawWhiteStone(stone.X, stone.Y, g);
                        arrChessBoard[m, n] = 2;
                        if (Rule.Result(m, n, arrChessBoard) > 0)
                        {
                            MessageBox.Show("白棋胜利！ ");
                        }
                    }
                }
            }
        }
```

4）创建棋子类 Stones，此类提供棋子相关的属性、方法和事件，其代码如下所示。

```
public class Stones
{
    //棋子坐标
    private int x;
    private int y;
    public int X
    {
        get
        { return x; }
        set
        {
            x = value;
        }
    }
     public int Y
     {
        get
        { return y; }
        set
        {
            y = value;
        }
    }
    //绘制棋子
    public void DrawBlackStone(int x_stone, int y_stone, Graphics g)
    {
        x = x_stone;
        y = y_stone;
        SolidBrush sbB = new SolidBrush(Color.Black);
        g.FillEllipse(sbB, x, y, 30, 30);        //绘制棋子
    }
    public void DrawWhiteStone(int x_stone, int y_stone, Graphics g)
```

```
    {
        x = x_stone;
        y = y_stone;
        SolidBrush sbW = new SolidBrush(Color.White);
        g.FillEllipse(sbW, x, y, 30, 30); //绘制棋子
    }
}
```

5）对弈时的规则算法类 Rule，提供了判断棋盘状态的各种情况，其代码如下。

```
public class Rule
{
    public static int Result(int m, int n, int[,] arrChessBoard)
    {
        //m,n 点 4 个方向的连子数，依次正东正西，正南正北方，西北东南，西南东北
        int[] direction = new int[4];
        direction[0] = Xnum(m, n, arrChessBoard);
        direction[1] = Ynum(m, n, arrChessBoard);
        direction[2] = YXnum(m, n, arrChessBoard);
        direction[3] = XYnum(m, n, arrChessBoard);
        for (int i = 0; i < 4; i++)
        {
            //检查 4 个方向
            if (Math.Abs(direction[i]) == 5)
            {
                return 1;
            }
        }
        return 0;
    }
    private static bool IsWin(int[] arr)
    {
        for (int i = 0; i < 4; i++)
        {
            //检查 4 个方向
            if (Math.Abs(arr[i]) == 5)
            {
                return true;
            }
        }
        return false;
    }
    public static int Xnum(int m, int n, int[,] arrChessBoard)
    {
        //检查是否无子可下（当 flag=2 时表示无子可下）
        //连子个数
        int num = 1;
        //正东方向检查(x+)
```

```
        int i = m + 1;
        //不超出棋格
        while (i < 15)
        {
            //前方的棋子与 m,n 点棋色不同时跳出循环
            if (arrChessBoard[i, n] == arrChessBoard[m, n])
            {
                num++;
                i++;
            }
            else
            {
                break;
            }
        }
        //正西方向检查(x-)
        i = m -1;
        while (i >= 0)
        {
            //前方的棋子与 m,n 点不同时跳出循环
            if (arrChessBoard[i, n] == arrChessBoard[m, n])
            {
                num++;
                i- -;
            }
            else
            {
                break;
            }
        }
        return num;
}
/// 正南正北方向检查
/// <returns>如果返回负值则表示改方向在无子可下</returns>
public static int Ynum(int m, int n, int[,] arrChessBoard)
{
        //检查是否无子可下，当 flag 为 2 时表示无子可下
        int flag = 0;
        //连子个数
        int num = 1;
        //正南方向检查(y+)
        int i = n + 1;
        while (i < 15)
        {
            //前方的棋子与 m，n 点不同时跳出循环
            if (arrChessBoard[m, i] == arrChessBoard[m, n])
```

```
        {
            num++;
            i++;
        }
        else
        {
            break;
        }
    }
    //正南方向超出棋格
    if (i == 15)
    {
        flag++;
    }
    else
    {
        //正南方向有别的棋子，不可再下
        if (arrChessBoard[m, i] != 2)
        {
            flag++;
        }
    }
    //正北方向检查(y–)
    i = n –1;
    while (i >= 0)
    {
        //前方的棋子与 m，n 点不同时跳出循环
        if (arrChessBoard[m, i] = = arrChessBoard[m, n])
        {
            num++;
            i– –;
        }
        else
        {
            break;
        }
    }
    //正北方向超出棋格
    if (i = = –1)
    {
        flag++;
    }
    else
    {
        //正北方向有别的棋子，不可再下
        if (arrChessBoard[m, i] != 2)
```

```
            {
                flag++;
            }
        }
        if (flag = = 2)
        {
            return –num;
        }
        else
        {
            if (flag = = 1 && num = = 3)
            {
                //连子数为 3 时，有一边不能下就不是活三
                return –num;
            }
            else
            {
                return num;
            }
        }
    }
    ///  西北东南方向检查
    /// <returns>如果返回负值则表示该方向再无子可下</returns>
    public static int YXnum(int m, int n, int[,] arrChessBoard)
    {
    //检查是否无子可下（当 flag=2 时表示无子可下）
    int flag = 0;
    //连子个数
    int num = 1;
    //东南方向检查(x+,y+)
    int i = m + 1;
    int j = n + 1;
    //不超出棋格
    while (i < 15 && j < 15)
    {
        //前方的棋子与 m，n 点不同时跳出循环
        if (arrChessBoard[i, j] = = arrChessBoard[m, n])
        {
            num++;
            i++;
            j++;
        }
        else
        {
            break;
        }
```

```
}
//东南方向超出棋格
if (i = = 15 || j = = 15)
{
    flag++;
}
else
{
    //东南方向有别的棋子，不可再下
    if (arrChessBoard[i, j] != 2)
    {
        flag++;
    }
}
//西北方向检查(x–,y–)
i = m –1;
j = n –1;
//不超出棋格
while (i >= 0 && j >= 0)
{
    //前方的棋子与 m，n 点不同时跳出循环
    if (arrChessBoard[i, j] = = arrChessBoard[m, n])
    {
        num++;
        i– –;
        j– –;
    }
    else
    {
        break;
    }
}
//西北方向超出棋格
if (i = = –1 || j = = –1)
{
    flag++;
}
else
{
    //西北方向有别的棋子，不可再下
    if (arrChessBoard[i, j] != 2)
    {
        flag++;
    }
}
if (flag = = 2)
```

```
    {
        return –num;
    }
    else
    {
        if (flag = = 1 && num = = 3)
        {
            //连子数为 3 时，有一边不能下就不是活三
            return –num;
        }
        else
        {
            return num;
        }
    }
}
// 西南东北方向检查，如果返回负值则表示该方向再无子可下
public static int XYnum(int m, int n, int[,] arrChessBoard)
{
    //检查是否无子可下（当 flag=2 时表示无子可下）
    int flag = 0;
    //连子个数
    int num = 1;
    //西南方向(x–,y+)
    int i = m –1;
    int j = n + 1;
    //不超出棋格
    while (i >= 0 && j < 15)
    {
        //前方的棋子与 m，n 点不同时跳出循环
        if (arrChessBoard[i, j] = = arrChessBoard[m, n])
        {
            num++;
            i– –;
            j++;
        }
        else
        {
            break;
        }
    }
    //西南方向超出棋格
    if (i = = –1 || j = = 15)
    {
        flag++;
    }
```

```
                else
                {
                    //西南方向有别的棋子，不可再下
                    if (arrChessBoard[i, j] != 2)
                    {
                        flag++;
                    }
                }
                //东北方向检查(x+,y–)
                i = m + 1;
                j = n –1;
                //不超出棋格
                while (i < 15 && j >= 0)
                {
                    //前方的棋子与 m，n 点不同时跳出循环
                    if (arrChessBoard[i, j] = = arrChessBoard[m, n])
                    {
                        num++;
                        i++;
                        j– –;
                    }
                    else
                    {
                        break;
                    }
                }
              return num;
            }
        }
```

这个五子棋游戏只完成了最简单的黑白双方轮流下子，并判断某一方如果有五子相连即为胜利，并没有加入五子棋的全部规则（如三三禁手等），读者如有兴趣可以自行修改完成。另外这个程序也没有实现人机对战功能，只能人人对战，读者如果感兴趣可以编写一个简单的人工智能算法让计算机选择位置进行下子。

9.9 小结

本章介绍了 GDI+的基本概念，讲述了 C#的图形绘制结构和类，其中详细介绍了 Graphics 类、Pen 类、Brush 类的功能及使用方法。简单介绍了 Font 类、Color 类的功能及使用方法。通过实例详细介绍了使用 Graphics 类、Pen 类、Brush 类实例绘制和填充图形的方法，简单介绍了位图处理及坐标变换等概念、方法及 Paint 事件，最后给出一个使用 GDI+技术实现的五子棋游戏程序的实例，通过该实例的实现可以进一步加深 GDI+的理解及熟悉 GDI+的使用技巧。

9.10 习题

1）使用 Windows 应用程序来完成：用户可以选择画直线、矩形或圆，选择完毕后在程序界面中可以使用鼠标画出所选图形。

2）使用 Windows 应用程序来完成：把用户指定的图片文件显示在程序界面上，并可以把图片修改成指定的宽度和高度，可以把修改后的图片文件进行保存。

3）使用 Windows 应用程序来完成：用户指定某张图片文件，用户输入一些文字并可以选择把这些文字叠加到指定文件的中间、左下角或右下角，把叠加完文字的图片文件进行保存。

9.11 综合实例项目——小助手

9.11.1 项目分析

编写 Windows 应用程序，实现如图 9-10 所示的“小助手”程序，该程序包括一个时钟、简易计算器及一个日历。其中时钟下面有一个按钮用来切换时钟显示的形式，时钟显示形式共有两种：数字时钟、指针时钟。指针时钟包含时、分、秒三条指针，每秒钟指针的位置变化一次，以符合当前的时间；时钟的背景为圆盘形，数字时钟在选定的背景下显示当前时间，如图 9-10、图 9-11 所示。

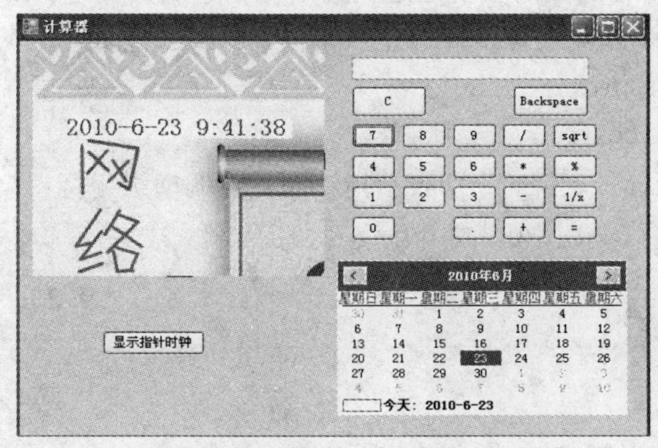

图 9-10 “小助手”显示数字时钟界面

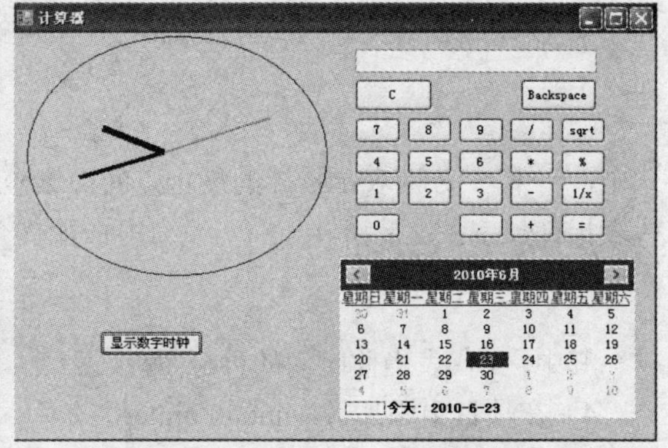

图 9-11 “小助手”显示指针时钟界面

简易计算器，实现简单的运算的功能。

日历显示，可以修改日历的年、月、日。

9.11.2 项目设计

项目设计步骤如下。

1）在项目中添加类 Pointer 对应的文件 Pointer.cs。

按照表 9-5 的说明，设计添加该类的字段成员。

表 9-5　基类 Pointer 的字段成员列表

字 段 名	数 据 类 型	说　明
ptStart	Point	指针起始点坐标
ptEnd	Point	指针终止点坐标
length	int	指针长度
ptPen	Pen	指针画笔

2）按照表 9-6 为 Pointer 类添加和编写方法成员，并根据实际情况，合理设置方法成员的访问限制（public 或 protected 或 private），合理设置方法的参数列表和返回值类型。

表 9-6　基类 Pointer 的方法成员说明

方 法 名	方法功能要求
Pointer	无参构造函数，初始化字段为默认值
Pointer	有参构造函数，用参数列表中的值初始化各字段
DrawPointer	根据制定的Graphics实例，在对应控件上绘制当前指针
Move	虚方法，用于根据系统当前的时间和指针的长度，以及指针起始点坐标，计算指针终止点坐标，并修改终止点坐标值。该方法在本基类中不给出具体实现代码

3）在项目中添加类 SecondPointer。

- 设置 SecondPointer 为 Pointer 类的派生类。
- 设计 SecondPointer 类的构造函数，该构造函数的实现通过调用基类构造函数实现。
- 设计重载基类中的虚方法 Move，实现计算并设置秒针终止点坐标，计算公式如下。

$$\begin{cases} x' = x + l\sin\alpha \\ y' = y - l\cos\alpha \end{cases} \tag{9-1}$$

式中，x' 和 y' 分别表示指针的终止点的横纵坐标；x 和 y 分别表示指针起始点的横纵坐标；l 代表指针长度；α 是指针当前与垂直方向的夹角，计算公式如下。

$$\alpha = \pi - \frac{s\pi}{30} \tag{9-2}$$

其中，s 代表当前时间的秒分量。

4）在项目中添加类 MinutePointer。

- 设计 MPointer 类的构造函数，该构造函数的实现通过调用基类构造函数实现。
- 设置 MinutePointer 为 Pointer 类的派生类。
- 重载基类中的虚方法 Move，实现计算并设置分针终止点坐标，计算公式如公式（9-1），但α角的计算与秒针不同，如公式（9-3）所示。

$$\alpha = \pi - \frac{m + \frac{s}{60}}{60} \times 2\pi \tag{9-3}$$

式中，s 代表当前时间的秒分量；m 代表当前时间的分钟分量。

5）在项目中添加类 HourPointer。

- 设置 HourPointer 为 Pointer 类的派生类。

● 设计 HourPointer 类的构造函数（两个，有参和无参），该构造函数通过调用基类构造函数实现。

● 重载基类中的虚方法 Move，实现计算并设置时针终止点坐标，计算公式如公式（9-1），但 α 角的计算与秒针不同，如公式（9-4）所示。

$$\alpha = \pi - \frac{h + \dfrac{m}{60} + \dfrac{s}{3600}}{12} \times 2\pi \qquad (9\text{-}4)$$

式中，s 代表当前时间的秒分量；m 代表当前时间的分钟分量；h 代表当前时间的小时分量。

6）在项目中添加类 Calculator 及在该类中设计计算器的计算方法。

7）设计应用程序关闭的功能。

8）设计 Paint 事件处理方法 Form1_Paint（object sender, PaintEventArgs e）实现绘制三个指针时钟的外框及指针（时针、分针、秒针，这些指针需要编写单独的类，及 HourPoniter.cs、MinutePointer.cs、SecondPointer.cs，这 3 个类都是类 Pointer 的派生类），实现每秒钟指针位置变化一次，符合当前的时间。

9）设计日历功能。

项目总体类图如图 9-12 所示。

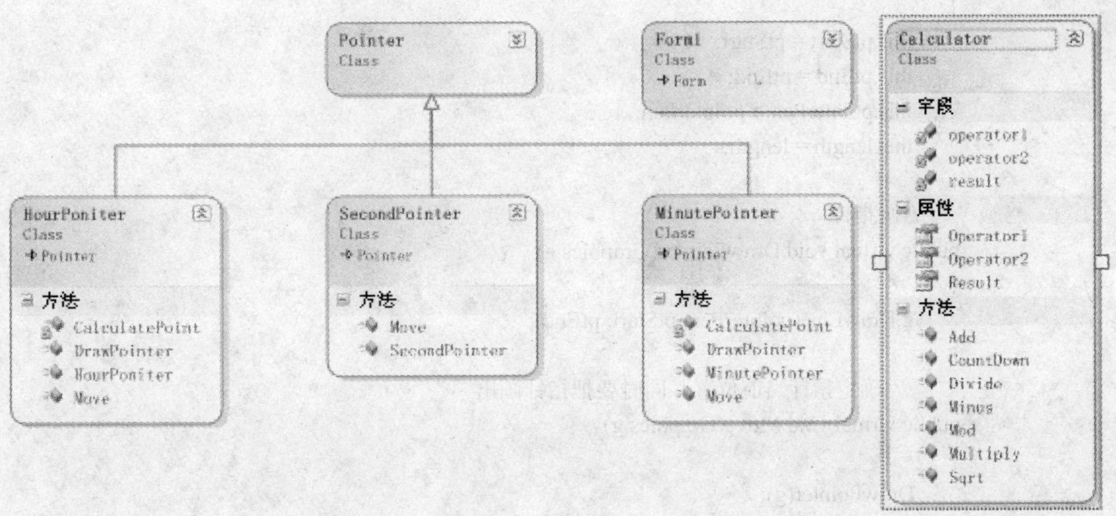

图 9-12　项目总体类图

9.11.3 项目实现

项目的实现步骤如下。

1）使用 Visual Studuo.NET 2008，新建 Windows 应用程序 CalcEx_Clock。

2）参照图 9-10 修改窗体 Form1。

3）添加一个按钮控件，修改按钮的 Text 属性，显示“显示指针时钟”，编写相应按钮控件的 click 事件处理方法，实现相应的切换功能。当点击该按钮后，其界面切换显示如图 9-11 所示。

4）添加一个文本框控件及与计算器键相对应的各种按钮，根据对应计算器键的功能修改按钮的 Text 属性，并对每一个按钮的 click 事件处理方法，实现相应的功能。

5）拖拽一个 panel 容器到窗体，调整位置及大小，设置其背景图，该 panel 作为显示指针时钟的参考位置。

6）拖拽一个标签控件到窗体的 panel 容器中，用于显示数字时钟。调整其位置、设置字体、大小及颜色。

7）拖拽一个计时器控件到窗体，设置计时器控件 Enabled 属性 True,Interval 属性值为 1000，并编写相应的 Tick 事件处理方法，触发窗体重绘事件。

8）添加类 Pointer 对应的文件 Pointer.cs，添加现实代码如下所示。

```
class Pointer
{
    protected Point ptStart;
    protected Point ptEnd;
    protected int length;
    protected Pen pointerPen;
     //构造函数
    public Pointer(Point ptStart, Point ptEnds, Pen pointerPen, int length)
    {
        this.ptStart = ptStart;
        this.ptEnd = ptEnd;
        this.pointerPen = pointerPen;
        this.length = length;
    }
       // 画指针
    public virtual void DrawPointer(Graphics g)
    {
        g.DrawLine(pointerPen, ptStart, ptEnd);
    }
        /// 确定指针当前位置，同时要把指针画出
    public virtual void Move(Graphics g)
    {
        DrawPointer(g);
    }
}
```

9）添加类 SecondPointer 对应的文件 SecondPointer. cs，添加现实代码如下所示。

```
class SecondPointer:Pointer
{
    public SecondPointer(Point ptStart, Point ptEnd,Pen pointerPen,int length)
    :base(ptStart,ptEnd,pointerPen, length)       //调用基类构造函数
    {}
    public override void Move(Graphics e)       //派生类中调用基类其他方法
    {
        //计算秒针当前位置
```

```
            double alpha = Math.PI –
             ((double)System.DateTime.Now.Second/(double)60)*2*Math.PI;
            int x = (int)(Math.Sin(alpha) * length + ptStart.X);
            int y = (int)(Math.Cos(alpha) * length + ptStart.Y);
            ptEnd = new Point(x, y);
            //把指针绘制出来
            DrawPointer(e);
        }
    }
```

10）添加类 MinutePointer 对应的文件 MinutePointer.cs，添加现实代码如下所示。

```
class MinutePointer:Pointer
{
    public MinutePointer(Point ptStart, Point ptEnd, Pen pointerPen, int length)
    : base(ptStart, ptEnd, pointerPen, length)       //调用基类构造函数
    { }
    public override void Move()
    {
        double alpha = Math.PI – (((double)System.DateTime.Now.Minute +
        (double)System.DateTime.Now.Second/(double)60) / (double)60) * 2 *
         Math.PI;
        int x = (int)(Math.Sin(alpha) * length + ptStart.X);
        int y = (int)(Math.Cos(alpha) * length + ptStart.Y);
        ptEnd = new Point(x,y);
    }
}
```

11）添加类 HourPointer 对应的文件 HourPointer.cs，添加现实代码如下所示。

```
class HourPoniter:Pointer
 {
    public HourPoniter(Point ptStart, Point ptEnd, Pen pointerPen, int length)
   : base(ptStart, ptEnd, pointerPen, length)       //调用基类构造函数
    { }
   public override void Move()
    {
        //计算秒针当前位置
        double alpha = Math.PI - 2 * Math.PI * (((double)System.DateTime.Now.Hour
        + (double)System.DateTime.Now.Minute / (double)60 +
         (double)System.DateTime.Now.Second / (double)3600)
        / (double)12);
        int x = (int)(Math.Sin(alpha) * length + ptStart.X);
        int y = (int)(Math.Cos(alpha) * length + ptStart.Y);
        ptEnd = new Point(x, y);
    }
}
```

12）添加类 Calculator 对应的文件 Calculator.cs，添加现实代码如下所示。

```
class Calculator
{
    public double Add(double operator1, double operator2)
    {
        return operator1 + operator2;
    }
    public double Minus(double operator1, double operator2)
    {
        return operator1 - operator2;
    }
    public double Multiply(double operator1, double operator2)
    {
        return operator1 * operator2;
    }
    public double Divide(double operator1, double operator2)
    {
        return operator1 / operator2;
    }
    public double Sqrt(double operator1)
    {
        return Math.Sqrt(operator1);
    }
    public double CountDown(double operator1)
    {
        return (1 / operator1);
    }
    public double Mod(double operator1)
    {
        return operator1/100;
    }
}
```

13）在表单类 Form1 中添加代码实现时钟、计数器等各种功能，其现实代码如下所示。

```
Calculator operate = new Calculator();
string op1 = "";
string op = "";
Graphics g;        //创建一个 Graphics 对象
Pen myPen = new Pen(Color.Blue, 1);        //创建一个自定义画笔对象
Pointer[] pointers;
public Form1()
  {
    InitializeComponent();
    pointers = new Pointer[3];
    pointers[0] = new SecondPointer(
```

```
        new Point(this.panel1.ClientSize.Width / 2, this.panel1.ClientSize.Height / 2),
        new Point(0, 0),
        new Pen(Color.CornflowerBlue, 2.0f), 100);
        pointers[1] = new MinutePointer(
        new Point(this.panel1.ClientSize.Width / 2, this.panel1.ClientSize.Height / 2),
        new Point(0, 0),
        new Pen(Color.Blue, 4.0f), 80);
        pointers[2] = new HourPoniter(
        new Point(this.panel1.ClientSize.Width / 2, this.panel1.ClientSize.Height / 2),
        new Point(0, 0),
        new Pen(Color.MediumBlue, 6.0f), 60);
        g = this.CreateGraphics();        //创建一个 Graphics 对象
        textBoxResult.Text = "";
    }
    private void timer1_Tick(object sender, EventArgs e)
    {
        //让窗体实效，触发事件
        this.Invalidate();
    }
  private void Form1_Paint(object sender, PaintEventArgs e)
  {
        g.DrawEllipse(myPen, this.panel1.Location.X, this.panel1.Location.Y,
        this.panel1.ClientRectangle.Width,this.panel1.ClientRectangle.Height);    //画出一个内切于矩形 rect 的圆
        pointers[0].DrawPointer(e.Graphics);
        pointers[1].DrawPointer(e.Graphics);
        pointers[2].DrawPointer(e.Graphics);
        label1.Text = DateTime.Now.ToString();
  }
  private void button1_Click(object sender, EventArgs e)
  {
        if (this.button1.Text.Trim() == "显示数字时钟")
        {
             this.panel1.Visible = true;
             label1.Visible = true;
             // label1.Text = DateTime.Now.ToString();
             this.button1.Text = "显示指针时钟";
        }
        else
        {
             this.panel1.Visible = false;
             label1.Visible = false;
             this.button1.Text = "显示数字时钟";
        }
  }
  private void buttonBackspace_Click(object sender, EventArgs e)
  {
```

```
        string s=textBoxResult.Text;
        s=s.Substring(0,s.Length-1);
         textBoxResult.Text =s ;
    }
    private void buttonC_Click(object sender, EventArgs e)
    {
         textBoxResult.Text = "";
         op1 = "";
    }
    private void buttonNum7_Click(object sender, EventArgs e)
    {
         textBoxResult.Text += buttonNum7.Text;
    }
    private void buttonNum8_Click(object sender, EventArgs e)
    {
         textBoxResult.Text += buttonNum8.Text;
    }
    private void buttonNum9_Click(object sender, EventArgs e)
    {
         textBoxResult.Text += buttonNum9.Text;
    }
    private void buttonNum4_Click(object sender, EventArgs e)
    {
         textBoxResult.Text += buttonNum4.Text;
    }
    private void buttonNum5_Click(object sender, EventArgs e)
    {
         textBoxResult.Text += buttonNum5.Text;
    }
    private void buttonNum6_Click(object sender, EventArgs e)
    {
         textBoxResult.Text += buttonNum6.Text;
    }
    private void buttonNum1_Click(object sender, EventArgs e)
    {
         textBoxResult.Text += buttonNum1.Text;
    }
    private void buttonNum2_Click(object sender, EventArgs e)
    {
         textBoxResult.Text += buttonNum2.Text;
    }
    private void buttonNum3_Click(object sender, EventArgs e)
    {
         textBoxResult.Text += buttonNum3.Text;
    }
    private void buttonNum0_Click(object sender, EventArgs e)
```

```
{
    textBoxResult.Text += buttonNum0.Text;
}
private void buttonDivide_Click(object sender, EventArgs e)
{
    op1=textBoxResult.Text;
    op = buttonDivide.Text;
    textBoxResult.Text = "";
}
private void buttonMultiply_Click(object sender, EventArgs e)
{
    op1 = textBoxResult.Text;
    op = buttonMultiply.Text;
    textBoxResult.Text = "";
}
private void buttonMinus_Click(object sender, EventArgs e)
{
    op1 = textBoxResult.Text;
    op = buttonMinus.Text;
    textBoxResult.Text = "";
}
private void buttonAdd_Click(object sender, EventArgs e)
{
    op1 = textBoxResult.Text;
    op = buttonAdd.Text;
    textBoxResult.Text = "";
}
private void buttonCalculate_Click(object sender, EventArgs e)
{
    string result = "";
    double opnum1 = Convert.ToDouble(op1);
    double opnum2 = Convert.ToDouble(textBoxResult.Text);
    switch (op)
    {
        case "+": result = operate.Add(opnum1, opnum2).ToString(); break;
        case "-": result = operate.Minus(opnum1, opnum2).ToString(); break;
        case "*": result = operate.Multiply(opnum1, opnum2).ToString(); break;
        case "/": result = operate.Divide(opnum1, opnum2).ToString(); break;
    }
    textBoxResult.Text = result;
}
private void buttonMod_Click(object sender, EventArgs e)
{
    double opnum = Convert.ToDouble(textBoxResult.Text);
    textBoxResult.Text = operate.Mod(opnum).ToString();
}
```

```
private void button18_Click(object sender, EventArgs e)
{
    textBoxResult.Text += button18.Text;
}
private void buttonCountDown_Click(object sender, EventArgs e)
{
    double opnum = Convert.ToDouble(textBoxResult.Text);
    textBoxResult.Text = operate.CountDown(opnum).ToString();
}
private void buttonSqrt_Click(object sender, EventArgs e)
{
    double opnum = Convert.ToDouble(textBoxResult.Text);
    textBoxResult.Text = operate.Sqrt(opnum).ToString();
}
```

第10章 文件管理

文件管理是操作系统中一项非常重要的功能。用户的程序和数据，操作系统自身的程序和数据，甚至各种输出输入设备等，一般都是以文件形式出现的。可以说，尽管文件有多种存储介质可以使用，如硬盘、光盘、闪存、各种记忆卡等，但它们都以文件的形式出现在操作系统的管理者和使用用户面前。

从系统角度来看，文件系统是对文件存储器的存储空间进行组织、分配和回收，负责文件的存储、检索、共享和保护。从用户角度来看，文件系统最主要的特点是实现“按名存取”。使用文件系统的用户只要知道所需文件的完整路径和文件名，就可存取文件中的信息，而无需知道这些文件究竟存放在硬盘还是U盘等位置。

本章的主要内容如下。

- System.IO 命名空间概述
- Windows 文件系统
- 读写文件
- 文件对话框

10.1 System.IO 命名空间概述

System.IO 命名空间包含允许读写文件和数据流的类型以及提供基本文件和目录支持的类型。目录即文件夹，在 DOS 时代被称做目录的文件存储结构，后也被称为文件夹，确切地说是“计算机内的电子文件夹”。目录提供了指向对应磁盘空间的路径地址，它没有扩展名，也不像文件那样格式用扩展名来标识。

System.IO 中包含的常用类和枚举等结构如表 10-1 和表 10-2 所示。

表 10-1 System.IO 中的常用公共类

类	说 明
BinaryReader	用于读取二进制流
BinaryWriter	以二进制形式写入流，并支持用特定的编码写入字符串
BufferedStream	对另一流上的读写操作添加一个缓冲层
Directory	包含用于创建、移动和枚举通过目录和子目录的静态方法
DirectoryInfo	包含用于创建、移动和枚举目录和子目录的实例方法
File	提供用于创建、复制、删除、移动和打开文件的静态方法，可以帮助创建 FileStream 对象
FileInfo	提供创建、复制、删除、移动和打开文件的实例方法，可以帮助创建 FileStream 对象
FileStream	以文件为主的 Stream，既支持同步读写操作，也支持异步读写的操作
FileSystemInfo	是 FileInfo 和 DirectoryInfo类的基类

（续）

类	说　明
FileSystemWatcher	监听文件系统的更改通知，可在目录或目录中的文件发生更改时引发事件
MemoryStream	在内存中创建流
Path	对包含文件或目录路径信息的字符串执行相应操作
Stream	提供流对象的基础操作
StreamReader	可以以一种特定的编码从流中读取字符
StreamWriter	可以以一种特定的编码往流中写入字符
StringReader	实现从字符串进行读取的 TextReader
StringWriter	用于将信息写入字符串
TextReader	可读取和操作较长的文本字符
TextWriter	可以把文本字符写入到某处

表 10-2　System.IO 中的常用枚举结构

枚　举	说　明
DriveType	驱动器类型包括 CDRom、Fixed、Network、NoRootDirectory、Ram、Removable 和 Unknown
FileAccess	用于控制对文件的读访问、写访问或读/写访问的常数
FileAttributes	提供访问、操作文件和目录的属性
FileMode	指定打开文件的方式
NotifyFilters	指定要在文件或文件夹中监视的更改
SearchOption	搜索当前目录，或搜索当前目录及其下的所有子目录
SeekOrigin	提供流的参考点以便进行查找
WatcherChangeTypes	可能会发生的对文件或目录更改

10.2　Windows 文件系统

Windows 文件系统和所有操作系统的文件系统一样，由目录树来管理。在 System.IO 中，Directory 和 DirectoryInfo 类都负责操作文件夹，而 File 和 FileInfo 类都负责操作文件，具体使用哪个类要视情况而定。另外重要的一点就是路径问题，用户在磁盘上寻找文件时，所历经的文件夹线路叫路径。路径分为绝对路径和相对路径。绝对路径指从根文件夹开始的路径，以“\”作为开始。相对路径指从当前文件夹开始的路径。在接受路径作为输入字符串的成员中，路径一定要是格式正确的，否则将会引发异常。在使用传入参数为路径字符串的方法时，最好确保路径格式是正确的。

在接受路径的成员中，路径可以是指文件或仅是目录。指定路径也可以是相对路径或者服务器和共享名称的统一命名约定路径。例如，以下都是可接受的路径。

c:\\MyDir（“\\”代表转义字符）

MyDir\\MySubdir

\\\\MyServer\\MyShare

本节将介绍管理文件和文件夹的类 Directory、DirectoryInfo、File、FileInfo 以及管理路径的 Path 类，共 5 个类，另外还将介绍文件属性枚举。

10.2.1 Directory 类与 DirectoryInfo 类

Directory 类提供创建、移动和枚举通过目录和子目录的静态方法。Directory 类中的方法全部为静态方法，可以将 Directory 类用于典型操作，如复制、移动、重命名、创建和删除目录。由于所有的 Directory 方法都是静态的，所以如果只想执行一个操作，那么使用 Directory 方法的效率比使用相应的 DirectoryInfo 实例方法更高。Directory 类的大多数方法要求当前操作目录的路径。Directory 类的静态方法对所有方法都执行安全检查。如果打算多次重用某个对象，可以考虑使用 DirectoryInfo 的相应实例方法，因为在频繁多次使用的时候并不总是需要安全检查。

而 DirectoryInfo 类则提供用于创建、移动和枚举目录和子目录的实例方法。Directory 类中的方法全部为静态方法，并且不能被实例化。表 10-3 和 10-4 列出了 Directory 和 DirectoryInfo 两个类的主要成员。

表 10-3　Directory 类的常用静态方法

名　称	说　明
CreateDirectory	创建指定路径中的所有目录
Delete	删除指定的目录
Exists	确定给定路径是否引用磁盘上的现有目录
GetCreationTime	获取目录的创建日期和时间
GetCurrentDirectory	获取应用程序的当前工作目录
GetDirectories	获取指定目录中子目录的名称
GetDirectoryRoot	返回指定路径的卷信息、根信息或两者同时返回
GetFiles	返回指定目录中的文件的名称
GetFileSystemEntries	返回指定目录中所有文件和子目录的名称
GetLogicalDrives	检索此计算机上格式为"<驱动器号>:\"的逻辑驱动器的名称
GetParent	检索指定路径的父目录，包括绝对路径和相对路径
Move	将文件或目录及其内容移到新位置

表 10-4　DirectoryInfo 类的常用实例方法

名　称	说　明
Create	创建目录
Delete	从路径中删除 DirectoryInfo 及其内容
GetDirectories	返回当前目录的子目录
GetFiles	返回当前目录的文件列表
MoveTo	将 DirectoryInfo 实例及其内容移动到新路径
Refresh	刷新对象的状态（继承自 FileSystemInfo）

Directory 类通常用于对文件夹的创建、检索、删除和移动，而 DirectoryInfo 类则用于多次重复对某个文件夹对象进行创建、检索、删除和移动。事实上，这两个类的关系是非常紧密的，比如说 Directory 类的 CreateDirectory 方法就返回一个 DirectoryInfo 实例。

【例 10-1】 编写控制台应用程序，在 C 盘下创建一个文件夹"MyDir"并在其下再创建两个测试文件夹。使用 Directory 的相应方法对这几个文件进行处理。

```
using System;
using System.IO;
class Ex1001Directory
{
    public static void Main()
    {
        // 指定操作目录
        string path = @"c:\MyDir";
        try
        {
            // 确定目录是否存在
            if (Directory.Exists(path))
            {
                Console.WriteLine("该目录已存在");
                return;
            }
            // 尝试创建目录
            DirectoryInfo di = Directory.CreateDirectory(path);
            Console.WriteLine("该目录于{0}创建成功.", Directory.GetCreationTime(path));

            //创建两个测试目录并输出它们的名称
            Directory.CreateDirectory(di.FullName+"\\Test1");
            Directory.CreateDirectory(di.FullName+"\\Test2");
            di.Refresh();
            DirectoryInfo[] dis=di.GetDirectories();
            foreach(DirectoryInfo d in dis)
            {
                Console.WriteLine("{0}",d.Name);
            }

            // 删除该目录，该目录有内容，所以应强制删除
            di.Delete(true);
            Console.WriteLine("该目录已成功删除");
        }
        catch (Exception e)
        {
            Console.WriteLine("操作失败: {0}", e.ToString());
        }
        finally {}
    }
}
```

注意：本例所使用的类位于 System.IO 命名空间中。程序的执行结果如图 10-1 和图 10-2 所示。

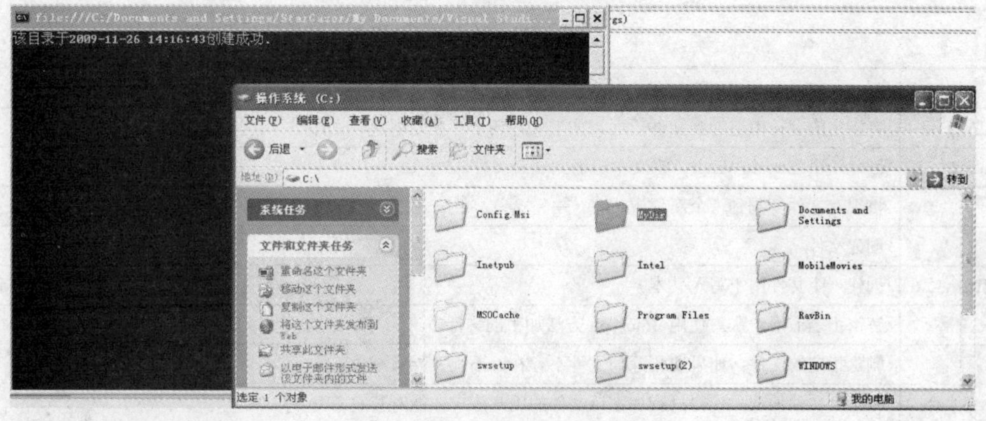

图 10-1　创建目录

图 10-2　删除目录

10.2.2　File 类与 FileInfo 类

File 类提供用于创建、复制、删除、移动和打开等操作文件的静态方法，并可以协助创建 FileStream 对象。File 类一般用于典型的文件操作，如复制、移动、重命名、创建、打开、删除和追加到文件。许多 File 类的方法在创建或打开文件时返回其他 I/O 类型，编程人员可以使用这些其他类型进一步处理文件。由于所有的 File 类的方法都是静态的，所以如果只想执行一个操作，那么使用 File 类的方法的效率将会比使用相应的 FileInfo 实例方法高。需要注意的是，所有的 File 类的方法都要求当前所操作文件的路径。

File 类的静态方法将会进行安全检查，如果打算多次重用某个对象，可考虑改用 FileInfo 类相对应的实例方法，因为 FileInfo 类的方法并不总是需要安全检查。一般情况下，将向所有用户授予对新文件完全的读写等访问权限。

与 DirectoryInfo 类似，FileInfo 类也提供创建、复制、删除、移动和打开文件等相应的实例方法。表 10-5 和 10-6 列出了 File 和 FileInfo 两个类的主要成员。

表 10-5　File 类中常用方法

名　称	说　明
AppendAllText	将指定的字符串追加到文件后面，如果文件还不存在则创建该文件
AppendText	创建一个 StreamWriter，将文本追加到现有文件后
Copy	将现有文件复制到一个新位置
Create	创建文件
CreateText	创建一个文件用于写入文本
Decrypt	解密由当前用户账户使用 Encrypt 方法加密的文件
Delete	删除指定的文件。如果要删除的文件不存在，不引发异常
Encrypt	将某个文件加密，使得只有加密该文件的用户账户才能对其解密
Exists	判断文件是否存在
GetAttributes	获取在此路径上的文件的 FileAttributes
Move	将文件移到新位置，并可以指定新文件名等选项
Open	打开指定路径上的一个文件流对象
OpenRead	打开一个文件以进行读取
OpenText	打开文本文件以进行读取
OpenWrite	打开文件以进行写入
ReadAllBytes	将文件的内容读入一个字符串
ReadAllLines	将文件的所有行都读入一个字符串数组
ReadAllText	将文件的所有行读入一个字符串
Replace	使用其他文件的内容替换指定文件的内容
WriteAllBytes	创建一个新文件，在其中写入指定的字节数组并关闭该文件。如果要创建的文件已存在，则覆盖原文件
WriteAllLines	创建一个新文件，在其中写入指定的字符串数组并关闭文件。如果要创建的文件已存在，则覆盖原文件
WriteAllText	创建一个新文件，在文件中写入一个字符串并关闭文件。如果要创建的文件已存在，则覆盖原文件

表 10-6　FileInfo 类的常用方法

名　称	说　明
AppendText	向 FileInfo 的实例表示的文件后追加文本
CopyTo	将现有文件复制到新位置
Create	创建一个文件
CreateText	创建写入新文本文件的 StreamWriter对象
Decrypt	使用 Encrypt 方法解密由当前用户账户加密的文件
Delete	删除文件
Encrypt	将某个文件加密，使得只有加密该文件的用户账户才能将其解密
MoveTo	将指定文件移到新位置，并提供新文件名等选项
Open	可以使用访问权限和共享特权打开文件
OpenRead	创建只读的FileStream的对象
OpenText	从现有文本文件中读取的 StreamReader
OpenWrite	创建只写FileStream对象
Refresh	刷新当前对象的状态
Replace	使用当前实例的文件替换指定文件的内容，将删除原始文件

与 Directory 和 DirectoryInfo 两个类之间的关系类似，File 和 FileInfo 两个类的联系也是比较紧密的，经常一起使用。其中值得注意的是，在使用删除文件的方法时，两个类的 Delete 方法在目标文件不存在时均不会抛出异常，而是什么都不做。

【例 10-2】 编写控制台应用程序，在“c:\temp\”文件夹下创建“MyTest.txt”，并向文件内写入一些内容。使用 File 的相应方法对这几个文件进行处理。

```
using System;
using System.IO;
using System.Text;
class Ex1002FileOperation
{
    public static void Main()
    {
        //假设已存在 c:\temp 文件夹
        string path = @"c:\temp\MyTest.txt";
        try
        {
            // 假如文件存在则删除
            if (File.Exists(path))
            {
                //注意文件不可锁定，且存在着另一个进程调用 Exists 和 Delete 方法的可能性
                File.Delete(path);
            }
            // 创建文件
            using (FileStream fs = File.Create(path))
            {
                Byte[] info = new UTF8Encoding(true).GetBytes("这里有一些文本在文件中.");
                // 向文件中添加一些信息
                fs.Write(info, 0, info.Length);
            }
            // 打开文件并读回它
            using (StreamReader sr = File.OpenText(path))
            {
                string s = "";
                while ((s = sr.ReadLine()) != null)
                {
                    Console.WriteLine(s);
                }
            }
        }
        catch (Exception Ex)
        {
            Console.WriteLine(Ex.ToString());
        }
```

```
        }
    }
```

程序的执行结果如图 10-3 所示。

图 10-3　创建文件并写入内容

10.2.3　Path 类

Path 类是对包含文件或目录路径信息的字符串对象执行操作，这些操作是以跨平台的方式执行的。Path 类不能够被实例化，它包含一些静态的方法可以对路径名进行操作。.NET Framework 类不支持通过由设备名称构成的路径等方式直接访问磁盘。

路径是表示文件或目录位置的一个字符串。路径不必一定指向真实磁盘上的某个位置，也可以把路径映射到内存中或设备上的某个位置。路径格式是否正确是由当前操作系统平台来确定的。例如，在某些操作系统上，路径是以驱动器号或卷号开始的，而在其他系统中可能是不存在的。在某些操作系统上，文件路径是可以包含扩展名的，扩展名一般表示文件中存储的信息类型。文件扩展名的格式一般是与系统相关的，例如，某些操作系统（如 DOS）将文件扩展名的长度限制在 3 个字符以内，而其他系统则没有这样的限制。当前操作系统平台还规定了用于分隔路径中所用字符的的字符集，以及确定在指定路径时不能使用的字符集。因为存在着以上这些差异，所以 Path 类中的字段以及某些成员的正确操作是与当前操作系统相关的。

路径可以使用绝对或相对路径。绝对路径是指一个完整的指定位置，文件或目录在这种情况下是唯一的，与当前所在位置（路径）无关；相对路径是指定路径的部分位置，当要使用相对路径来指定文件时，将会以当前所在的位置（路径）作为起始点。可以使用 Directory.GetCurrentDirectory 方法来获得当前所在的位置。

Path 类的大多数成员都不与文件系统进行交互，并且也不检查路径字符串所指定的文件是否存在。如果改动路径字符串的 Path 类成员（如 ChangeExtension）不会对文件系统中真正文件的名称产生任何影响。在基于 Windows 操作系统的平台上，路径中无效字符包括引号、小于号、大于号、管道符、退格等字符。

Path 类的成员可以快速方便地执行对文件或路径的常见操作，如判断文件扩展名是否是路径的一部分等。

Path 类中的所有成员都是静态的，因此无需创建 Path 类的实例即可使用这些成员。Path 类中常用的静态方法如表 10-7 所示。

表 10-7　Path 类常用的静态方法

名　称	说　明
ChangeExtension	更改路径字符串中的扩展名部分
Combine	把两个路径字符串进行合并
GetDirectoryName	返回指定路径的目录信息
GetExtension	返回指定路径的扩展名
GetFileName	返回指定路径的文件名和扩展名
GetFileNameWithoutExtension	返回不具有扩展名的指定路径的文件名
GetFullPath	返回指定路径的绝对路径
GetInvalidFileNameChars	取得包含不允许在文件名中使用的字符的数组
GetInvalidPathChars	取得包含不允许在路径名中使用的字符的数组
GetPathRoot	取得指定路径的根目录信息
GetRandomFileName	返回一个随机文件夹名或文件名
GetTempFileName	在磁盘上创建一个零字节的临时文件并返回该文件的完整路径信息
GetTempPath	取得当前系统的临时文件夹的路径
HasExtension	判断路径是否包括文件扩展名
IsPathRooted	指定的路径字符串是包含绝对路径还是包含相对路径

【例 10-3】 编写控制台应用程序，在程序内创建 3 个字符串变量并分别保存路径信息，使用 Path 类的方法对这几个路径进行处理。

```
using System;
using System.IO;
class Ex1003PathOperation
{
    public static void Main()
    {
        //假设下面的文件及文件夹都存在
        string path1 = @"c:\temp\MyTest.txt";
        string path2 = @"c:\temp\MyTest";
        string path3 = @"temp";
        if (Path.HasExtension(path1))
        {
            Console.WriteLine("{0}有扩展名", path1);
        }
        if (!Path.HasExtension(path2))
        {
            Console.WriteLine("{0}没有扩展名", path2);
```

```
            }
            if (!Path.IsPathRooted(path3))
            {
                Console.WriteLine("路径 {0} 没有根目录信息", path3);
            }
            Console.WriteLine("{0}的完整路径是{1}.", path3, Path.GetFullPath(path3));
            Console.WriteLine("{0}是临时文件存放的位置", Path.GetTempPath());
            Console.WriteLine("{0}是可用的文件", Path.GetTempFileName());
            Console.ReadLine();
        }
    }
```

程序的执行结果如图 10-4 所示。

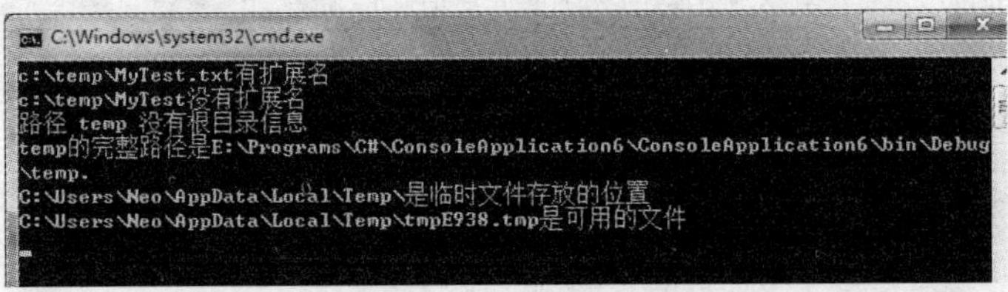

图 10-4　例 10-3 程序运行结果

10.2.4　文件属性

在本节最后介绍关于文件属性枚举（FileAttributes），它提供文件和目录的属性。

此枚举有一个 FlagsAttribute 特性，该属性使其成员值按比特（bit）组合。FileAttributes 枚举成员如表 10-8 所示。

表 10-8　FileAttributes 枚举成员

成员名称	说明
ReadOnly	表示文件为只读
Hidden	表示文件是隐藏的
System	表示文件为系统文件
Directory	表示文件为一个目录
Archive	表示文件的存档状态
Device	目前未使用
Normal	表示是正常文件
Temporary	表示文件是临时文件。当不再需要临时文件时，应用程序应立即将其删除
SparseFile	表示文件为稀疏文件
ReparsePoint	表示文件包含一个重新分析点
Compressed	表示文件已压缩
Offline	表示文件已脱机
NotContentIndexed	操作系统的内容索引将不创建此文件的索引
Encrypted	表示该文件或目录是加密的

上表中所列的属性不一定都同时适用于文件和目录。需要注意的是无法使用 SetAttributes 方法来更改文件对象的压缩状态。

10.3 读写文件

文件是指存储在非内存的外部存储器上的数据的集合。虽然理论上讲，在.NET 中用 DirectoryInfo 和 FileInfo 就可以访问文件，但是通常情况下应使用流的形式来读写文件。本节将介绍流的概念，以及从流出发读写文本文件和二进制文件的方法。

10.3.1 流概述

在 C#编程中，流就是一个类，很多文件的输入输出操作都以类的成员函数的方式来提供。

通常所说的流其实是一种信息的转换形式，它表示的是一种有序流。相对于某一对象而言，通常把对象接收到的外界的信息输入称为输入流，相应地从对象向外输出的信息称为输出流，合起来称为输入/输出流。对象间互相进行信息或者数据的交换时总是先将对象或数据转换为某种形式的流，再通过各种形式的流的传输，到达目的对象后再将流转换为对象所需要的数据。可以把流看做是一种数据交换的载体，通过流可以实现数据交换和传输。

Stream 类是所有流的抽象基类，流则是字节序列的抽象概念，如文件、各种输入/输出设备或者 TCP/IP 套接字等。Stream 类及其派生类提供这些不同类型的输入和输出的一般操作，编程人员不必了解操作系统和基础设备的具体细节。

流涉及的操作主要有以下 3 个。

1）从流读取。读取是从流到数据结构（如字节数组）的数据传输。

2）向流写入。写入是从数据源到流的数据传输。

3）可以进行查找。查找是对流内的当前位置进行的查询和修改。

根据基础数据源或储存库的不同，创建的流对象可能只支持这些功能中的一部分。可以通过使用流对象的 CanRead、CanWrite 和 CanSeek 等属性查询流的功能。流对象的 Read 和 Write 方法可以读写各种不同格式的数据。对于支持查找的流来说，使用 Seek 和 SetLength 等方法以及 Position 和 Length 等属性，可查询和修改流的当前位置和长度等信息。

还有些流实现了执行基础数据的本地缓冲来提高性能。对于这样的流，可以使用 Flush 方法清除所有内部缓冲区，并确保将所有数据写入基础数据源或储存库。

在流上调用 Close 方法将刷新所有经过缓冲处理的数据，实际是调用了 Flush 方法。调用 Close 方法也将会释放占用的操作系统资源，如文件句柄、网络连接或内存等。BufferedStream 类可以将一个经过缓冲的流环绕另一个流，从而提高读写性能。

Stream 类的常用方法如表 10-9 所示。

表 10-9　Stream 类的常用方法

名　称	说　明
BeginRead	开始流的异步读
BeginWrite	开始流的异步写
Close	关闭当前流对象并释放与之关联的所有资源
EndRead	结束流的异步读取操作
EndWrite	结束流的异步写操作
Flush	清除该流的缓冲区
Read	从当前流对象中读取字节序列
ReadByte	从流中读取一个字节，并将流内的位置向后移动一个字节，如果已到达流的末尾，则该方法返回 -1
Seek	设置当前流对象中的读写位置
SetLength	设置当前流对象的长度
Write	向当前流对象中写入字节序列，并将此流中的当前位置向后移已经写入的字节数
WriteByte	将一个字节写入流对象内的当前位置，并将当前位置向后移一个字节

10.3.2　读写文本文件

读写文本文件常用 StreamReader 和 StreamWriter 两个类，StreamReader 能以某种指定的编码从字节流中读取字符，而 StreamWriter 能以某种特定的编码向流中写入字符，它们的功能基本对应。这两个类的主要方法如表 10-10 和 10-11 所示。

表 10-10　StreamReader 的常用方法

Peek	可返回下一个可用的字符
Read	读取流中的下一个字符或下一组字符
ReadBlock	从当前流对象中读取最大 count 的字符并从 index 开始将该数据写入 buffer
ReadLine	从当前流对象中读取一行字符并将数据作为字符串返回
ReadToEnd	从当前流对象的当前位置到末尾读取流

表 10-11　StreamWriter 的常用方法

名　称	说　明
Flush	清理当前缓冲区，并使所有缓冲数据写入基础流
Write	向当前流中进行写入
WriteLine	把整行文本写入流对象中

可以看到，这两个类的一些写入和读取方法与控制台类 Console 比较相似，事实也是如此。只不过这两个类是以文本文件为输入输出的目标，而控制台类是以屏幕为目标进行输入输出罢了，其本质是一样的。

【例 10-4】 编写控制台应用程序，使用 StreamWriter 对象创建一个文件，并向这个文本文件内写入内容。使用 StreamReader 对象读取刚刚创建的文件内容，并把读取的内容显示在控制界面上。

```
using System;
using System.IO;
class Ex1004IOWithTXT
{
    public static void Main()
    {
        // 创建一个 StreamWriter 实例来将文本写入到文件中
        // 以 using 这种方式声明这个对象以便用后就释放
        using (StreamWriter sw = new StreamWriter("TestFile.txt"))
        {
            // 向文件中添加一些文本
            sw.Write("这是");
            sw.WriteLine("文件头");
            sw.WriteLine("-------------------");
            // 任意对象都可以写入文件
            sw.Write("日期是：");
            sw.WriteLine(DateTime.Now.Date);
        }
        try
        {
            // 创建一个 StreamReader 的实例以从文件中读取数据
            using (StreamReader sr = new StreamReader("TestFile.txt"))
            {
                String line;
                // 读取和显示数据直到文件结尾
                while ((line = sr.ReadLine()) != null)
                {
                    Console.WriteLine(line);
                }
            }
        }
        catch (Exception e)
        {
            // 让用户知道发生什么问题了
            Console.WriteLine("文件无法读取：");
            Console.WriteLine(e.Message);
        }
    }
}
```

程序的执行结果如图 10-5 所示。

这里可以发现，如果需要写入的文件不存在的话，系统是会自动生成一个文件的。但是当文件不存在的时候，是无法进行读取操作的。

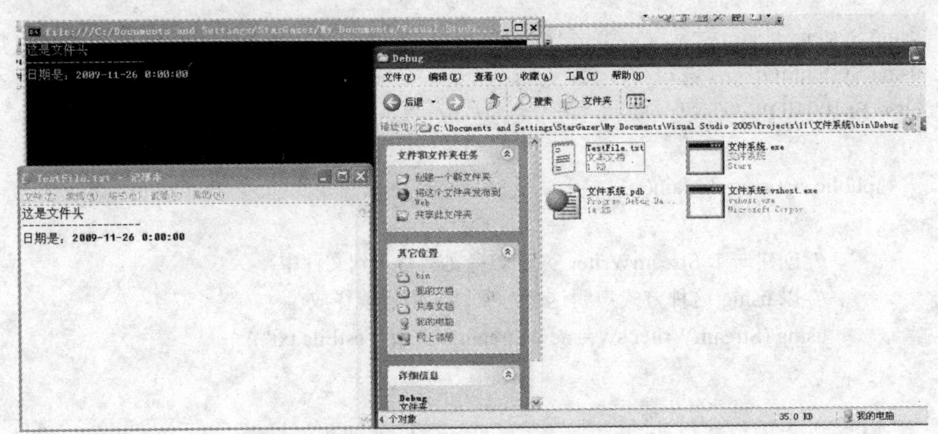

图 10-5　例 10-4 程序运行结果

10.3.3　读写二进制文件

与读写文本文件类似，BinaryWriter 和 BinaryReader 两个类用于读取和写入数据，而不是用于读取和写入字符串。这里的数据是指二进制数据。BinaryWriter 类以二进制形式将原类型写入流，并支持用特定的编码写入字符串。而 BinaryReader 类用特定的编码将原数据类型读做二进制值。

二进制文件和文本文件从本质上来说并没有什么区别，因为它们在存储介质上都是一样的存放方式，即都是二进制。如果要对它们进行区分的话，则可以这样理解：每个字符由一个或多个字节组成，如果一个文件中的每个字节的内容都是可以表示成某个字符的话，就可以称这个文件为文本文件。可见文本文件只是二进制文件的一种特例而已，为了与文本文件区别，人们一般把除了文本文件以外的文件称为二进制文件。也可以简单地认为：如果一个文件只用于存储文本字符的数据，没有包含字符以外的其他任何数据，就称为文本文件，除此之外的文件就是二进制文件。需要注意的是，Word 软件所保存的文件不是文本文件，因为文件中除了保存字符信息还保存了很多格式信息。

.NET 中用于处理二进制文件的两个类的主要方法如表 10-12 和表 10-13 所示。

表 10-12　BinaryReader 的常用方法

名　称	说　明
Close	关闭当前读取对象和它的基础流
FillBuffer	用从流中读取的指定字节数的信息来填充内部缓冲区
PeekChar	返回下一个可用的字符，不改变字节或字符的位置
Read	读取字符，并移动流的当前位置
Read7BitEncodedInt	以压缩格式读入一个32 位的整数
ReadBoolean	从当前流对象中读取一个Boolean 值，并使该流的当前位置向后移动1字节
ReadBytes	从当前流对象中将 count 字节读入字节数组，并使当前位置向后移动count字节
ReadChars	从当前流对象中读取 count 字符，以字符数组作为返回值，并根据所使用的编码方式和从流中读取的特定字符，向后移动位置
ReadDouble	从当前流对象中读取 8 字节浮点值，并使流的当前位置向后移动 8 字节
ReadInt16	从当前流对象中读取 2 字节有符号整数，并使流的当前位置向后移动 2字节

（续）

名　称	说　明
ReadInt32	从当前流对象中读取 4 字节有符号整数，并使流的当前位置向后移动4字节
ReadInt64	从当前流对象中读取 8 字节有符号整数，并使流的当前位置向后移动 8字节
ReadSByte	从此流对象中读取一个有符号字节，并使流的当前位置向后移动 1字节
ReadSingle	从当前流对象中读取 4 字节浮点值，并使流的当前位置向后移动 4字节
ReadString	从当前流对象中读取1个字符串
ReadUInt16	从当前流对象中读取 2 字节无符号整数并将流的位置向后移动 2字节
ReadUInt32	从当前流对象中读取 4 字节无符号整数并使流的当前位置向后移动4字节
ReadUInt64	从当前流对象中读取 8 字节无符号整数并使流的当前位置向后移动8字节

表 10-13　BinaryWriter 的常用方法

名　称	说　明
Close	关闭当前的对象和它的基础流
Flush	清理当前所有缓冲区，使所有缓冲数据写入基础设备
Seek	设置当前流对象中的位置
Write	向当前流写入内容
Write7BitEncodedInt	以压缩格式向流写入 32 位整数

【例 10-5】 编写控制台应用程序，使用 BinaryWriter 对象向一个二进制文件内写入内容。使用 BinaryReader 对象从这个二进制文件中读取内容，并把读取到的内容显示在控制界面上。

```
using System;
using System.IO;
class Ex1004IOWithData
{
    private const string FILE_NAME = "Test.mydata";
    public static void Main(String[] args)
    {
        // 创建一个新的，空的数据文件
        if (File.Exists(FILE_NAME))
        {
            Console.WriteLine("{0}—该文件已存在!", FILE_NAME);
            return;
        }
        FileStream fs = new FileStream(FILE_NAME, FileMode.CreateNew);
        // 创建数据写入器
        BinaryWriter w = new BinaryWriter(fs);
        // 将数据写入到这个二进制文件中
        for (int i = 0; i < 11; i++)
        {
```

```
                w.Write( (int) i);
            }
            w.Close();
            fs.Close();
            // 创建数据读取器
            fs = new FileStream(FILE_NAME, FileMode.Open, FileAccess.Read);
            BinaryReader r = new BinaryReader(fs);
            // 从该二进制文件中读取数据
            for (int i = 0; i < 11; i++)
            {
                Console.WriteLine(r.ReadInt32());
            }
            r.Close();
            fs.Close();
        }
    }
```

程序的执行结果如图 10-6 所示。

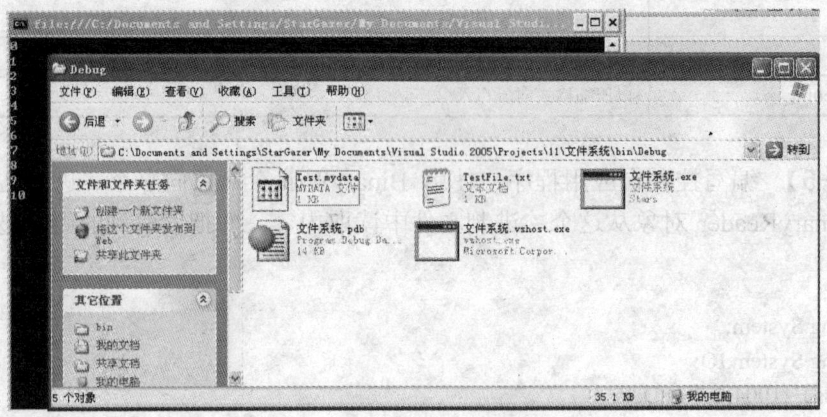

图 10-6　例 10-5 程序运行结果

10.4　文件对话框

在 Windows 应用程序中，通常提供一组 UI（UserInterface，用户接口）来实现用户与程序的交互。在控制台应用程序中这些工作通常由文字交互完成，而在图形界面下，这些工作由一些文件相关的 UI 控件完成。在.NET 中，有 OpenFileDialog 和 SaveFileDialog 两种常用的可视化组件实现这些功能。

这两个文件对话框均继承于抽象类 FileDialog，FileDialog 类是包含 OpenFileDialog 和 SaveFileDialog 类的通用行为的抽象类。虽然 FileDialog 类包含了这两个类的一些通用行为，但一般不直接使用，因为不能直接创建 FileDialog 的实例。尽管 FileDialog 类是公共的，但不能从它派生子类。如果要创建对话框以选择或保存文件，应使用 OpenFileDialog 或 SaveFileDialog 对话框类。

FileDialog 类是有模式（模态）对话框，因为在显示时，它会阻止本程序的运行，直到用户选定文件为止。当对话框有模式显示时，将不能进行任何输入（通过键盘或鼠标）操作，对话框上的对象的输入则是除外的。如果想使用程序进行输入，则必须关闭对话框（通常是响应某一用户操作）之后才可以进行。

还需要注意的是，当使用从 FileDialog 派生的类（如 OpenFileDialog 和 SaveFileDialog）时，最好避免使用包含绝对路径的字符串。而是动态地获取路径。

OpenFileDialog 和 SaveFileDialog 共有的常用属性和方法如表 10-14 和 10-15 所示。

表 10-14　OpenFileDialog 和 SaveFileDialog 共有的常用属性

名　称	说　明
AddExtension	如果用户省略输入文件的扩展名，是否自动在文件名中添加扩展名
CheckFileExists	如果用户指定了一个不存在的文件名，是否显示警告
CheckPathExists	如果用户指定不存在的路径，是否显示警告
DefaultExt	默认文件扩展名
FileName	包含在文件对话框中选定的文件名的字符串
FileNames	选定文件的所有文件名
Filter	文件名筛选器，决定对话框的“另存为文件类型”或“文件类型”框中出现的选择内容
FilterIndex	文件对话框中当前选定筛选器的索引
InitialDirectory	显示的初始目录
RestoreDirectory	在关闭前是否还原当前目录
ShowHelp	是否显示“帮助”按钮
Title	文件对话框标题

表 10-15　OpenFileDialog 和 SaveFileDialog 共有的常用方法

Reset	将所有属性值重新设置为默认值
ShowDialog	运行（显示）对话框

10.4.1　打开文件对话框

OpenFileDialog 类提示用户打开文件。作为 Visual Studio 中的组件之一，这个类是无法继承的。使用此类可检查某个文件是否存在并打开该文件。ShowReadOnly 属性指示是否在对话框中显示只读的复选框，ReadOnlyChecked 属性则指示是否选中只读复选框。

OpenFileDialog 类的大多数操作都可以在其父类 FileDialog 中找到。另外应注意，这个对话框所选定的是文件，而非文件夹，选定文件夹使用 FolderBrowserDialog 组件。

OpenFileDialog 组件的外观如图 10-7 所示。

openFileDialog1

图 10-7　OpenFileDialog 组件的图标表示

本例通过订阅一个 Button 的 Click 时间和 OpenFileDialog 的 FileOK 事件获取了一个文件的绝对路径(即 FileName 属性)，并用 Label 来显示，效果如图 10-8 所示。

图 10-8　OpenFileDialog 获取文件名效果图

10.4.2　保存文件对话框

SaveFileDialog 类用于提示用户选择文件的保存位置。这个组件除了作用外几乎与 OpenFileDialog 一模一样，就连组件图标都和 OpenFileDialog 组件一模一样。该类可以打开和改写现有文件，也可以创建新文件。

【例 10-6】 编写 Windows 应用程序，在程序中使用 SaveFileDialog 对话框，并处理这个 saveFileDialog1 的 FileOk 事件。将程序界面上 Label1 控件中显示的文件以二进制方式读取出来，并把读取到的内容保存在使用 SaveFileDialog 选定的位置。保存完毕后把保存的文件路径显示在控件 Label1 上。

```
using System;
using System.IO;
namespace WindowsFormsApplication1
{
    public partial class Form1 : Form
    {
        public Form1()
        {
            InitializeComponent();
        }

        private void saveFileDialog1_FileOk(object sender, CancelEventArgs e)
        {
            FileInfo fi = new FileInfo(label1.Text);
            string fileName = saveFileDialog1.FileName;
            FileStream fs = new FileStream(label1.Text, FileMode.Open, FileAccess.Read);
            byte[] data;
            using (BinaryReader br = new BinaryReader(fs))
            { data = br.ReadBytes((int)fi.Length); }
            fs = new FileStream(fileName, FileMode.CreateNew);
            using (BinaryWriter bw = new BinaryWriter(fs))
            {
                bw.Write(data);
            }
            fs.Close();
            label1.Text = fileName;
            this.Text = "保存完毕";      //显示在程序的左上角
        }
    }
```

```
}
```

程序的最终效果如图 10-9 和图 10-10 所示。

图 10-9　选择保存位置和文件名

图 10-10　文件保存完毕

10.5　小结

本章主要介绍了.NET Framework 中关于文件操作的常用类和方法，介绍了获取和操作文件夹、文件的类方法，介绍了获取文件和驱动器信息的方法，还介绍读写文本文件和二进制文件的相关类，最后介绍了文件操作相关的对话框和网络流。

通过本章的学习，读者应该掌握如下内容。

- 文件夹和文件的操作方法
- 文件和磁盘信息的获取和设置

● 文件流和网络流的概念
● 文本文件和二进制文件的操作方法

10.6 习题

1）编写一个控制台应用程序，提示用户输入 5 个学生的信息，包括学生学号、姓名和班级。把用户的输入的信息保存到一个文本文件中，并提示用户所保存的文件路径和文件名。（读者应创建一个学生类来保存学生的信息）

2）编写一个 Windows 应用程序，程序启动后列出计算机中的全部驱动器名称，用户选择某个驱动器后，可以查看这个驱动器根目录下的所有文件夹和文件名称。

第11章 线　　程

在基本的计算机系统中，CPU 为单个内核，而单核的 CPU 在同一时刻只能处理一件事情，这就要用时间调度程序来为这些要处理的事情排序。事实上，CPU 所处理的事情大多为应用程序，应用程序被装载于进程中，而一个进程又包含了一个或多个线程。随着双核以及多核 CPU 技术的发展和应用，构建多线程的应用程序以提高对用户的响应速度，已经成为一个热门的课题。本章将介绍进程与线程的关系，以及如何使用相关的线程类进行编程。

本章的主要内容如下。

- 线程概述
- System.Threading.Thread 类
- 线程状态与线程优先级
- 线程间通信
- 线程池
- 线程锁
- 进程操作

11.1　线程概述

对应用程序而言，进程就类似于一个大容器，由操作系统来管理这个大容器。在应用程序被执行后，就相当于将应用程序装进容器里了，可以往容器里加其他程序所需要的东西(如运行时所需的变量数据、需要引用的 DLL 文件等)。如果应用程序同时运行两次（或多次）时，容器里的内容也不会被释放掉，操作系统会创建一个新的进程容器来容纳它。可执行程序的一次执行过程即为一个进程。

进程是操作系统管理计算机的基础，是一个正在运行着的程序，是计算机中正在运行的程序实例（可以创建一个程序多个实例）。进程是可以分配给处理器执行的一个实体，是包含当前状态和一组相关的系统资源所描述的活动单元。

在 Windows 操作系统下，进程又被细化为线程，也就是一个进程之下可以包含多个能够独立运行的更小的单位。线程有人称为轻量级进程，是程序执行的最小单元，不能再分。一个标准的线程是由线程 ID（唯一标识这个线程），当前指令指针，寄存器集合和堆栈组成。线程是进程中的一个实体，是被操作系统独立调度和分派的最基本单位。一个进程至少包含一个线程，称为主线程，由主线程创建的子线程也称为工作者线程。在单个程序中同时运行多个线程来完成不同的工作，称为多线程程序。

线程自己不能拥有进程的完全系统资源，只能拥有少量的资源，同属一个进程的所有线程可以共享进程所拥有的全部资源。一个线程可以创建和取消另外一个线程，同属于一个进程中的多个线程之间也可以并发执行。由于线程之间有着相互制约关系，会导致线程在运行中出现间断性，线程有就绪、阻塞和运行 3 种最基本状态。

线程和进程的区别在于，多个线程共享所在进程的数据空间，每个线程有自己的执行堆栈和程序计数器为其执行上下文；进程和进程之间则有完全不同的代码和数据空间。多线程主要是为了节约 CPU 时间，充分利用系统资源，具体要创建多少个线程则要根据具体情况而定。

线程的周期分为新建、就绪、运行、阻塞、死亡。当有线程进入了就绪状态，需要有线程调度程序来决定何时执行，根据优先级来调度。

11.2 System.Threading.Thread 类

线程所使用的类位于 System.Threading 命名空间下。Thread 类的用处是创建并控制线程，设置其优先级并获取其状态。其主要成员如表 11-1 和表 11-2。

表 11-1 Thread 类的属性

名 称	说 明
CurrentContext	线程的当前上下文
CurrentThread	当前正在运行的线程
IsAlive	表示当前线程的执行状态
IsBackground	表示某个线程是否为后台线程
Name	线程的名称
Priority、	线程的调度优先级
ThreadState	线程的状态

表 11-2 Thread 类的方法

名 称	说 明
Abort	终止此线程的执行，通常会终止线程
GetDomain	当前线程正在其中运行的当前域
GetDomainID	应用程序域标识符
Interrupt	中断线程
Join	禁止调用线程，直到某个线程终止时为止
Resume	继续之前已挂起的线程
Sleep	禁止当前线程执行，单位为毫秒
Start	开始执行该线程
Suspend	挂起当前线程

【例 11-1】 编写控制台应用程序，编写一个函数 ThreadProc，在 main 函数中启动线程开始执行 ThreadProc 函数。

```
using System;
using System.Threading;

public class Ex1101ThreadSample
{    // ThreadProc 方法在线程启动时调用，该方法将循环 10 次
     //并且每次都向控制台打印出剩余的时间片，然后结束
     public static void ThreadProc()
     {
          for (int i = 0; i < 10; i++)
          {
               Console.WriteLine("ThreadProc: {0}", i);
               // 打印剩余时间片
               Thread. Sleep(0);
          }
     }
public static void Main()
{
          Console.WriteLine("主线程：启动次线程");
          // Thread 类的构造函数需要一个 ThreadStart 委托
          //这个委托代表将要在该线程上执行的方法
          //C# 简化了这样一个委托的创建
          Thread t = new Thread(new ThreadStart(ThreadProc));
          //启动 ThreadProc 方法。注意，在单核处理器的情况下，
          //该线程不会获取任何时间片，直到主线程占有时间片
          //可以取消 t.Start()之后 Thread.Sleep 方法的注释，以观察结果
          t.Start();
          //Thread.Sleep(0);
          for (int i = 0; i < 4; i++)
          {
               Console.WriteLine("主线程：执行一些工作");
               Thread.Sleep(0);        //使当前所在的线程睡眠
          }
          Console.WriteLine("主线程：调用 Join()方法，以等待 ThreadProc 方法调用结束");
          t.Join();
          Console.WriteLine("主线程：ThreadProc.Join 方法已返回。按任意键结束程序。");
          Console.ReadLine();
     }
}
```

程序的执行效果如图 11-1 所示。

```
file:///C:/Documents and Settings/StarGazer/My Documents
主线程：启动次线程
主线程：执行一些工作
ThreadProc: 0
主线程：执行一些工作
ThreadProc: 1
主线程：执行一些工作
ThreadProc: 2
主线程：执行一些工作
ThreadProc: 3
主线程：调用Join<>方法，以等待ThreadProc方法调用结束
ThreadProc: 4
ThreadProc: 5
ThreadProc: 6
ThreadProc: 7
ThreadProc: 8
ThreadProc: 9
主线程：ThreadProc.Join方法已返回。按任意键结束程序。
```

图 11-1　例 11-1 程序运行结果

11.3　线程状态与线程优先级

线程在其生存期间内，并不一定总是一个状态，它总是处于由 ThreadState 定义的某个状态中。可以设置线程的 ThreadPriority 属性来定义线程的调度优先级，但不一定能保证操作系统会允许这个优先级。

11.3.1　线程状态

线程由 ThreadState 枚举指定其执行状态。此枚举有一个 FlagsAttribute 特性，允许其成员值按位组合，在这个枚举中定义了一组所有线程可能的执行状态。线程在被创建之后，它就至少处于 ThreadState 某个状态中，直到线程结束。在.NET Framework 中创建的线程最初是处于 Unstarted 状态的，而开始运行的线程则处于 Running 状态中。通过调用 Start 方法可以将处于 Unstarted 状态的线程转换为 Running 状态。需要注意的是，并非所有的 ThreadState 值的组合都是有效的，例如，线程不能同时处于 Aborted 和 Unstarted 状态中。ThreadState 枚举成员如表 11-3 所示。

表 11-3　ThreadState 枚举成员

成 员 名 称	说　明
Aborted	线程处于停止状态中
AbortRequested	对线程已调用了 Thread.Abort 方法
Background	线程处于后台线程执行状态，可通过设置 Thread.IsBackground 属性来控制
Running	线程已启动，正在运行中
Stopped	线程已停止
StopRequested	正在请求线程停止
Suspended	线程已被挂起
SuspendRequested	已经请求将线程挂起
Unstarted	线程还没有启动
WaitSleepJoin	由于调用 Wait、Sleep 或 Join之中某个方法，线程已经能够被阻止

除了上面说明的状态之外，线程还有一个 Background 状态，它指示线程是处于后台运行还是在前台运行。在某个特定时间内线程可处于多个状态。例如，如果一个线程在调用 Wait 时将会被阻塞，这时另一个线程对阻塞的线程调用 Abort，则阻塞线程将同时处于 WaitSleepJoin 和 AbortRequested 这两种状态。在上述这种情况下，该线程在从对 Wait 的调用中返回或被中断执行，则它将会接收到 ThreadAbortException 以开始中止线程执行。

应用程序必须使用位屏蔽来确定线程是否在运行。因为 Running 的值为零 (0)，例如，可使用如下代码来测试线程是否在运行（myThread 是一个线程实例）。

```
if (myThread.ThreadState & (ThreadState.Stopped | ThreadState.Unstarted)) == 0)
```

11.3.2 线程优先级

线程调度的优先级由 ThreadPriority 属性指定，这个值是一个枚举值。ThreadPriority 定义了线程优先级的所有可能值。线程优先级是表示一个线程相对于另一个线程的相对优先级，优先级高的将有机会先由操作系统调度执行。每个线程初始创建时都有一个默认分配的优先级，最初被分配 Normal 优先级。可以通过访问线程的 Priority 属性来获取和设置线程的优先级。

用于确定线程执行顺序的调度算法会随操作系统的不同而有所不同，一般都是根据线程的优先级调度线程的执行。操作系统也会根据用户界面的焦点在前台和后台之间移动时动态地调整线程的优先级。一个线程的优先级并不影响该线程的执行状态，该线程的状态在操作系统可以调度该线程之前必须为 Running。

ThreadPriority 枚举成员如表 11-4 所示。

表 11-4 ThreadPriority 枚举成员

成 员 名 称	说 明
Lowest	最低等级，在具有任何其他优先级的线程之后执行
BelowNormal	低于标准，在具有 Normal 优先级的线程之后，在Lowest 优先级的线程之前执行
Normal	标准（默认值），在具有 AboveNormal 优先级的线程之后，在BelowNormal 优先级的线程之前执行
AboveNormal	高于标准，在具有 Highest 优先级的线程之后，在具有 Normal 优先级的线程之前执行
Highest	最高等级，在具有任何其他优先级的线程之前执行

【例 11-2】 编写控制台应用程序，在程序中创建两个线程，其中一个线程的优先级设置为 BelowNormal。分别在两个线程的 while 循环中都增加一个变量，并设定运行的时间。.

```
using System;
using System.Threading;
class Ex1102ThreadPrioritySample
{
    static void Main()
    {
```

```
            PriorityTest priorityTest = new PriorityTest();
            ThreadStart startDelegate = new ThreadStart(priorityTest.ThreadMethod);
            Thread threadOne = new Thread(startDelegate);
            threadOne.Name = "ThreadOne";
            Thread threadTwo = new Thread(startDelegate);
            threadTwo.Name = "ThreadTwo";
            threadTwo.Priority = ThreadPriority.BelowNormal;
            threadOne.Start();
            threadTwo.Start();
            // 等待 10s
            Thread.Sleep(10000);
            priorityTest.LoopSwitch = false;
        }
    }
    class PriorityTest
    {
        bool loopSwitch;
        public PriorityTest()
        {
            loopSwitch = true;
        }
        public bool LoopSwitch
        {
            set{ loopSwitch = value; }
        }
        public void ThreadMethod()
        {
            long threadCount = 0;
            while(loopSwitch)
            {
                threadCount++;
            }
            Console.WriteLine("{0} with {1,11} priority " +
                "has a count = {2,13}", Thread.CurrentThread.Name,
                Thread.CurrentThread.Priority.ToString(),
                threadCount.ToString());
        }
    }
```

程序的运行结果如图 11-2 所示。

```
file:///C:/Documents and Settings/StarGazer/My Documents/Visu
ThreadTwo with BelowNormal priority has a count =    45,499,225
ThreadOne with      Normal priority has a count = 3,375,981,021
```

图 11-2　例 11-2 程序运行结果

11.4 线程间通信

由于工作线程之间、工作线程和主线程之间相互比较独立，但有时候线程之间需要相互传递信息，这就是线程间通信问题。线程之间的这种关系一般称为异步机制，异步操作也是线程的一种。当开始一个异步操作（即创建新线程），完成调用后需要和其他线程通信（例如，需要告知状态信息），需要线程间的通信编程来互通信息。由于委托非常适合于进行异步，可以借助于委托进行线程间通信。

【例 11-3】 编写控制台应用程序，使用异步方式在不同的线程间通信。

```
using System;
using System.Threading;
class Program
{
    public delegate int BinaryOp(int x, int y);
    public delegate void Print(string text);
    static void Main(string[] args)
    {
        Console.WriteLine("主线程的散列码是{0}", Thread.CurrentThread.GetHashCode());
        BinaryOp b = new BinaryOp(Add);
        Print p = new Print(WriteText);
        IAsyncResult iart = p.BeginInvoke("*****", null, null);
        IAsyncResult iar = b.BeginInvoke(5, 2, null, null);
        int asyre = b.EndInvoke(iar);
        Console.WriteLine("计算的结果为{0}", asyre);
        p.EndInvoke(iart);
        Console.ReadLine();
    }
    static int Add(int x, int y)
    {
        Console.WriteLine("当前线程正在执行加法，散列码是{0}",
        Thread.CurrentThread. GetHashCode());
        Thread.Sleep(9000);
        return x + y;
    }
    static void WriteText(string text)
    {
        Console.WriteLine("执行输出文本的线程的散列码为{0}",Thread.CurrentThread.
GetHashCode());
        for (int i = 0; i < 11; i++)
        {
            Thread.Sleep(1000);
            Console.WriteLine("{0}", text);
```

```
            }
        }
    }
```

程序的执行效果如图 11-3 所示。

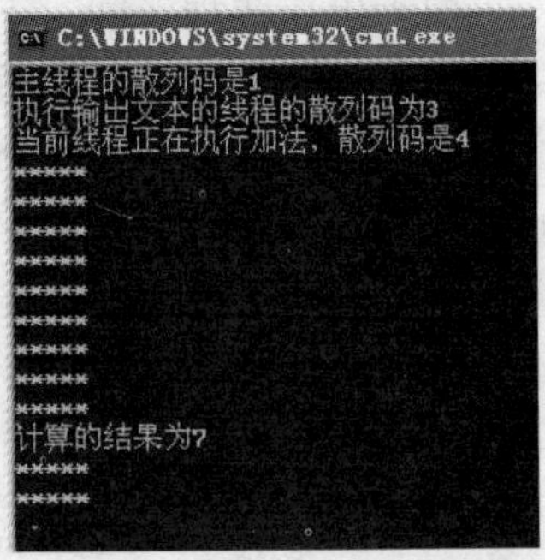

C:\WINDOWS\system32\cmd.exe

```
主线程的散列码是1
执行输出文本的线程的散列码为3
当前线程正在执行加法，散列码是4
*****
*****
*****
*****
*****
*****
*****
*****
*****
*****
计算的结果为7
*****
*****
```

图 11-3　例 11-3 程序运行结果

从例 11-3 可以发现，主函数、执行加法的委托以及执行输出文本的委托都是在不同的线程中进行的，所以这 3 个方法当前线程的散列码是不相同的。另外，这种异步机制也使得线程的使用更加灵活，不必等待一件费时间的事情做完就可以响应用户的请求。

11.5　线程池

应用程序可以创建多个子线程，这些线程在休眠状态中需要耗费比较多的时间来等待事件发生，其他的线程也可能进入睡眠状态，并且仅定期被唤醒来更改或更新线程的状态信息，然后再次进入休眠状态。为了简化类似于上述的对这些线程的管理，.NET Framework 为每个进程都提供了一个线程池，每个线程池有若干个等待操作的状态，当一个等待操作完成时，线程池中的辅助线程就会执行回调函数。由于线程池中的线程由系统进行管理，编程人员不需要费力于线程的管理，这样就可以集中精力处理应用程序任务。

线程池是多线程处理的一种形式，处理过程中将会把线程任务添加到队列中，然后在创建线程后自动启动执行这些任务。线程池中的线程都是后台线程，每个线程都将使用默认的堆栈大小，也都将以默认的优先级运行。如果某个线程在.NET Framework 托管中空闲（例如，正在等待某个事件发生），则线程池会自动插入另一个辅助线程来使所有处理器保持繁忙。如果线程池中所有线程都始终保持繁忙，但队列中还包含有挂起的工作，则线程池会在一段时间之后创建另一个辅助线程，但会保证线程的数目不会超过最大值。超过了最大值的线程将会进入排队，但需要等到其他线程完成后才会被启动。

在以下一些情况下不适合使用线程池。

1）如果需要使一个任务具有某个特定优先级。

2）如果具有可能会长时间运行（并因此阻塞其他任务）的任务。

3）如果需要将线程放置到单线程单元中（线程池中的线程都处于多线程单元中）。

4）如果需要永久标识来标识和控制线程，比如想使用专用线程来终止该线程，将其挂起或按名称找到它。

.NET 中的 System.Threading.ThreadPool 类即为线程池类，它提供一个线程池和在线程池上的管理工作，可用于发送工作项、处理异步 I/O 事件、代表其他线程等待以及处理计时器等。ThreadPool 类是一个静态类，它提供了管理线程的一系列的静态方法，其中常用的如表 11-5 所示。

线程池将会保证尽可能少的空闲线程。对于辅助线程而言，此最小数目的默认值为处理器的数目。使用 GetMinThreads 方法则可获取空闲的辅助线程和 I/O 完成线程的最小数目。

在所有线程池线程都分配到任务之后，线程池不会立刻进行创建新的空闲线程。为了避免给线程分配不必要的内存空间，线程池按照一定的时间间隔来创建新的空闲线程，该时间间隔目前为 0.5s。

表 11-5　ThreadPool 的常用静态方法

名　　称	说　　明
BindHandle	将操作系统句柄绑定到线程池中
GetAvailableThreads	取得最大线程池线程数和当前处于活动线程数之间的差值
GetMaxThreads	取得可以同时处于活动状态的线程池请求的数目。所有大于此数目的请求将进入排队状态
GetMinThreads	取得线程池的空闲线程数
QueueUserWorkItem	将方法排入队列。此方法在有线程池线程变为可用时可执行
RegisterWaitForSingleObject	注册正在等待 WaitHandle的委托实例
SetMaxThreads	设置同时处于活动状态的线程池的请求数目
SetMinThreads	设置线程池的空闲线程数

如果应用程序遇到线程的活动高峰，以致出现大量线程池任务都在排队的情况，则可以使用 SetMinThreads 方法来增大最小空闲线程数。如果不这样的话，创建新空闲线程时的内置延迟可能会导致性能的瓶颈。如果在非必要的情况下增大空闲线程数，也可能导致性能变差，因为必须为每个线程都分配内存空间。如果同时启动的线程任务过多，则所有任务的处理速度可能都会很慢，如何能找到合理的平衡点是一个性能优化问题。

【例 11-4】 编写控制台应用程序，创建线程池对象，并把所创建的线程交由线程池管理。

```
using System;
using System.Threading;
public class Ex1104ThreadPoolSample
{
    public static void Main()
    {
            //为任务排队
            ThreadPool.QueueUserWorkItem(new WaitCallback(ThreadProc));
            Console.WriteLine("主线程将执行一些任务后休眠");
            //如果注释掉 Sleep 方法的话，主线程就会在线程池任务运行之前退出
            //线程池使用不会保持应用程序运行的后台线程
            Thread.Sleep(1000);
            Console.WriteLine("主线程退出");
    }

    //此线程过程执行任务
static void ThreadProc(Object stateInfo)
{
            //没有状态对象传给 QueueUserWorkItem 方法，所以状态信息是空的
            Console.WriteLine("线程池已响应");
    }
}
```

程序的执行效果如图 11-4 所示。

```
file:///C:/Documents and S
主线程将执行一些任务后休眠
线程池已响应
主线程退出
```

图 11-4 例 11-4 程序运行结果

11.6 线程锁

在应用程序内使用多线程的一个非常大的好处是每个线程都可以异步的执行，可以类比于把任务进行分配并交给不同人员去完成。对于桌面应用程序来说，耗时的任务可以安排在后台执行，而使应用程序窗口和控件能及时保持对用户的响应；对于服务器应用程序，多线程这种处理机制提供了用不同线程处理每个传入请求的能力。不然的话，在前一个请求（任务）未执行完之前，将无法处理新的请求，这将极大地影响服务器的吞吐。

然而，线程间的异步特性意味着必须处理好线程间对资源（如文件句柄、网络连接和内存）的访问。否则，两个或更多的线程可能在同一时间段内需要使用同一个资源，而线程由于之间的异步性都不知道其他线程的操作，这将产生不可预知的数据损坏。

对于整数数据类型的简单操作，可以用 Interlocked 类的成员来解决这个问题。对于其他所有数据类型和非线程安全的资源，可以使用下面将要讨论的内容来确保安全地执行多线程处理。

11.6.1 线程同步

可以使用 lock 关键字来解决线程间资源争夺问题，以及线程同步问题。lock 关键字可以用来确保一个代码块独立完成运行，而不会被其他线程（即使这个线程的优先级比较高）中断这个代码块。这是.NET Framework 通过在代码块运行期间为给定的对象获取互斥锁来实现的。

lock 语句块以关键字 lock 开头，它后边有一个作为参数的对象，在该参数的下面是一个只能由一个线程一次执行完的代码块。lock 关键字将语句块标记为临界区，本质是获取了参数对象的互斥锁，在执行完语句块后释放该锁。lock 关键字的语法如下。

```
lock (lockThis)
{
  // 在这里访问线程敏感的数据
}
```

其中 lock 是关键字，而 lockThis 代表某个类的对象，这样就可以在多线程的条件下锁定该对象，从而保持数据的一致性。

提供给 lock 关键字使用的参数必须为引用类型的对象，该对象用来定义这个锁的范围。严格地说，提供给 lock 使用的对象只是用来唯一地标识由多个线程共享的资源，所以这个对象可以是任意类实例。但实际上，通常使用需要进行线程同步的资源来作为这个对象。例如，如果一个容器对象可能会被多个线程使用，但同一时刻只能有一个线程进行访问，则可以将该容器对象传递给 lock，而 lock 后面的同步代码块将访问该容器。只要其他线程在访问该容器前确保先锁定该容器，则对该对象的访问将是安全同步的，不会有什么问题。

一般来说，尽量避免锁定 public 类型或不受应用程序控制的对象实例。例如，如果该对象实例是可以被公开访问的，则 lock（这个对象）就可能会出现问题，因为不受控制的代码也可能会去锁定这个对象，这就可能导致死锁，即两个或更多线程等待释放同一对象。出于同样的原因，锁定公共数据类型也可能出现类似的问题，锁定字符串对象尤其不推荐使用。因为只要在应用程序进程中的任何处具有相同内容的字符串上放置了锁，就将锁定应用程序中该字符串的所有实例。因此，最好锁定私有或受保护成员，某些类还提供专门用于进行加锁的成员。

【例 11-5】 编写控制台应用程序，模拟一个取款的实际情况，使用线程锁来实现当余额不足时通过锁定对象而停止交易的情况。

```
using System;
using System.Threading;
class Account
{
    private Object thisLock = new Object();
    int balance;
    Random r = new Random();
    public Account(int initial)
    {
        balance = initial;
    }
    int Withdraw(int amount)
    {
        //这个条件永远不会为真，除非线程锁定的部分被注释掉了
        if (balance < 0)
        {
            throw new Exception("负余额");
        }
        //注释掉下一行就能够看到没有线程锁的效果了
        lock(thisLock)
        {
            if (balance >= amount)
            {
                Console.WriteLine("取款钱的余额为 :   " + balance);
                Console.WriteLine("取款的数量为              : -" + amount);
                balance = balance - amount;
                Console.WriteLine("取款后的余额为   :   " + balance);
                return amount;
            }
            else
            {
                return 0;      //终止交易
            }
        }
    }
    public void DoTransactions()
    {
        for (int i = 0; i < 100; i++)
```

```
                {
                    Withdraw(r.Next(1, 100));
                }
            }
    }
    class Ex1105ThreadLock
    {
        static void Main()
        {
            Thread[] threads = new Thread[10];
            Account acc = new Account(1000);
            for (int i = 0; i < 10; i++)
            {
                Thread t = new Thread(new ThreadStart(acc.DoTransactions));
                threads[i] = t;
            }
            for (int i = 0; i < 10; i++)
            {
                threads[i].Start();
            }
        }
    }
```

程序的执行效果如图 11-5 所示。

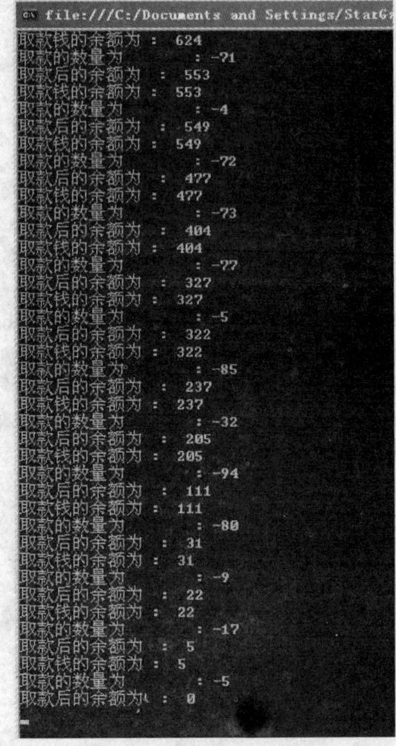

图 11-5　例 11-5 程序运行结果

11.6.2 死锁

前面介绍了为了做到线程同步而进行锁定对象的情况，但是如果用不好线程锁的话，反倒可能引起线程间的死锁问题。

死锁是指两个或多个进程（或线程）在执行过程中，因争夺某项资源而造成的一种互相等待的现象，若不强制终止它们，它们将一直等待下去。这时称系统处于死锁状态或系统内产生了死锁情况，这些一直在互相等待的进程称为死锁进程。死锁对于操作系统来说是个非常严重的问题，因为死锁一般都会引起操作系统的崩溃。对于编程人员来说，一定要避免引起死锁。

一种情形，发生死锁的线程都在等待被其他线程占用并堵塞了的资源。例如，如果线程A锁住了资源1并等待申请资源2，而线程B则锁住了资源2并等待其他线程释放资源1，这样两个线程就发生了死锁。

计算机系统中，如果操作系统的资源分配策略不当，更常见的可能是编程人员的程序有问题，就会导致进程因竞争资源不当而产生死锁的现象。

产生死锁的主要原因如下。

1）系统内资源不够所有进程（线程）使用。

2）进程间执行的顺序不合适。

3）资源分配策略不当。

如果系统资源相对充足，进程的资源申请都能够得到及时满足，出现死锁的可能性就很低；否则进程间就会因争夺有限的资源而陷入死锁。进程的运行顺序与速度不同，也可能产生死锁。

产生死锁的必要条件如下。

1）资源互斥：某个资源每次只能被一个进程使用。

2）请求与保持：一个进程因请求资源而陷入等待时，对已申请到的资源保持不放。

3）不剥夺条件：进程已获得的资源，在未使用完之前，系统不能强行剥夺。

4）循环等待：若干进程之间形成一种头尾相接的相互循环等待申请资源。

这4个条件是死锁的必要条件，只要系统发生死锁，这些条件必然成立，反之只要上述条件之一不满足，就不会发生死锁。

了解死锁的原因，尤其是产生死锁的4个必要条件后，如何破坏这4个必要条件，如何确定资源的合理分配，就可以最大程度地避免和解除死锁情况。

死锁排除的方法可以有以下几种。

1）强制终止处于死锁的全部进程。

2）逐个终止处于死锁的进程，直到死锁不存在为止。

3）从处于死锁的进程中逐个强制放弃所占用的资源，直至死锁解除。

4）从另外一些进程中强制剥夺足够数量的资源分配给已经处于死锁的进程，以解除它们的死锁状态。

【例 11-6】 编写控制台应用程序，创建并运行两个线程，让这两个线程满足死锁的必要条件，从而引发线程的死锁。

```
using System;
using System.Threading;
public class StateObject
{
    private int state = 5;
    private object sync = new object();
    public void ChangState(int loop)
    {
        lock (sync)
        {
            if (state==5)
            {
                state++;
            }
            state = 5;
        }
    }
}
public class DeadLock
{
    public DeadLock(StateObject s1, StateObject s2)
    {
        this.s1 = s1;
        this.s2 = s2;
    }
    private StateObject s1;
    private StateObject s2;
    public void DeadLock1()
    {
        int i = 0;
        while (true)
        {
            lock (s1)
            {
                lock (s2)
                {
                    s1.ChangState(i);
                    s2.ChangState(i++);
                    Console.WriteLine("仍在运行中，{0}",i);
                }
            }
        }
    }
    public void DeadLock2()
    {
        int i = 0;
```

```
            while (true)
            {
                lock (s2)
                {
                    lock (s1)
                    {
                        s1.ChangState(i);
                        s2.ChangState(i++);
                        Console.WriteLine("仍在运行中，{0}", i);
                    }
                }
            }
        }
    }
    class Ex1106BadLock
    {
        static void Main(string[] args)
        {
            StateObject state1 = new StateObject();
            StateObject state2 = new StateObject();
            new Thread(new DeadLock(state1, state2).DeadLock1).Start();
            new Thread(new DeadLock(state1, state2).DeadLock2).Start();
        }
    }
```

注意，这个例子程序不会自然结束，请在观测结果后强制退出程序。程序的执行效果如图 11-6 所示。

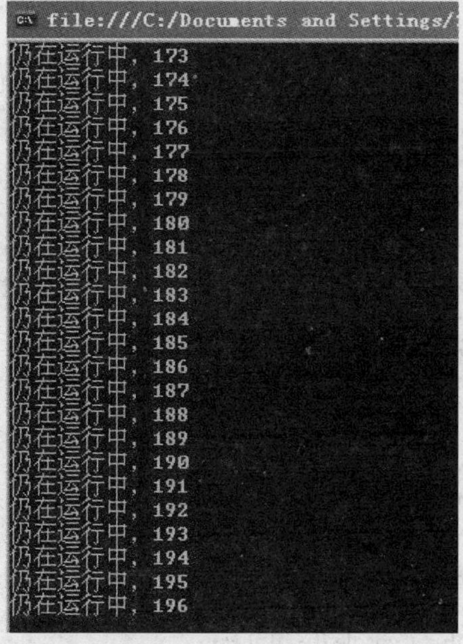

图 11-6　例 11-6 程序运行结果

11.7 进程操作

在计算机上运行一个程序，就会产生一个进程，它伴随着整个程序的操作过程，直到程序终止退出。一个程序如果同时执行多次则是多个进程。进程在操作系统中是一个非常抽象，但又非常重要的概念。程序与进程概念是不可分的，程序是为了完成某项任务编排的语句序列，它告诉计算机如何执行，进程可以理解为一个可执行程序的一次执行过程。

一般来说，进程有 3 种状态：就绪、执行、挂起（或称为等待）。由多种原因可以导致创建一个进程，例如，一个程序从外存调入内存开始执行，操作系统就要为其创建进程，当然还可能有其他原因，如一个应用进程为完成一个特殊的任务，可以自己创建一个子进程。进程在创建后放在内存并处于就绪状态，所谓就绪状态就是具备除了 CPU 之外的所有资源，一旦获得了 CPU，就变成了执行状态，执行中如果需要等待其他一些条件（比如说鼠标、键盘操作或网络数据等），则这个进程就会变成等待状态，操作系统这时就会从就绪状态的进程中再调度一个进程给它分配 CPU。等待状态的进程可能再次变为就绪状态。PCB（进程控制块）是进程的唯一标志，在其中记录了进程的全部信息，它是一种记录型的数据结构。

进程和线程都是由操作系统所分配的程序运行的基本单元，系统利用该基本单元实现系统对应用的并发性。一个程序的一次执行即为一个进程，一个进程至少有一个线程（也可以有多个线程），线程的划分尺度小于进程，使得多线程程序的并发性高。进程在执行过程中拥有独立的内存单元，资源消耗相对较大；而多个线程共享一个进程的内存空间，从而极大地提高了程序的运行效率。每个继承有一个程序运行的入口、顺序执行序列和程序的出口。但是线程不能够独立执行，必须依存在应用程序中，由应用程序提供多个线程执行控制。从逻辑角度来看，多线程的意义在于一个应用程序中，有多个执行部分可以同时执行。

在 C#中进行进程编程使用的是 System.Diagnostics.Process 类，这个类封装了操作进程的方法。

【例 11-7】 编写控制台应用程序，让用户输入需要执行程序的路径和参数，然后启动这个程序（即启动了一个进程）。

```
using System;
using System.Collections.Generic;
using System.Text;
using System.Diagnostics;
namespace ConsoleApplication3
{
    class Program
    {
        static void Main(string[] args)
        {
            Process pro = new Process();
            Console.WriteLine("请输入要启动程序的路径");
            string path = Console.ReadLine();
            pro.StartInfo.FileName = path;
```

```
                Console.WriteLine("请输入要启动程序的参数");
                string argument = Console.ReadLine();
                pro.StartInfo.Arguments = argument;
                pro.StartInfo.UseShellExecute = true;
                pro.StartInfo.CreateNoWindow = false;
                pro.Start();
                //while (!pro.HasExited)
                //{
                //      pro.WaitForExit();
                //}
            }
        }
    }
```

pro.Start()方法启动了这个进程，这个进程称为当前进程的子进程，由于当前进程没有其他需要执行的代码所以就结束退出了。如果想要等到子进程结束以后再退出当前进程，可以解开上例中后面的注释部分。

【例 11-8】 编写控制台应用程序，在系统内搜索特定名称的进程，并把搜索到的进程全部结束掉。

```
using System;
using System.Collections.Generic;
using System.Text;
using System.Diagnostics;
namespace ConsoleApplication3
{
    class Program
    {
        static void Main(string[] args)
        {
            Process[] myprocess = Process.GetProcessesByName("luckystar");
            foreach (Process p in myprocess)
            {
                p.Kill();
            }
        }
    }}
```

上面这个例子演示了在操作系统中寻找名字是“luckystar”的进程（有可能会找到多个进程），把搜索到的进程放在 myprocess 数组中，在 foreach 循环中结束这些进程。

11.8 小结

本章主要介绍了线程和进程的概念，并着重分析和讲解了线程相关的概念和在 C#中的操作相关类和方法，并通过具体实例帮助读者了解和掌握线程和进程的操作方法。

通过本章的学习，读者应该掌握以下内容。

- 线程和进程的基本概念
- 线程的创建和相关操作
- 线程池和线程锁，线程间通信
- 进程的基本操作

11.9 习题

1）使用控制台实现一个多线程应用程序，有 5 个子线程，程序启动后启动第一个子线程，然后每隔 20ms 启动下一个子线程。每个子线程计算 1～100000 的和，计算结束后在界面中提示自己是第几个子线程并输入求和结果。所有线程都结束后退出整个程序。

2）使用 Windows 应用程序，实现用户输入一个可执行文件的完整路径，单击“启动”按钮后，创建一个子进程来启动这个可执行文件。当单击“结束”按钮后，关闭所创建的子进程，并退出程序。

11.10 综合项目—幸运之星

11.10.1 项目分析

本项目需要实现一个随机抽取一个人名的程序，被抽中的人即为幸运之星。要求使用界面友好的 Windows 应用程序实现，本项目主要完成以下功能。

根据程序的设定，可以打开本地或远程 Web 服务器上的一个文本文件。这个文本文件保存着所有人的名字，每一个人名就是这个文本文件的一行内容。

随机抽取文本文件的某一行，并把这一行的内容显示在 Windows 程序界面上。

需要保证抽取到的人名不会重复被抽取到。

11.10.2 项目设计

可以考虑使用泛型列表来存储全部人的名字，这样每次随机抽取之后就可以很方便地把抽取到的人名从泛型列表中删除掉，这样就可以保证不会抽取到重复的人名。如果考虑用字符串数组的话，则需要特殊考虑一些问题，比如数组元素的删除等。

如果是需要获取 Web 文件的话，可能时间会比较长，为了防止由于时间过长而导致在程序界面上表现出的假死现象，所以考虑使用线程来实现获取服务器上的文件内容，这样在读取远程文件的时候，程序依旧可以响应基本的鼠标键盘事件。为了使程序更人性化，加入了一个进度条来提示用户读取文件的进程状态。

为了提高程序的复用性和可控制性，尽量降低各个部分之间的耦合性，考虑在项目中设计一个 LuckyStar 类，这个类独立于程序的界面（也就是 Form1 类），封装了幸运之星的全部功能。类的设计如图 11-7 所示。

类中的字段_isReady 和属性 isReady 是一对，public 的 isReady 为对外的窗口，允许查询 LuckyStar 是否已经准备好，是否可以开始抽取幸运之星；downloadForm 即为包含一个进度条控件的窗体，由 LuckyStar 类负责显示和关闭；downloadThread 是一个线程的对象，如果需要的数据文件是远程服务器上的文件，则需要启动线程来完成这个功能；filePath 是数据文件的本地路径或者是一个以 http 开头的 URL 路径；names 是一个泛型对象，用于保存全部的人名信息；rd 是一个随机数对象，用于产生随机数。

图 11-7 LuckyStar 类设计图

类中的构造函数负责从外界获取数据文件的位置，并初始化 LuckyStar 对象，还负责调用 initializeNameList 方法；initializeNameList 方法负责准备好人名信息并放入泛型对象 names 中，此方法需要自行判断是打开一个本地文件还是启动线程读取远端服务器文件内容；DownLoadFile 方法负责从远端服务器下载某一文件；FindALuckyMan 方法负责随机从泛型对象 names 中抽取某一个元素，把抽取到的元素内容作为返回值返回，此方法需要处理把抽取到的元素从列表对象中删除。

11.10.3 项目实现

项目的详细实现步骤如下。

1）新建一个 Windows 窗体应用程序项目，项目名称改为“幸运之星”。

2）在项目“幸运之星”单击鼠标右键，然后选择“添加 Windows 窗体”，在新弹出的窗口中选择“Windows 窗体”，默认名称为“Form2.cs”，单击“添加”按钮。

3）调整 Form2 窗体的属性，并在窗体中加入一个 Label 控件和一个进度条控件，如图 11-8 所示。

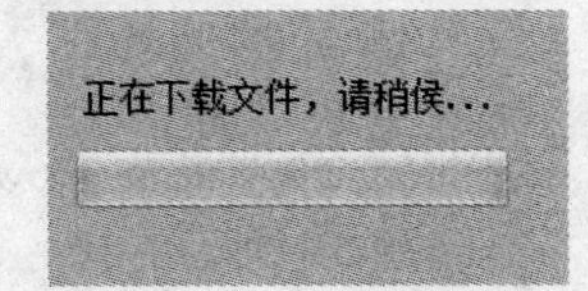

图 11-8 From2 窗体的设计

4）在 Form2 窗体中加入一个 Timer 控件，并把它的 name 改名为 timerProgress。

5）分别处理 Form2 窗体的 Load 事件和 timerProgress 的 Tick 事件，添写如下代码。

```
public partial class Form2 : Form
{
    public Form2()
    {
        InitializeComponent();
    }

    private void timerProgress_Tick(object sender, EventArgs e)
    {

        if (this.progressBar1.Value < 100)
```

```
                {
                    this.progressBar1.Value += 1;
                }
                else
                {
                    timerProgress.Enabled = false;
                    MessageBox.Show("下载文件失败！");
                    this.Close();
                }
            }
            private void Form2_Load(object sender, EventArgs e)
            {
                timerProgress.Interval = 500;
                timerProgress.Enabled = true;
            }
        }
```

6）在项目“幸运之星”单击鼠标右键，然后选择“添加”→“新建项”，在新弹出的窗口中选择“C#类库项目”，名称改为“LuckyStar.cs”，单击“添加”按钮。

7）在 LuckyStar.cs 文件中添入如下代码。

```
using System;
using System.Collections.Generic;
using System.Linq;
using System.Text;
using System.Threading;
using System.Net;
using System.IO;
using System.Windows.Forms;

namespace 幸运之星
{
    public class LuckyStar
    {
        private List<string> names;
        private Random rd;
        private Thread downloadThread;
        private Form2 downloadForm;
        private string filePath = "";

        private bool _isReady;
        public bool isReady        // 标示数据是否准备完毕
        {
            get { return _isReady; }
            //没有 set 则 isReady 是只读属性，这样外界只可以查询状态，但不能改变状态
            //set { _isReady = value;}
        }
```

```
public LuckyStar(string fileAddress)
{
    _isReady = false;
    rd = new Random(DateTime.Now.Millisecond);
    names = new List<string>();
    filePath = fileAddress.ToLower().Trim();
    initializeNameList(fileAddress);

}
private void initializeNameList(string fileAddress)
{
     if (fileAddress.IndexOf("http") == 0)
    {
        downloadThread = new Thread(DownLoadFile);
        downloadThread.Start();    //启动线程
        downloadForm = new Form2();
        downloadForm.Show();       //显示带进度条的窗体
    }
    else
    {
        if (File.Exists(fileAddress))
        {
            string fileContent = File.ReadAllText(fileAddress,Encoding.Default).Trim();
            string[] manyNames = fileContent.Split('\n');
            foreach (string personName in manyNames)
            {
                names.Add(personName);
            }
            _isReady = true;       //数据准备完毕
        }
        else
        {
            MessageBox.Show(fileAddress + "文件不存在！ ");
        }
    }
}
public string FindALuckyMan()
{
    string result = "";
    if (_isReady)      //检查是否已经准备好
    {
        if (names.Count <= 0)
        {
            MessageBox.Show("名字列表为空，不能抽取幸运之星！ ");
        }
```

```
                else
                {
                    int num = rd.Next(names.Count);
                    result = names[num];
                    names.RemoveAt(num);      //把抽取出来的人从列表中删除
                }
            }
            else
            {
                MessageBox.Show("数据文件还未准备好，请稍候！");
            }
            return result;
        }
        private void DownLoadFile()
        {
            WebClient client = new WebClient();
            Stream str = null;
            try
            {
                str = client.OpenRead(filePath);      //读取网络文件内容
            }
            catch (Exception e)
            {
                MessageBox.Show("打开网络文件错误！");
            }
            finally
            {
                if (downloadForm != null)
                {
                    downloadForm.Close();      //关闭带进度条的窗体
                }
            }
            StreamReader reader = new StreamReader(str);
            string contents = reader.ReadToEnd().Trim();
            string[] manyNames = contents.Split('\n');
            foreach (string personName in manyNames)
            {
                names.Add(personName);
            }
            _isReady = true;      //数据已经准备完毕
        }
    }
}
```

在 initializeNameList 方法中如果检查出需要使用的文件是以“http”开头的一个 URL 地

址文件，则启动线程完成下载工作，并把Form2窗体创建并显示出来。

8）调整 Form1 窗体的属性，放入两个 Label 控件、一个 Button 控件和一个 Timer 控件，如图 11-9 所示。

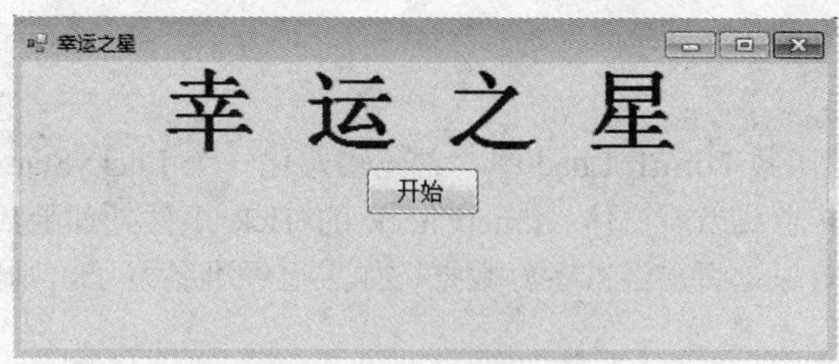

图 11-9　Form1 窗体设计

Form1 的上半部是一个 Label 控件，用于显示“幸运之星”几个字；中间是一个 Button 按钮，用于程序的开始，把这个控件的 name 修改成“button_Begin”；Form1 的下半部也是一个 Label 控件，用于显示抽取到的幸运之星的信息，把这个控件 name 修改成“labelLuckyName”。窗体中的 Timer 控件的 name 修改成“TimerCheck”。

9）修改 Form1 的后台代码，如下所示。

```
public partial class Form1 : Form
{
    private LuckyStar ls = null;
    public Form1()
    {
        InitializeComponent();
    }
    private void button_Begin_Click(object sender, EventArgs e)
    {
        if (ls != null)
        {
            labelLuckyName.Text = ls.FindALuckyMan();      //抽取一个人的名字
        }
    }
    private void Form1_Load(object sender, EventArgs e)
    {
        //需要先准备好 names.txt 文件，每一行是一个人的名字
        ls = new LuckyStar("names.txt");      //从本地读取文件
        //ls = new LuckyStar("http://localhost:58149/WebSite13/names.txt");      //从网络读取文件

        timerCheck.Enabled = true;      //启动计时控件检查数据是否准备好
        this.Visible = false;      //隐藏当前窗体
    }
    private void timerCheck_Tick(object sender, EventArgs e)
    {
        if (ls.isReady)      //检查数据是否已经准备好
```

```
            {
                timerCheck.Enabled = false;     //不再检查
                this.Visible = true;      //显示当前窗体
            }
        }
    }
```

在 Load 事件处理函数 Form1_Load 中，首先初始化一个 LuckyStar 对象，然后启动计时器对象 timerCheck，并隐藏当前窗体。timerCheck 的 Tick 事件处理函数 timerCheck_Tick 不断地检查 LuckyStar 对象是否已经准备好数据，如果已经准备好了，则停止 timerCheck，并把当前窗体显示出来。

在 Load 事件处理函数中，可以使用本地的文件，也支持被注释掉的以“http”开头的一个 URL 文件，读者可自行理解并进行改动使用。也可以使用类的字段来保存文件的地址，这里就不再详细说明了。

在“开始”按钮的单击事件处理函数 button_Begin_Click 中调用 LuckyStar 对象的 FindALuckyMan 方法进行幸运之星的选取，并把选取到的幸运之星名字显示在 Form1 窗体上的 labelLuckyName 控件上。

第 12 章　ADO.NET

本章主要学习 ADO.NET 的结构以及如何用 C#代码进行基本的数据访问。ADO.NET 是一组向 .NET 程序员公开数据访问服务的类。本章以 SQL Server 2005 为示例数据库服务器，介绍如何实现 ADO.NET 与数据库交互访问。

本章主要内容如下。

- ADO.NET 简介
- ADO.NET 结构
- 使用 ADO.NET 对象连接 SQL Server 数据库
- 数据绑定控件
- 更新数据库，添加记录，删除记录，修改记录

12.1　ADO.NET 简介

ADO.NET 是与 C#和.NET Framework 一起使用的类集的名称，用于以关系型、面向对象型的格式访问数据。也许这样的描述依然比较抽象，我们用一个现实生活中的例子进行一下类比。不管是在家里、还是在公共场所，随处可见流着自来水的水龙头。那么这些自来水从哪里来呢？没错，都是由自来水厂供应的。接下来的问题是水是如何流进千家万户呢？当然，是通过铺设在地下水管传输到不同地方。将要用到的各种数据源（如 Microsoft SQL Server 、Microsoft Access、XML），就好比是自来水厂，各种需用使用数据的应用程序就好比是需要用水的千家万户，ADO.NET 自然就充当了水管的角色。ADO.NET 提供了对数据源的访问方式，应用程序可以使用 ADO.NET 来连接到这些数据源，并检索、处理和更新所包含的数据，如图 12-1 所示描述了这样的过程。

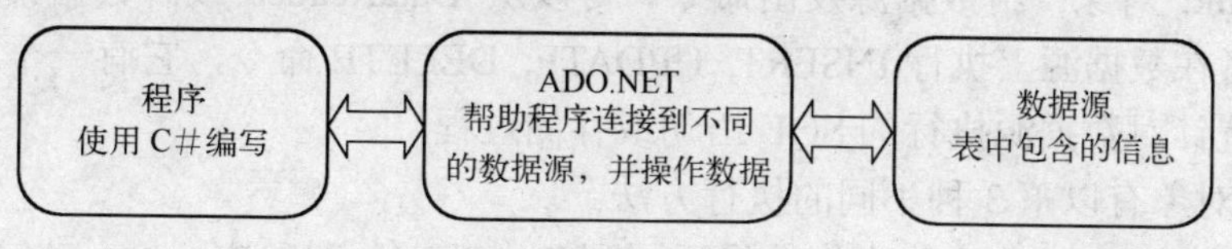

图 12-1　ADO.NET 的作用

ADO.NET 包括所有的 System.Data 命名空间及其嵌套的命名空间，其中包含了对不同数据源访问的类。

12.2　ADO.NET 的结构

ADO.NET 技术是一种可以让程序员快速、高效地开发出数据库应用程序的技术，

ADO.NET 对象模型就是.NET Framework 的类库中能够对数据库中的数据进行操作的类的集合。

ADO.NET 实际包括了两个重要的组成部分：数据提供者，也称为.NET Framework 数据提供程序，它可以使编程人员顺利地连接到数据源，并执行各种 SQL 命令；另外一个是数据集（DataSet），它可以想象为内存中的一个数据库，它与数据源断开连接，不需要关心它的数据来源。

12.2.1 数据提供者

数据提供者即数据源，更具体的说就是.NET 允许访问的数据库类型。.NET 中实际上有 4 个数据提供者：SQL Server 数据提供者、Oracle 数据提供者、OLE DB 数据提供者和 ODBC 数据提供者。每一个数据提供者都有自己的数据提供程序，即都有自己的类，这些类能帮助用户建立与数据库的连接、提取数据、操作数据、执行数据命令等一系列操作。表 12-1 中列出了 4 个数据提供者，以及对应的数据提供程序所在的命名空间。

表 12-1 数据提供者与对应的命名空间

数据提供者	对应的命名空间
SQL Server 数据提供者	System.Data.SqlClient 命名空间
OLE DB 数据提供者	System.Data.OleDb 命名空间
ODBC 数据提供者	System.Data.Odbc 命名空间
Oracle 数据提供者	System.Data.OracleClient 命名空间

另外，不同的数据提供者都具有各自的属性、方法、事件。上述每个数据提供者都包含了 4 个类对象：Connection 对象、Command 对象、DataReader 对象和 DataAdapter 对象。

1）Connection 对象：表示与一个数据源的连接，它有一个 ConnectionString 属性，用于设置打开数据库的字符串。

2）Command 对象：给数据源发出命令。可以从 DataReader 或者数据集（DataSet）中检索数据，或者在数据源上执行 INSERT, UPDATE, DELETE 命令，它有一个 CommandText 属性，用于设置针对数据源执行的 SQL 语句或存储过程。

Command 对象有以下 3 种不同的执行方法。

方法一：ExecuteReader，将查询结果返回到 DataReader 对象中。

方法二：ExecuteScalar，返回单一值(返回查询结果的第一条第一个字段值)。

方法三：ExecuteNonQuery，执行不返回结果集的查询（比如插入、更新、删除，返回 int 值表示对数据库操作的个数）。

3）DataReader 对象：用于从数据源获取只进的、只读的数据流，不能使用它更新数据。它是一种快速的、低开销的对象，如果只想读取数据库中的数据，推荐使用 DataReader。需要注意的是它不能用代码直接创建，只能通过 Command 对象的 ExecuteReader 方法来获得。

4）DataAdapter 对象：Connection 对象和数据集（DataSet）之间的桥梁。它有两个接口，一个是 IDataAdapter，定义方法用来填充 DataSet 对象；另外是 IDbDataAdapter，它包含的属性可以设置或者返回一个 Command 对象，该对象可向数据源发出指定的命令。

以上 4 个对象的作用就是为了访问数据源，如图 12-2 所示。

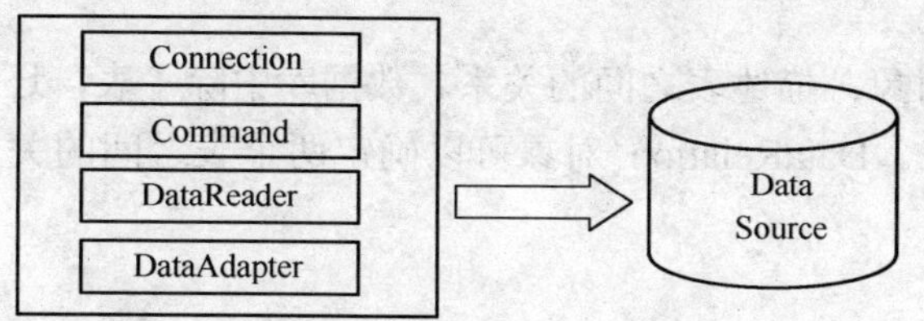

图 12-2　数据提供者对象

12.2.2　数据集

作为 ADO.NET 的另一重要组成部分，数据集（DataSet）表示数据在客户机内存中的缓存。它总是与数据源断开的，不关心数据的来源。为了让 DataSet 与数据源关联，需要使用 DataAdapter 作为中间桥梁连接两者，如图 12-3 所示。

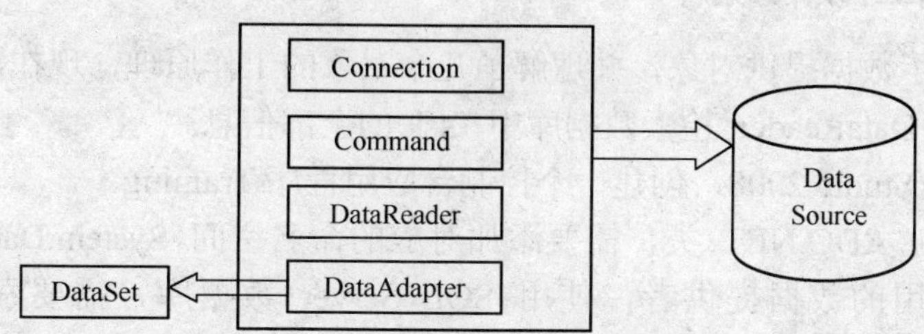

图 12-3　数据集与数据提供者的关联

DataSet 对象包含数据表及表之间的关系，对应的对象是 DataTable 对象和 DataRelation 对象，如图 12-4 所示。

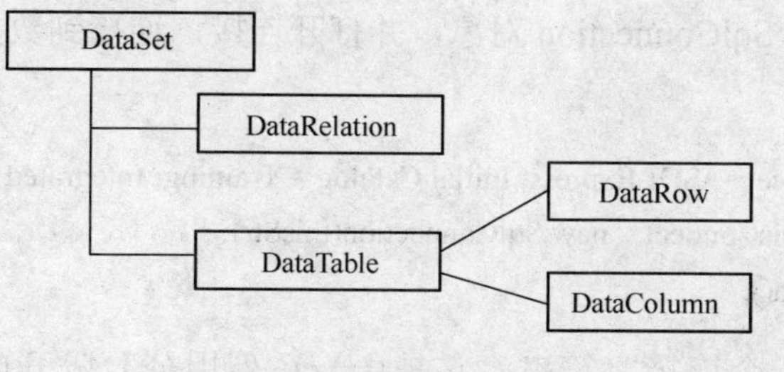

图 12-4　数据集对象

1）DataTable 对象：表示 DataSet 中的一个表。通过上面的讲解，大家已经知道了 DataSet 的本质内存中的缓存，存放的是需要使用的数据库内容，目的是为了访问数据库时断开与数据库的连接。大家都很清楚，数据库中真正存放数据的是表，DataSet 为了用一种合理的方式存放数据库的内容，一定需要在缓存中找个地方存储表，DataSet 对象中包括的第一个重要对象 DataTable，就是用来表示放在 DataSet 中的数据表，这些表甚至可以来自不同的数据源。

如果理解了 DataTable 对象的作用，就能容易联想到每个 DataTable 对象都应该有一些子对象，数据行（DataRow）和数据列（DataColumn），表示数据库表中的行和列。

2）DataRelation 对象：描述表之间的关系。数据库中除了表，还有表之间的关系，同样需要在内存中保存下来。DataRelation 对象可以确定两个表之间的关系，比如一个表中的主键是另一张表的外键值。

12.3 使用 ADO.NET 对象连接 SQL Server 数据库

本节将介绍如何从 SQL Server 数据库中读取数据。首先安装 SQL Server 2005，安装完成后需要附加一个数据库，在“综合实例项目——图书管理系统”中，“项目实现”部分详细介绍了如何附加一个数据库。接下来可以通过 ADO.NET 访问数据库了。（本书提供了一个示例数据库 Training，连接数据库和操作数据库都将以这个示例数据库为例。）

12.3.1 DataReader 读取数据

前面已经介绍了数据提供对象，并理解了几个对象的工作原理，现在需要做的就是转换为实际编码，使用 DataReader 检索数据库中 Task 的全部信息。

1）打开 Visual Studio 2008，创建一个控制台应用程序 Training。

2）由于使用到 ADO.NET 类，需要添加对应的命名空间 System.Data。不同的数据库在.NET 中都有专用的数据提供者，使用 SQL Server 数据库，需要添加它的命名空间 Syestem.Data.SqlClient。

```
using   System.Data;
using   System.Data.SqlClient;
```

3）准备工作完成后，在 Main()方法中添加提取数据的代码。

第一步：创建一个 SqlConnection 对象，并打开连接，连接到数据库。

```
string thisStr =
    @"Data Source = .\SQLExpress; Initial Catalog = Training; Integrated Security=True ";
SqlConnection thisConnect = new SqlConnection(thisStr);
thisConnect.Open();
```

其中，thisStr 是一个连接字符串，它是由一系列用分号隔开的名称-值对组成。对于 SQL Server 数据库来说：Data Source 指定数据库服务器名称；Initial Catalog 指定数据库名称；Integrated Security 是否使用 Windows 验证用户登录。“@”开头的字符串表示字符串中所有的字符都是本来含义，没有转义字符。

通过 SqlConnection thisConnect = new SqlConnection(thisStr);生成一个 SqlConnetion 对象，其中 thisStr 作为构造函数的参数传入。有了连接对象，就可以打开它，建立与数据库的

连接，即 thisConnect.Open()。

第二步：创建 SqlCommand 对象，通过它执行编程人员指定的 SQL 命令。

```
SqlCommand thisCommand = thisConnect.CreateCommand();
thisCommand.CommandText = "select * from Task";
```

SqlConnection 对象具有 CreateCommand()方法，可以直接创建一个命令对象。该对象具备 CommandText 属性，将要执行的 SQL 语句赋给这个属性即可。

除了上述方式，还可以通过 SqlCommand 的构造函数重载创建。

```
string CommandText = "select * from Task";
SqlCommand cmd = new SqlCommand(CommandText,    SqlConnection con );
```

其中，第一个参数是待执行的 SQL 语句，第二个参数是连接对象。

第三步：使用 DataReader 对象，获取查询结果。

```
SqlDataReader thisReader = thisCommand.ExecuteReader();
while (thisReader.Read())
{
    Console.WriteLine("\t{0}\t{1}", thisReader[0], thisReader[1]);
}
```

通过前面的介绍，大家已经知道 SqlCommand 对象有 3 种执行方法，其中 ExecuteReader()方法返回的就是所需要的 SqlDataReader 对象。接下来需要做的就是从 SqlDataReader 读取器中获取结果。SqlDataReader 对象的 Read()方法是从查询结果中读取一行数据，通过 while 循环，可以逐一读取每行记录，每个具体的元素值按列名或者列编号检索。

第四步：关闭连接。

```
thisReader.Close();
thisConnect.Close();
```

包括 DataReader 对象和 SqlConnection 对象，这些对象都有 Close()方法，可以直接调用。

【例 12-1】 编写控制台应用程序，使用 DataReader 对象读取数据。

```
static void Main(string[] args)
    {
        //连接数据源
        string thisStr = @"Data Source = .\SQLexpress;
                    Initial Catalog = Training;Integrated Security = True ";
         SqlConnection thisConnect = new SqlConnection(thisStr);
       //打开连接
        thisConnect.Open();
       //发出一个 SQL 命令
         SqlCommand thisCommand = thisConnect.CreateCommand();
```

```
            thisCommand.CommandText = "select * from Task";
        //使用 DataReader 读取并显示数据
            SqlDataReader thisReader = thisCommand.ExecuteReader();
            while (thisReader.Read())
            {
                Console.WriteLine("\t{0}\t{1}", thisReader[0], thisReader[1]);
            }
        //关闭 DataReader 和连接
            thisReader.Close();
            thisConnect.Close();
        }
```

最后，总结一下连接 SQL Server 数据库的步骤，即，

第一步：创建连接对象。

第二步：创建命令对象。

第三步：执行命令。

第四步：关闭对象。

记忆这 4 个步骤，需要用到哪个数据源就寻找合适的命名空间和数据提供者对象，就能顺利地访问不同的数据库了。

12.3.2 数据集读取数据

使用 DataSet 读取数据，基本的操作步骤与前面总结的类似。不同点在于 DataReader 读取数据是时刻与数据库关联的，而用 DataSet 读取数据时，数据放在缓存中，所以不需要和数据时刻关联。

DataSet 读取数据最常见的操作就是用 DataAdapter 对象的 Fill()方法给它填充数据。DataAdapter 填充 DataSet 的过程分为两步：首先通过 DataAdapter 对象从数据库中检索出需要的数据；然后再通过 DataAdapter 的 Fill()方法把检索来的数据填充 DataSet。

【例 12-2】 使用 DataSet 对象读取数据。

```
static void Main(string[] args)
{
    //连接数据源
        string thisStr = @"Data Source = .\SQLexpress;
                    Initial Catalog = Training;Integrated Security = True ";
        SqlConnection thisConnect = new SqlConnection(thisStr);
    //创建 SqlDataAdapter 对象
        string sqlStr = "select * From Task";
        SqlDataAdapter thisAdapter = new SqlDataAdapter(sqlStr,thisConnect);
        //创建填充数据
    DataSet thisDataset = new DataSet();
    thisAdapter.Fill(thisDataset, "newTable");
    foreach (DataRow theRow in thisDataset.Tables["newTable"].Rows)
    {
```

```
15                      Console.WriteLine(theRow[0] + "\t" + theRow[1]);
16                  }
17                  //关闭连接
18                  thisConnect.Close();
19          }
```

这里需要注意两个问题：

1）第 12 行代码中，使用的 Fill()方法是 DataAdapter 对象的方法，而不是 DataSet 的方法。这是由于 DataSet 是内存中数据的抽象标识，而 DataAdapter 对象是把 DataSet 和具体数据库联系起来的对象。

2）上述例子使用的 Fill()方法带有两个参数。第一个参数指定要填充的 DataSet 对象，第二个参数是 DataSet 中的填充数据 DataTable(即 task 表)的对象名称。

12.3.3 设置连接属性

不管是采用数据提供者连接数据库还是数据集连接数据库，第一步也是最关键的一步就是要通过设置连接字符串来连接数据源。连接字符串写起来容易出差，且编译的时候不能发现字符串错误，可以通过一个简单的方法获取这个字符串。

1）从“工具箱”中拖拽一个 DataGridView 控件到 Windows 窗体中，如图 12-5 所示。

图 12-5　拖拽 DataGridView 控件

2）此时自动弹出一个“DataGridView 任务”菜单，可以观察到目前“选择数据源”为“无”。在下拉框中选择“添加项目数据源”，进入数据源配置向导，如图 12-6、12-7 所示。

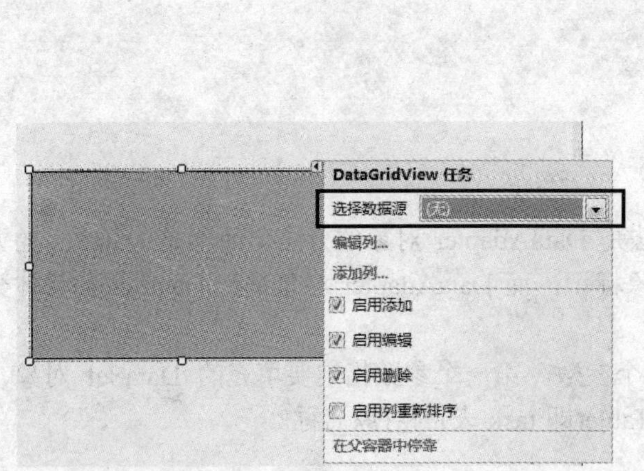

图 12-6　选中“选择数据源”命令

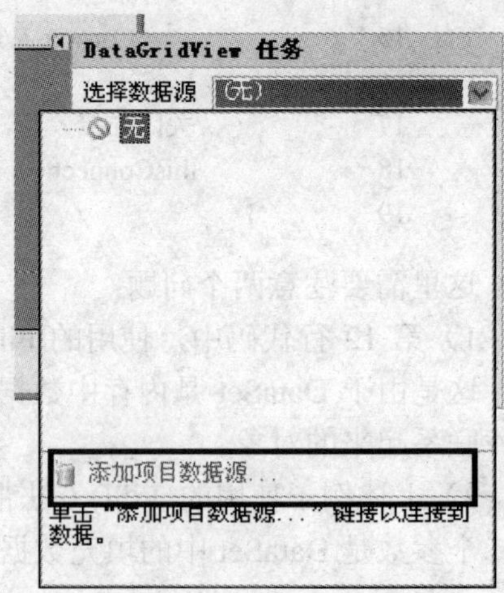

图 12-7　选择“添加项目数据源”示意图

3）在数据源配置向导中，选择从“数据库”中获取数据，如图 12-8 所示，然后单击“下一步”按钮。由于事先没有建立过任何数据连接，弹出的对话框中，“应用程序连接数据库应使用哪个数据连接(W)”下面的下拉框为空，这时需要点击旁边的“新建连接”按钮，如图 12-9 所示，然后选择合适的数据源，如图 12-10 所示。

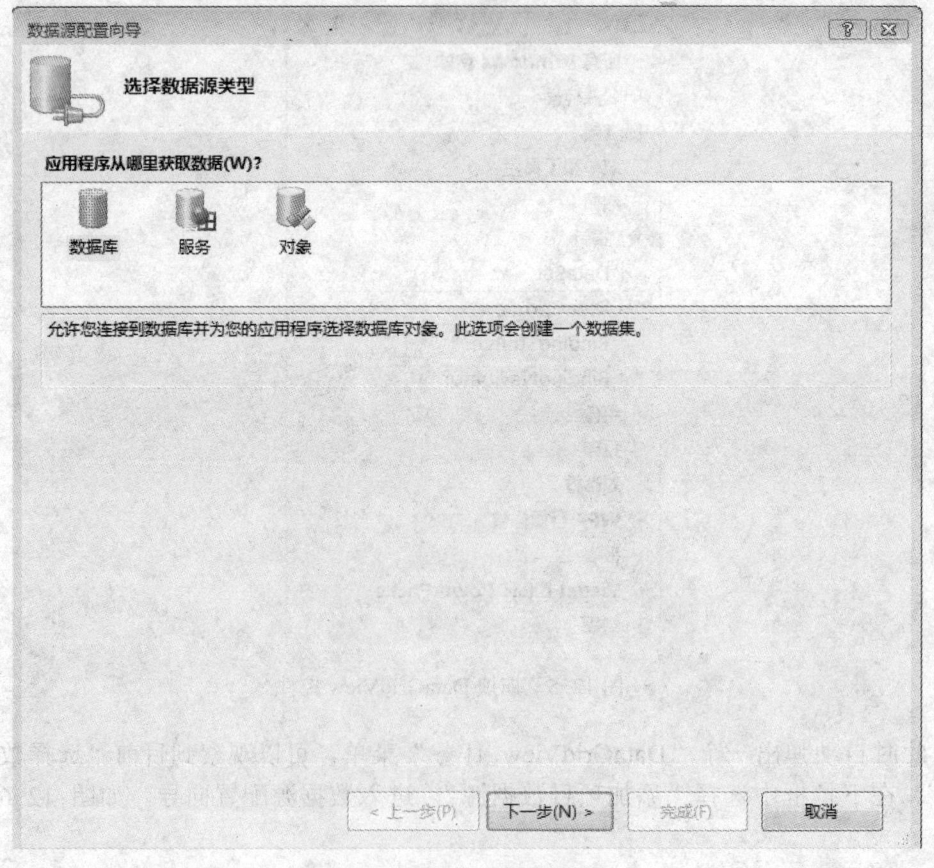

图 12-8　选择数据源类型

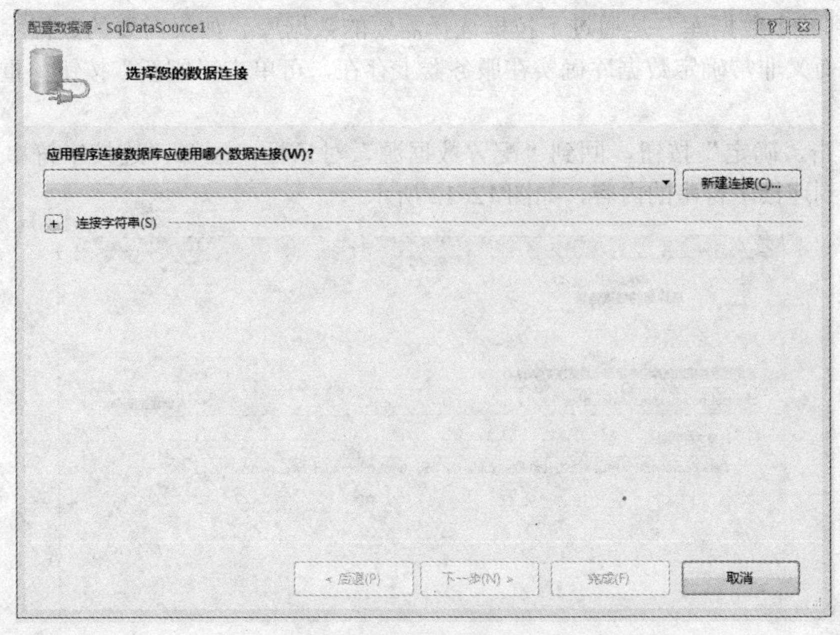

图 12-9　新建连接

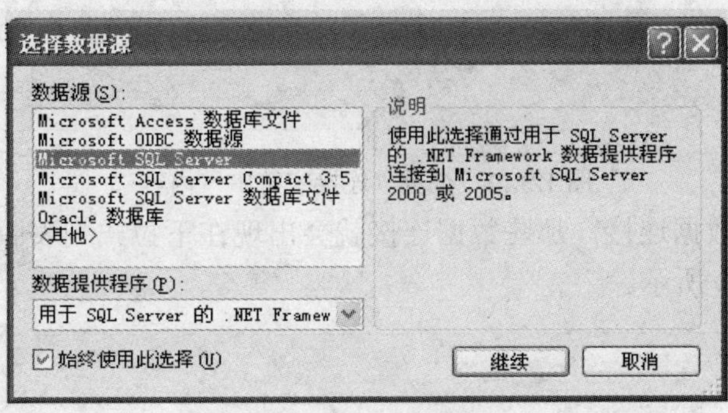

图 12-10　选择合适的数据源

4）单击“继续”按钮，弹出“添加连接”对话框，按照要求添加一个新的连接，包括填写正确的服务器名称，登录服务器的方式，以及选择要连接的数据库，如图 12-11 所示。

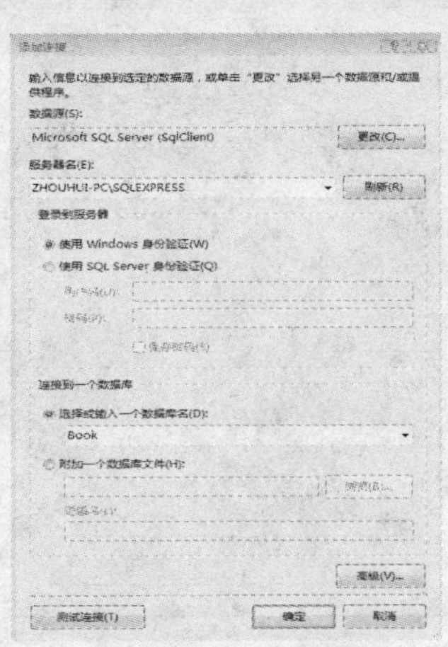

图 12-11　添加连接

“连接到一个数据库”是通过下拉框选择需要的数据库。如果需要的数据库没有在下拉框中出现，而又非常确定数据库确实在服务器上存在，可单击“刷新”按钮，重新连接一次服务器。

此时单击“确定”按钮，回到“配置数据源”对话框。展开“连接字符串”左侧的加号，可以看到连接字符串的内容，如图 12-12 所示。

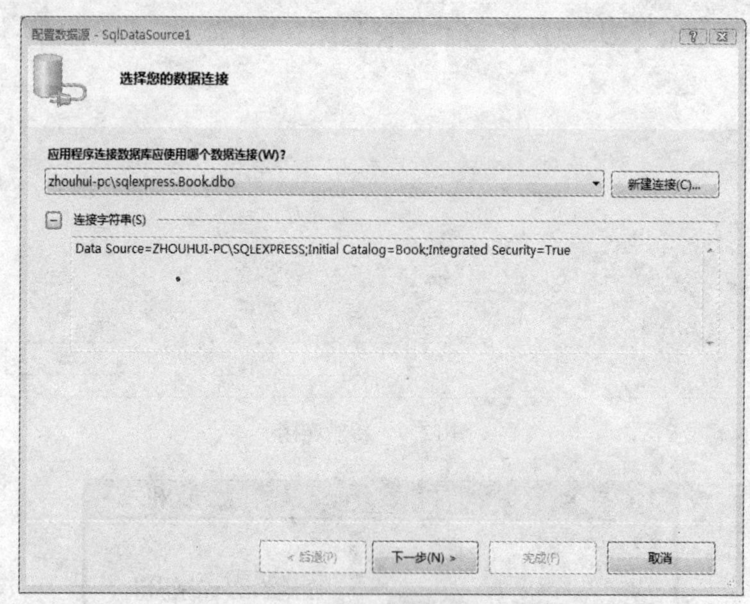

图 12-12　查看“连接字符串”内容

如果先前已建立数据连接，那些数据连接就会出现在下拉式列表中，从中选择所需要的选项即可，如图 12-13 所示。

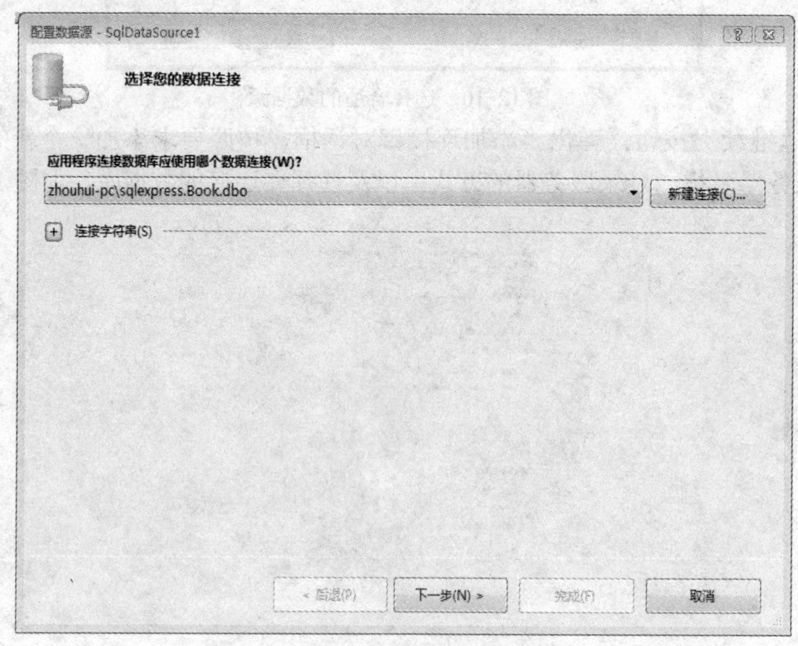

图 12-13　选择已建立的数据源

12.4 使用数据绑定控件

很多应用程序都希望从某种数据源中读取信息，并在窗体上显示，实现这一功能的通常方式就是进行数据绑定。数据绑定是指将控件的某些属性值与数据集中的数据元素连接在一起，控件的属性变化会反映到数据集中，反之亦然。接下来将带领大家看看如何使用数据绑定控件将数据显示在窗体上。

使用 DataGridView 控件，能够做到不写代码即可显示数据。依然沿用前面的数据库 Training。不同的是，将数据库的内容向窗体显示。先拖拽一个 DataGridView 控件，并选择或者创建一个数据源。在选择好数据源后，单击“下一步”按钮，选择希望显示的数据表，如图 12-14 所示。

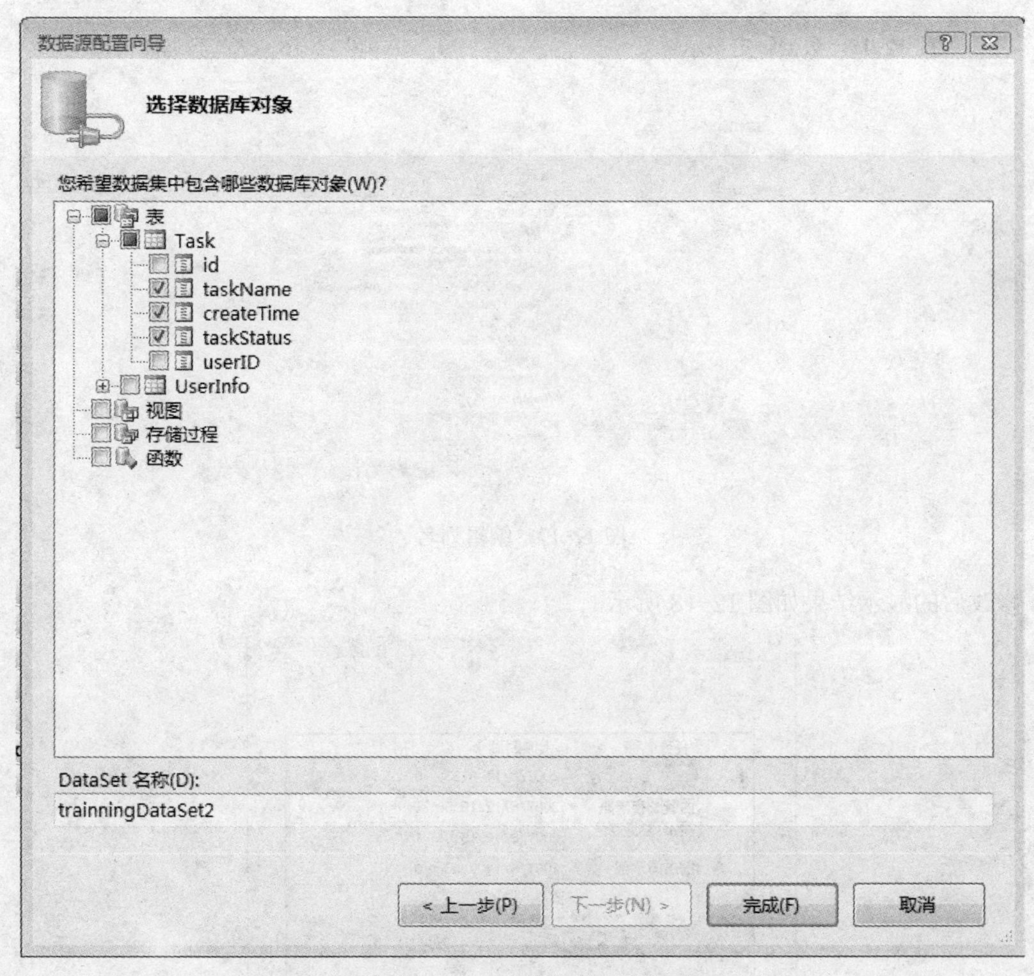

图 12-14　选择数据库对象

按下〈F5〉键，在调试器中运行程序。可以看到，DataGridView 已经连接到数据库上。如图 12-15 所示。

但是目前 DataGridView 的显示还不太理想，希望字段显示为中文，可以通过编辑 DataGridView 中的列，如图 12-16，12-17 所示。

图 12-15　数据绑定显示结果

图 12-16　选择数据库对象

图 12-17　编辑列名

修改后的显示结果如图 12-18 所示。

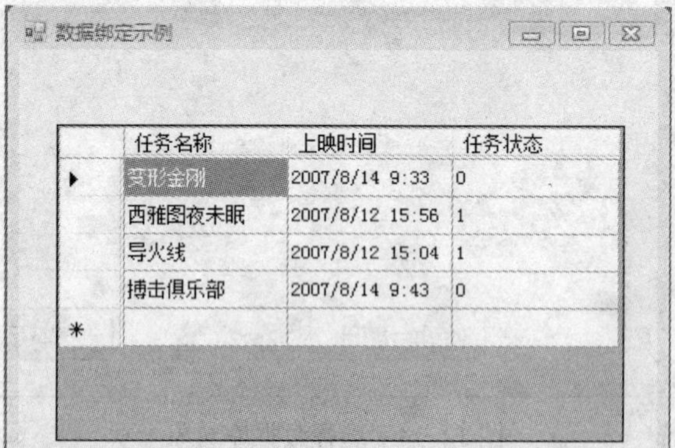

数据绑定示例

任务名称	上映时间	任务状态
变形金刚	2007/8/14 9:33	0
西雅图夜未眠	2007/8/12 15:56	1
导火线	2007/8/12 15:04	1
搏击俱乐部	2007/8/14 9:43	0

图 12-18　显示新的结果

观察窗体 Form1.cs 文件中 Form1_Load 方法自动添加了一行代码，

```
private void Form1_Load(object sender, EventArgs e)
{
    // TODO: 这行代码将数据加载到表“trainingDataSet1.Task”中。可以根据需要移动或移除它
    This.taskTableAdapter.Fill(this.trainningDataSet1.Task);
}
```

12.5 更新数据库

在已经可以顺利地从数据库中读取数据之后，接下来就要关心如何去修改数据。在 12.4 节的基础上，加上一些按钮控件，实现数据的增加、删除和修改。界面如图 12-19 所示。

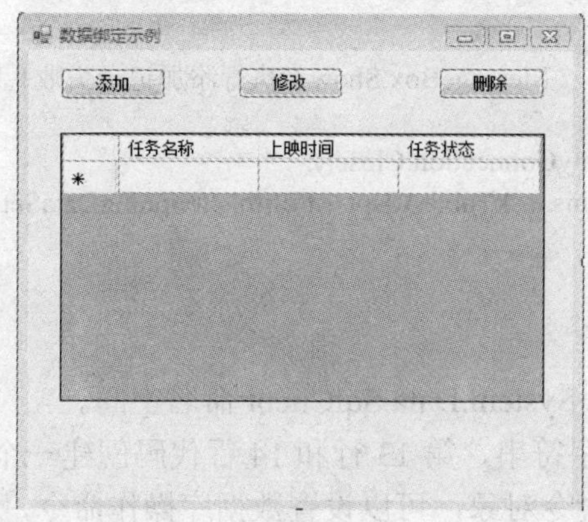

图 12-19 界面设计

12.5.1 添加数据记录

前面的示例已经查询到数据库中现有的记录值，下一步是要增加一个全新的行。双击“添加”按钮，在按钮的 Click 事件中添加代码，具体步骤为：使用 SqlConnection 对象连接数据库；建立 SqlCommand 对象，将 SQL 语句赋给该 SqlCommand 对象的 CommandText 属性；通过命令对象的 ExecuteNonQuery ()方法执行插入数据操作；根据返回值判断插入是否成功。

【例 12-3】 编写 Windows 窗体应用程序，实现添加一条数据记录。

```
using System;
using System.Collections.Generic;
using System.Data;
using System.Text;
using System.Data.SqlClient;

namespace Training
{
    public partial class Form1 : Form
    {
```

```
10              private void button_Add_Click(object sender, EventArgs e)
11              {
12                  string connectionString =    @" Data Source = .\sqlexpress;
                                        Integrated Security=True;Database=Training";
13                  SqlConnectionmyConnection=newSqlConnection(connectionString);
14                  myConnection.Open();
15                  SqlCommand    myCommand = myConnection. CreateCommand();
16                  myCommand.CommandText = "INSERT INTO Task (taskName, createTime,taskStatus)
Values('哈利波特','2010.6.30','1')";
17                   int    ExeNum=myCommand.ExecuteNonQuery();
18                   if (ExeNum==1)
19                   {
20                       MessageBox.Show ("执行添加记录成功！ ");
21                   }
22                   else
23                   {
24                       MessageBox.Show ("执行添加记录失败！ ");
25                   }
26                    myConnection.Close();
27                    this.taskTableAdapter.Fill(this.trainningDataSet1.Task);
28              }
29          }
30      }
```

在代码的第 5 行中引入 System.Data.SqlClient 命名空间。

第 12 行代码定义连接字符串，第 13 行和 14 行代码创建一个新的连接对象并打开。

第 15 行和 16 行创建命令对象，可以设置数据库操作命令，通过 Insert 命令将数据添加到数据库中。

第 17 行应用 SqlCommand 对象的 ExecuteNonQuery 方法，如果执行成功，返回 1；否则返回 0。

第 18 行至 25 行判断是否成功。如果成功，如图 12-20 提示。

第 26 行关闭数据库连接。

第 27 行再次绑定到 DataGridView 中，可以将添加的新记录显示到窗体中。

执行结束后，可以观察到界面上多了一条记录，结果如图 12-21 所示。

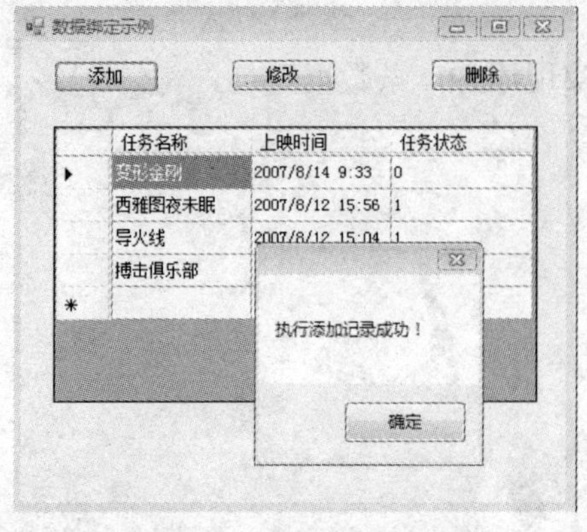

图 12-20　添加成功提示

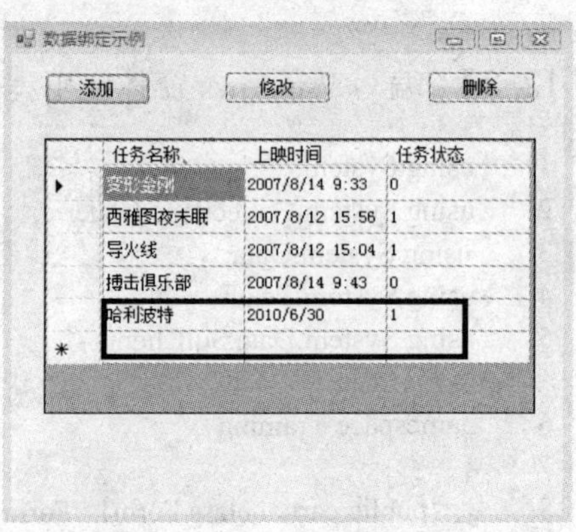

图 12-21　例 12-3 程序运行结果

12.5.2 修改数据记录

修改 Training 数据库中的一条记录。双击“修改”按钮，在按钮的 Click 事件中添加代码，具体步骤为：使用 SqlConnection 对象连接数据库；建立 SqlCommand 对象，CommandText 属性赋值为修改语句；通过命令对象的 ExecuteNonQuery ()执行修改操作。

【例 12-4】 实现修改数据记录功能。

```
using System;
using System.Collections.Generic;
using System.Data;
using System.Text;
using System.Data.SqlClient;

namespace Training
{
    public partial class Form1 : Form
    {
        private void button_Modify_Click(object sender, EventArgs e)
        {
            string connectionString =   @" Data Source = .\sqlexpress;
            Integrated Security=True;Database=Training";
            SqlConnectionmyConnection=newSqlConnection(connectionString);
            myConnection.Open();
            SqlCommand myCommand = myConnection. CreateCommand();
            myCommand.CommandText = "update Task set taskName
                                   =@value_taskName    where id=@newid";
            SqlParameter name = new SqlParameter("@value_taskName ",
                                                 SqlDbType.Char, 10);
            name.Value = “建国大业”;
            myCommand.Parameters.Add(name);
            SqlParameter id = new SqlParameter("@newid ", SqlDbType.Int,4);
            id.Value = 24;
            myCommand.Parameters.Add(id);

             int ExeNum = myCommand.ExecuteNonQuery();
             if (ExeNum == 1)
             {
                 MessageBox.Show ("修改成功！ ");
             }
             else
             {
                 MessageBox.Show ("修改失败！ ");
             }
             myCommand.Connection.Close();
             this.taskTableAdapter.Fill(this.trainningDataSet1.Task);
```

```
37              }
38          }
39      }
```

上述示例代码用到了带参数的 SQL 语句，即使用了 SqlParameter 对象。

在代码第 18 行，写出带变量的 SQL 语句。

第 19 行定义 SqlParameter 对象，随后给该对象的 Value 属性赋值，通过调用 SqlCommand 对象 Paramerters 集合的 Add()方法，将这些参数添加到 SqlCommand 对象的 Paramerters 集合中，即最终的结果是将 id 号为 24 的记录的 taskName 值修改为“建国大业”，结果如图 12-22 所示。

这种用法的优点是如果编写 Windows 应用程序或者是网站开发，可以通过用户的选择（如删除哪条数据，如何修改数据）来决定数据库的操作。

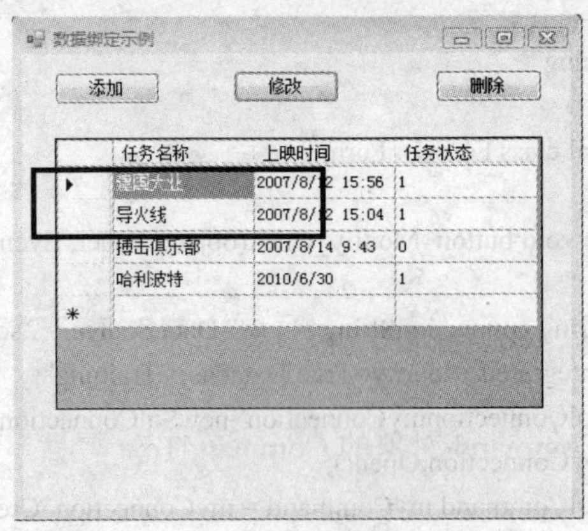

图 12-22　例 12-4 程序运行结果

12.5.3　删除数据记录

删除 Training 数据库中的一条记录。双击“删除”按钮，在按钮的 Click 事件中添加代码，具体步骤为：使用 SqlConnection 对象连接数据库；建立 SqlCommand 对象，CommandText 属性赋值为删除语句；通过命令对象的 ExecuteNonQuery ()执行删除操作。

【例 12-5】 实现删除数据记录功能。

```
using System;
using System.Collections.Generic;
using System.Data;
using System.Text;
using System.Data.SqlClient;

namespace Training
{
    public partial class Form1 : Form
    {
        private void button_Del_Click(object sender, EventArgs e)
```

```
12          {
13              string connectionString = @" Data Source = .\sqlexpress;
                                  Integrated Security=True;Database=Training";
14             SqlConnection myConnection = new SqlConnection(connectionString);
15             myConnection.Open();
16             SqlCommand myCommand = myConnection. CreateCommand();
17             myCommand.CommandText= "Delete from Task Where taskName='变形 18 金刚'";
19               int ExeNum = myCommand.ExecuteNonQuery();
20               if (ExeNum > 0)
21               {
22                   MessageBox.Show ("删除成功！ ");
23               }
24               else
25               {
26                   MessageBox.Show ("删除失败！ ");
27               }
28              myConnection.Close();
29              this.taskTableAdapter.Fill(this.trainingDataSet1.Task);
30          }
31      }
32  }
```

在代码的第 5 行中引入 System.Data.SqlClient 命名空间。

第 13 行代码定义连接字符串，第 14 行和 15 行代码创建一个新的连接对象并打开。

第 16 行和 17 行创建命令对象，通过 Deletet 命令将删除 taskName 值为“变形金刚”的记录，并将该命令赋给 SqlCommand 对象的 CommandText 属性。

第 19 行应用 SqlCommand 对象的 ExecuteNonQuery 方法，如果执行成功，返回值大于 0；否则返回 0。

第 20 行至 27 行判断是否成功。如果成功，则出现如图 12-23 的删除成功提示。

第 28 行关闭数据库连接。

第 29 行再次绑定到 DataGridView 中，将新的结果显示到窗体中。

执行结束后，可以观察到页面中任务名称为“变形金刚”的记录已被删除。结果如图 12-24 所示。

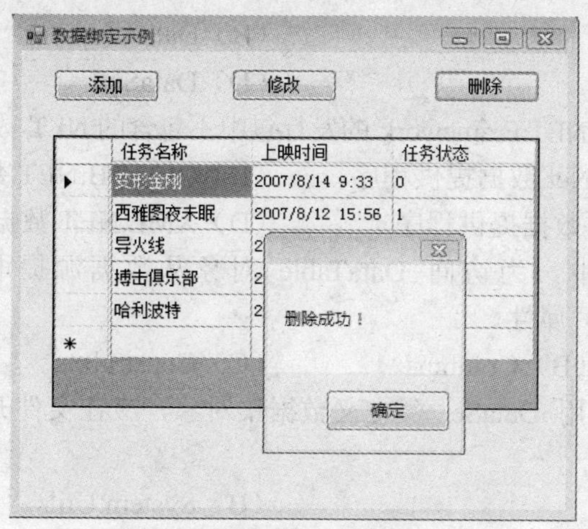

图 12-23　删除成功提示

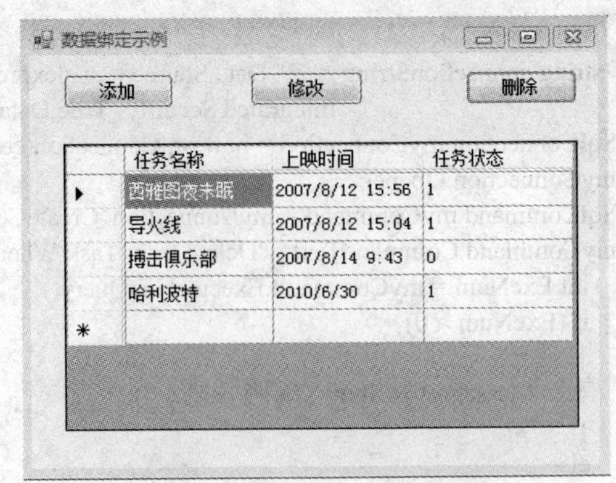

图 12-24 例 12-5 程序运行结果

12.6 小结

本章介绍了什么是 ADO.NET、ADO.NET 的结构，如何读取数据和更新数据库，以及如何使用数据绑定控件。

通过本章的学习，读者应该掌握以下内容

- ADO.NET 的概念和作用
- ADO.NET 包括两个重要的组成部分，数据提供者和数据集
- 如何通过 DataReader 对象和数据集（DataSet）对象读取数据，如何给 VS2008 项目设置连接属性
- 如何使用 VS2008 给窗体添加数据绑定控件，且不需要手工编写数据访问代码
- 如何插入、删除、修改数据

12.7 习题

一、选择题

1．ADO.NET 模型中的（　　）对象属于 Connected 对象。

（A）Connection　　（B）DataAdapter

（C）DataReader　　（D）DataSetl

2．目前，Microsoft .NET Framework 的发行包中不包含的.NET 数据提供程序有（　　）

（A）SQL Server.Net 数据提供程序　　（B）OLE DB.NET 数据提供程序

（C）ODBC.NET 数据提供程序　　（D）XML.NET 数据提供程序

3．在 ADO.NET 中，为访问 DataTable 对象从数据源提取的数据行，可以使用 DataTable 对象的（　　）属性。

（A）Rows　　（B）Columns　　（C）Constraints　　（D）DataSet

4．为了在程序中使用 DataSet 类定义数据集对象，应在文件开始处添加对象命名空间（　　）的引用。

（A）System.IO　　（B）System.Utils

（C）System.Data　　（D）System.DataBase

5．某 Command 对象 cmd 将被用来执行以下 SQL 语句，以向数据源中插入新记录：insert into Customers values(1000, “tom”)

请问 cmd.ExecuteNonQuery()；的返回值是（　　）

（A）0　　（B）1　　（C）1000　　（D）tom

6．为创建在 SQL Server 2005 中执行 select 语句的 Command 对象，可以先建立到 SQL Server 2005 数据库连接，然后使用连接对象的（　　）方法创建 SQLCommand 对象。

（A）Open　　（B）OpenSQL

（C）CreateCommand　　（D）CreateSQL

二、填空题

1．在画线处填上合适的内容，使程序变得正确完整。

```
string connString="server=localhost;Integrated Security=SSPI;database=pubs";
SqlConnection conn=________________________
string strsql="select * from MyTable2";
SqlDataAdapter adapter=new SqlDataAdapter(___________);
dataset=new DataSet();
adapter.Fill(______________, "MyTable2");
this.dataGridView1.DataSource=dataset.Tables["MyTable2"];
```

三、简述题

1．请简述使用 ADO.NET 方式访问 SQL Server 数据库的步骤及常用对象和命名空间。

2．DataSet 和 DataReader 的主要区别是什么？

四、编程题

1．修改本章的示例程序，使用示例数据库中的 Task 表，并检索第二个字段和最后一个字段。

2．设在数据库中有 Lessons 和 StudentLessons 两个表，SqlConnection 对象连接到该数据库，要是两个表中同时删除 LessonID 等于 15 的课程成功，则能提交，否则回滚，请编写相应的代码。

第 13 章 Web 编程

本章将讲述.NET 平台提供的统一的 Web 编程模型——ASP.NET。学习 ASP.NET 将带领大家进入到 Web 的精彩世界中。本章的主要内容如下。

- ASP.NET 概述
- ASP.NET 编译
- ASP.NET 网页
- 服务器控件、验证控件和用户控件
- 内置对象
- 使用 ADO.NET 显示数据库信息
- 使用 AJAX

13.1 ASP.NET 概述

ASP.NET 是一个统一的 Web 开发模型，它包括使用尽可能少的代码生成企业级 Web 应用程序所必需的各种服务。ASP.NET 是.NET Framework 的一部分。当编写 ASP.NET 应用程序的代码时，可以访问.NET Framework 中的类。可以使用与公共语言运行库（CLR）兼容的任何语言来编写应用程序的代码，这些语言包括 Microsoft Visual Basic、C#、JScript.NET 和 J#。使用这些语言，可以开发利用公共语言运行库、类型安全、继承等方面的优点的 ASP.NET 应用程序。

ASP.NET 包括页和控件框架；ASP.NET 编译器；安全基础结构；状态管理功能；应用程序配置；运行状况监视和性能功能；调试支持；XML Web services 框架；可扩展的宿主环境和应用程序生命周期管理；可扩展的设计器环境。

本节将主要介绍页和空间框架以及 ASP.NET 编译器。

ASP.NET 页和控件框架是一种编程框架，它在 Web 服务器上运行，可以动态地生成和呈现 ASP.NET 网页。可以从任何浏览器或客户端设备请求 ASP.NET 网页，ASP.NET 会向请求浏览器呈现标记（如 HTML）。通常，可以对多个浏览器使用相同的页，因为 ASP.NET 会为发出请求的浏览器呈现适当的标记。但是，可以针对诸如 Microsoft Internet Explorer 6 的特定浏览器设计 ASP.NET 网页，并利用该浏览器的功能。ASP.NET 支持基于 Web 的设备（如移动电话、手持型计算机和个人数字助理（PDA））的移动控件。

ASP.NET 网页是完全面向对象的。在 ASP.NET 网页中，可以使用属性、方法和事件来处理 HTML 元素。ASP.NET 页框架为响应在服务器上运行的代码中的客户端事件提供统一的模型，从而不必考虑基于 Web 的应用程序中固有的客户端和服务器隔离的实现细节。该框架还会在页处理生命周期中自动维护页及该页上控件的状态。

使用 ASP.NET 页和控件框架还可以将常用的 UI 功能封装成易于使用且可重用的控件。

控件只需编写一次，即可用于许多页集成到 ASP.NET 网页中。这些控件在呈现期间放入 ASP.NET 网页中。

ASP.NET 页和控件框架还提供各种功能，以便通过主题和外观来控制网站的整体外观和感觉。可以先定义主题和外观，然后在页面级或控件级应用这些主题和外观。

除了主题外，还可以定义母版页，以使应用程序中的页具有一致的布局。一个母版页可以定义希望应用程序中的所有页（或一组页）所具有的布局和标准行为。然后可以创建包含要显示的页特定内容的各个内容页。当用户请求内容页时，这些内容页与母版页合并，产生将母版页的布局与内容页中的内容组合在一起的输出。

13.2 ASP.NET 网页

可以使用 ASP.NET 网页作为 Web 应用程序的可编程用户接口。ASP.NET 网页在任何浏览器或客户端设备中向用户提供信息，并使用服务器端代码来实现应用程序逻辑。ASP.NET 网页有下列特点。

1）基于 Microsoft ASP.NET 技术，在该技术中，在服务器上运行的代码动态地生成到浏览器或客户端设备的网页输出。

2）兼容所有浏览器或移动设备，ASP.NET 网页自动为样式、布局等功能呈现正确的、符合浏览器的 HTML。此外，还可以将 ASP.NET 网页设计为在特定浏览器（如 Microsoft Internet Explorer 6）上运行并利用浏览器特定的功能。

3）兼容.NET 公共语言运行库所支持的任何语言，其中包括 Microsoft Visual Basic、Microsoft Visual C#、Microsoft J#和 Microsoft JScript .NET。

4）基于 Microsoft.NET Framework 生成，它提供了 Framework 的所有优点，包括托管环境、类型安全性和继承。

5）具有灵活性。因为可以向它们添加用户创建的控件和第三方控件。

在 ASP.NET 网页中，用户界面编程分为可视组件和逻辑两个部分。如果以前使用过类似于 Visual Basic 和 Visual C++的工具，将认同在页的可视部分和页后与之交互的代码之间存在这样一种划分。

可视元素由一个包含静态标记（例如，HTML 或 ASP.NET 服务器控件或两者）的文件组成。ASP.NET 网页用做要显示的静态文本和控件的容器。

ASP.NET 网页的逻辑由代码组成。代码可以驻留在页的 script 块中或者单独的类中。如果代码在单独的类文件中，则该文件称为“代码隐藏”文件。代码隐藏文件中的代码可以使用 Visual Basic、Visual C#、VisualJ#或 JScript .NET 编写。

ASP.NET 网页编译为动态链接库（.dll）文件。用户第一次浏览到.aspx 页时，ASP.NET 自动生成表示该页的.NET 类文件，然后编译此文件。.dll 文件在服务器上运行，并动态生成页的 HTML 输出。

Web 应用程序编程带来了一些特殊的难题，在对传统的基于客户端的应用程序进行编程时，通常不会遇到这些难题。这些难题包括以下内容。

1）实现多样式的 Web 用户界面：使用基本的 HTML 功能来设计和实现用户接口既困难又费事，特别是在页具有复杂布局且包含大量动态内容和功能齐全的用户交互对象时。

2）客户端与服务器的分离：在 Web 应用程序中，客户端（浏览器）和服务器是不同的程序，它们通常在不同的计算机（甚至不同的操作系统）上运行。因此，共同组成应用程序的这两个部分仅共享很少的信息；它们可以进行通信，但通常只交换很小块的简单信息。

3）无状态执行：当 Web 服务器接收到对某页的请求时，会找到该页，对其进行处理，将其发送到浏览器，然后丢弃所有页信息。如果用户再次请求同一页，服务器则会重复整个过程：从头开始对该页进行重新处理。换言之，服务器不会记忆它已处理的页，页是无状态的，因此，如果应用程序需要维护有关某页的信息，其无状态的性质就成为了一个问题。

4）未知的客户端功能：在许多情况下，Web 应用程序可供许多使用不同浏览器的用户进行访问。浏览器具有不同的功能，因此很难创建将在所有浏览器上都同样正常运行的应用程序。

5）数据访问方面的复杂性：相对于传统 Web 应用程序中的数据源进行读取和写入非常复杂，并且会消耗大量资源。

6）可缩放性方面的复杂性：在许多情况下，由于应用程序的不同组件之间缺乏兼容性，导致用现有方法设计的 Web 应用程序未能实现可伸缩性的目标。对于发展周期较短的应用程序，这往往是一个常见的导致失败的方面。

若要解决这些 Web 应用程序的难题，可能需要大量的时间和精力。ASP.NET 网页和 ASP.NET 页框架通过以下几个方面来处理这些难题。

1）直观、一致的对象模型：ASP.NET 页框架提供了一种对象模型，它能够将窗体当做一个整体，而不是分离的客户端和服务器模块。在此模型中，可以通过比在传统 Web 应用程序中更为直观的方式来对页进行编程，其中包括能够设置页元素的属性和响应事件。此外，ASP.NET 服务器控件是基于 HTML 页的物理内容以及浏览器与服务器之间的直接交互的一种抽象模型。通常，可以按照在客户端应用程序中使用控件的方式使用服务器控件，而不必考虑如何创建 HTML 来显示和处理控件及其内容。

2）事件驱动的编程模型：ASP.NET 网页为 Web 应用程序带来了一种熟悉的模型，该模型用于为客户端或服务器上发生的事件编写事件处理程序。ASP.NET 页框架对此模型进行了抽象，使捕获客户端上的事件、将其传输到服务器并调用适当方法等操作的基础机制都是自动的，并且都是不可见的。这样就得到了一个清晰的、易于编写的、支持事件驱动开发的代码结构。

3）直观的状态管理：ASP.NET 页框架会自动处理页及其控件的状态维护任务，它能够以显式方式维护应用程序特定信息的状态。这种状态管理无需使用大量服务器资源即可实现，而且可以通过向浏览器发送 Cookie 来实现，也可以不通过向浏览器发送 Cookie 来实现。

4）独立于浏览器的应用程序：ASP.NET 页框架允许在服务器上创建所有应用程序逻辑，而无需针对浏览器之间的差异进行显式编码。但是，它仍允许利用浏览器特定的功能，方法是通过编写客户端代码来提供增强的性能和更丰富的客户端体验。

5）.NET Framework 公共语言运行库支持：ASP.NET 页框架是在.NET Framework 的基础上生成的，因此整个框架可用于任何 ASP.NET 应用程序，应用程序可以用与运行库兼容的任何语言编写。此外，数据访问通过.NET Framework 提供的数据访问基础结构（包括 ADO.NET）得到了简化。

6）.NET Framework 可缩放服务器性能：ASP.NET 页框架能够将 Web 应用程序从一台

只装有一个处理器的计算机有效地缩放到多计算机“网络场”，并且无需对应用程序的逻辑进行复杂的更改。

下面将带领大家在 Vistual C# 2008 中创建一个简单的 ASP.NET 网页。

首先，打开 Vistual Studio 2008，选择“文件”–>“新建”–>“项目”，在“新建项目”对话框的“项目类型”选项中选择“ASP.NET WEB 应用程序”，选择存放路径，然后单击“确定”按钮，如图 13-1 所示。

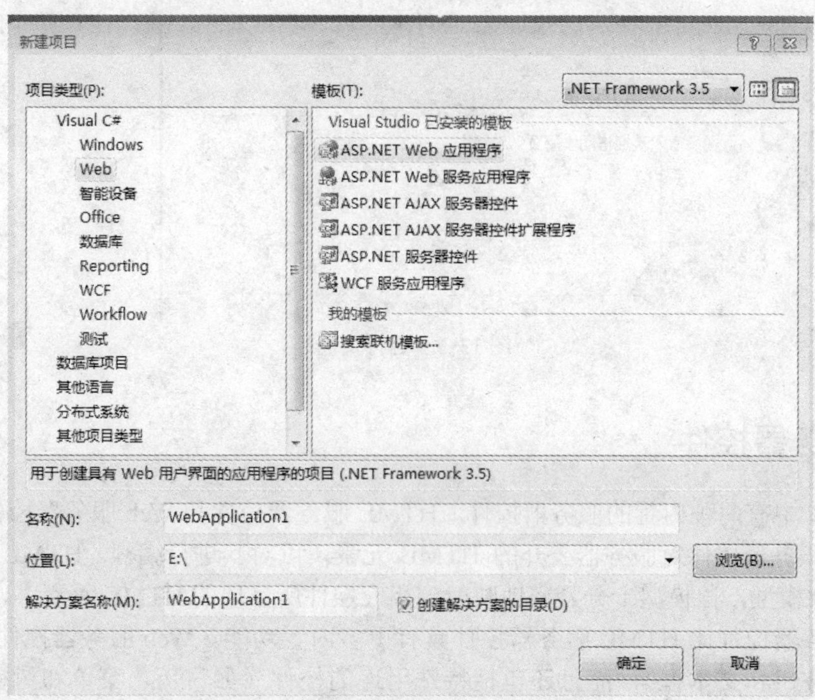

图 13-1　新建 ASP.NET WEB 应用程序

进入到工作区后，切换到“设计视图”，逐个添加控件，与 Windows 添加控件的过程相同。后续会详细介绍各个 Web 控件的使用方法。现在先拖拽一个最常见的 label 控件，然后双击对应的代码文件（Default.aspx.cs），如图 13-2 所示。并在该文件中添加如下代码。

图 13-2　选择对应的代码文件

```
protected void Page_Load(object sender, EventArgs e)
{
    Label1.Text = "欢迎访问本网页";
}
```

生成解决方案后运行，显示结果如图 13-3 所示。

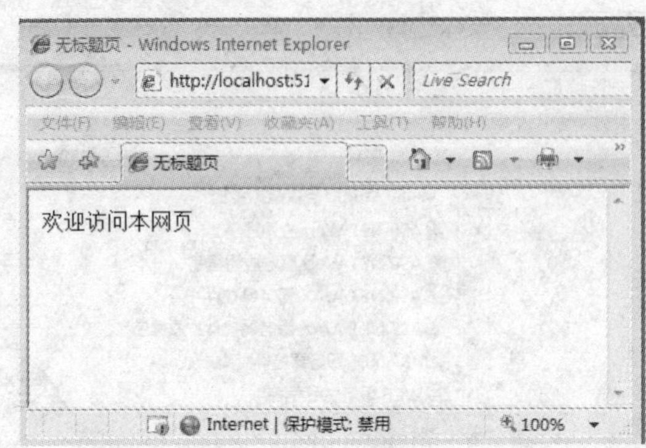

图 13-3 运行页面

13.3 服务器控件

ASP.NET 中有两种内置的服务器控件，HTML 服务器控件和 Web 服务器控件。

HTML 服务器控件对服务器公开的 HTML 元素，可对其进行编程。HTML 服务器控件公开一个对象模型，该模型十分紧密地映射到相应控件所呈现的 HTML 元素。

Web 服务器控件比 HTML 服务器控件具有更多内置功能。Web 服务器控件不仅包括窗体控件（如按钮和文本框），而且还包括特殊用途的控件（如日历、菜单和树视图控件）。Web 服务器控件与 HTML 服务器控件相比更为抽象，因为其对象模型不一定反映 HTML 语法。

13.3.1 HTML 服务器控件

HTML 服务器控件属于 HTML 元素（或采用其他支持的标记的元素，如 XHTML），它包含多种属性，使其可以在服务器代码中进行编程。默认情况下，服务器上无法使用 ASP.NET 网页中的 HTML 元素。这些元素将被视为不透明文本并传递给浏览器。但是，通过将 HTML 元素转换为 HTML 服务器控件，可将其公开为可在服务器上编程的元素。

HTML 服务器控件的对象模型紧密映射到相应元素的对象模型。例如，HTML 属性在 HTML 服务器控件中作为属性公开。

页中的任何 HTML 元素都可以通过添加属性 runat="server"来转换为 HTML 服务器控件。在分析过程中，ASP.NET 页框架将创建包含 runat="server"属性的所有元素的实例。若要在代码中以成员的形式引用该控件，则应为该控件分配 id 属性。

HTML 服务器控件提供以下功能。

1）可在服务器上使用熟悉的面向对象的技术对其进行编程的对象模型。每个服务器控件都公开一些属性（Property），可以使用这些属性（Property）在服务器代码中以编程方式来操作该控件的标记属性（Attribute）。

2）提供一组事件，可以为其编写事件处理程序，方法与在基于客户端的窗体中大致相同，所不同的是事件处理是在服务器代码中完成的。

3）在客户端脚本中处理事件的能力。

4）自动维护控件状态。在页到服务器的往返行程中，将自动对用户在 HTML 服务器控件中输入的值进行维护并发送回浏览器。

5）与 ASP.NET 验证控件进行交互，因此可以验证用户是否已在控件中输入了适当的信息。

6）数据绑定到一个或多个控件属性。

7）支持样式（如果在支持级联样式表的浏览器中显示 ASP.NET 网页）。

8）直接可用的自定义属性。可以向 HTML 服务器控件添加所需的任何属性，页框架将呈现这些属性而不会更改其任何功能。这允许向控件添加浏览器特定属性。

常用 HTML 的控件如表 13-1 所示。

表 13-1　常用 HTML 控件

HTML控件	HTML标记	说　明
Input(Button)	<input type ="button">	按钮
Input(Reset)	<input type ="Reset">	清空所有的文本框内容
Input(Submit)	<input type="submit">	用于提交数据的按钮
Input(Text)	<input type="text">	文本框
Input(File)	<input type="file">	上传文件的控件
Input(Password)	<input type="password">	密码框
Input(Checkbox)	<input type="checkbox">	复选框
Input(Radio)	<input type="radio">	单选框
Input(Hidden)	<input type="hidden">	隐藏字段
Textarea	<textarea >	多行文本框
Table	<table >	建立一个表格
Image	<img>	显示一个图片
Select	< select >	下拉列表框
Horizontal Rule	<hr>	在HTML文件里加一条横线。
Div	<div>	可定义文档中的分区或节

13.3.2　Web 服务器控件

Web 服务器控件是设计侧重点不同的另一组控件。它们不必一对一地映射到 HTML 服务器控件，而是定义为抽象控件，在抽象控件中，控件所呈现的实际标记与编程所使用的模型可能截然不同。例如，RadioButtonList Web 服务器控件可以在表中呈现，也可以作为带有其他标记的内联文本呈现。

Web 服务器控件包括传统的窗体控件，如按钮、文本框和表等复杂控件。它们还包括提供常用窗体功能（例如，在网格中显示数据、选择日期、显示菜单等）的控件。

除了提供 HTML 服务器控件的上述所有功能（不包括与元素的一对一映射）外，Web 服务器控件还提供以下附加功能。

1）功能丰富的对象模型。该模型具有类型安全编程功能。

2）自动浏览器检测。控件可以检测浏览器的功能并呈现适当的标记。

3）对于某些控件。可以使用 Templates 定义自己的控件布局。

4）对于某些控件。可以指定控件的事件是立即发送到服务器，还是先缓存然后在提交该页时引发。

5）支持主题。可以使用主题为站点中的控件定义一致的外观。

6）可将事件从嵌套控件（例如表中的按钮）传递到容器控件。

控件使用类似如下的语法：<asp:button attributes runat="server" id="Button1" />

这些控件中的属性不是 HTML 元素的属性。相反，它们是 Web 控件的属性。

在运行 ASP.NET 网页时，Web 服务器控件使用适当的标记在页中呈现，这通常不仅取决于浏览器类型，还与对该控件所做的设置有关。例如，TextBox 控件可能呈现为 input 标记，也可能呈现为 textarea 标记，具体取决于其属性。

表 13-2 是常用服务器控件。

表 13-2 常用服务器控件

控　件	HTML	说　明
Label	<span>	Label控件返回一个包含文本的span元素
Literal	static text	如果应返回简单的静态文本，就可以使用Literal控件。这个控件可以根据客户应用程序内容转换内容
TextBox	<input type="text">	TextBox控件返回HTML标签<input type="text">，在该元素中用户可以输入一些值。当文本改变时可以编写服务器端事件处理程序
Button	<input type="submit">	Button控件用于把窗体值发送给服务器
LinkButton	<a href="javascript:dopostback()">	LinkButton创建一个anchor标记，其中包含给服务器回送的JavaScript（一种网页脚本语言）
ImageButton	<input type="image">	使用ImageButton控件会生成image类型的input标记，显示引用的图像
HyperLink	<a>	HyperLink控件创建一个简单的anchor标记，来引用Web页面
DropDownList	<select>	DropDownList创建一个select标记，用户能看到其中的一项，并可以单击下拉选择框，从多个项中选择一项
ListBox	<select size="">	ListBox控件创建一个带有size属性的select标记，可以一次显示多个项
CheckBox	<input type="checkbox">	CheckBox控件返回一个checkbox类型的input元素，显示一个可以选中或取消选中的按钮。如果不使用CheckBox，还可以使用CheckBoxList创建一个表格，其中包含多个checkbox元素
RadioButton	<input type="radio">	RadioButton控件返回一个radio类型的input元素，使用单选按钮，只能选择组中的一个按钮。与CheckBoxList类似，RadioButtonList也提供了一个按钮列表
Image	<img src="">	Image控件返回一个img标记，在客户端上显示gif或jpg等格式的文件
Calendar	<table>	Calendar控件比较复杂，可以显示完整的日历，用户可以在日历中选择日期，修改月份等。至于输出，会生成带有JavaScript代码的HTML表
TreeView	<div><table>	TreeView控件返回一个div标记，其中根据内容包含多个table标记，JavaScript用户打开和关闭客户端上的树

ASP.NET 服务器控件具有大量属性，这些属性是绝大多数服务器控件都具有的，共分为 5 大类：布局、数据、外观、行为和杂项。

布局类属性包括与页面设置相关的属性，如 Layout 属性设置对象的浮动、换行、溢出等布局样式，Height 和 Width 属性设置页面尺寸。

数据属性包括与数据绑定相关的属性，如 DataSource 属性用于确定绑定的数据源。

外观类属性包括与控件外观相关的属性，如背景色、字体等。

行为类属性包括与控件运行时相关的属性，如 AutoPostBack 属性，设置服务器控件是否回发到服务器 Enable 属性设置该控件是显示还是隐藏， Enabled 属性设置控件是否可用。

杂项是特定控件具有的，如 Items 属性表示项集合，一般类似于 DropDownList、CheckBox 等具有多项的控件才有的属性。

13.4 验证控件

除了上述基本的 Web 服务器控件外，ASP.NET 还引入了更多的服务器控件。首先是验证控件，对输入内容的验证可以在服务器端执行和客户端执行。其中客户端验证使用 JavaScript 和动态 HTML 脚本，而服务器端验证可以使用任何基于 Microsoft .NET 的语言。

验证控件可以对用户在输入控件（如 TextBox 控件）中输入的内容进行验证，也可用于对必填字段进行检查，对照字符的特定值或模式进行测试，验证某个值是否在限定范围之内等。

表 13-3 中列出了常用的几种验证控件。

表 13-3　常用验证控件

控　件	说　明
RequiredFieldValidator	判断用户是否输入了内容
CompareValidator	将用户输入的内容与指定的内容进行比较
RangeValidator	判断用户输入的内容是否在某个规定的范围内
RegularExpressionValidator	判断用户输入的内容是否符合某种规定的格式
ValidationSummaryr	显示页面上所有验证控件的所有验证错误的摘要

下面是验证控件的示例。

1. RequiredFieldValidator 控件示例

【例 13-1】 在网页中使用 RequiredFieldValidator 验证控件，如果用户没有输入姓名或者密码，则给出相应的提示。

```
<asp:Label ID="Label1" runat="server" Text="姓名："></asp:Label>
    <asp:TextBox ID="TextBox1" runat="server"></asp:TextBox>
    <asp:RequiredFieldValidatorID="RequiredFieldValidator1"runat="server"
    ErrorMessage="请输入姓名！"
    ControlToValidate="TextBox1"></asp:RequiredFieldValidator>
<asp:Label ID="Label2" runat="server" Text="密码："></asp:Label>
<asp:TextBox ID="TextBox2" runat="server" style="margin-left: 6px"></asp:TextBox>
<asp:RequiredFieldValidator ID="RequiredFieldValidator2" runat="server"
    ControlToValidate="TextBox2" ErrorMessage="请输入密码！">
</asp:RequiredFieldValidator>
<asp:Button ID="Button1" runat="server" onclick="Button1_Click" Text="确定" />
```

上面的代码主要是验证控件的相关部分。ControlToValidate 属性值为要验证的输入内容控件的 ID 号；ErrorMessage 属性值为没有输入内容时所提示的信息，运行结果如图 13-4 所示。

图 13-4 例 13-1 程序运行结果

2. CompareValidator 控件示例

【例 13-2】 使用 CompareValidator 验证控件，如果用户两次输入的姓名不一致，则给出提示。

```
<asp:Label ID="Label1" runat="server" Text="输入姓名："></asp:Label>
<asp:TextBox ID="TextBox1" runat="server" ></asp:TextBox>
<asp:Label ID="Label2" runat="server" Text="再次输入："></asp:Label>
<asp:TextBox ID="TextBox2" runat="server" ></asp:TextBox>
<asp:CompareValidator ID="CompareValidator1" runat="server"
    ControlToCompare="TextBox1"  ControlToValidate="TextBox2"
    ErrorMessage="两次姓名输入不一致"></asp:CompareValidator> />
<asp:Button ID="Button1" runat="server" onclick="Button1_Click" Text="确定" />
```

ControlToValidate 属性值为要验证的控件 ID 号；ControlToCompare 属性值为要比较的控件 ID 号；ErrorMessage 属性值为没有输入内容时所提示的信息。另外，该验证控件还有 ValueToCompare 属性，可以与某个常数值比较，运行结果如图 13-5 所示。

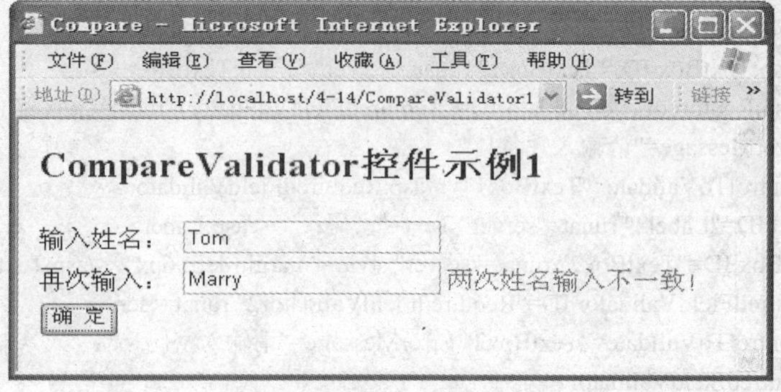

图 13-5 例 13-2 程序运行结果

3．RangeValidator 控件示例

【例 13-3】 使用 RangeValidator 验证控件，如果用户输入的年龄范围不正确，或者是输入的字符不在范围内，或者输入的日期不在范围内均能给出对应的提示。

```
<asp:Label ID="Label1" runat="server" Text="输入年龄："></asp:Label>
<asp:TextBox ID="TextBox1" runat="server"></asp:TextBox>
<asp:RangeValidator ID="RangeValidator1" runat="server"
    ControlToValidate="TextBox1" ErrorMessage="请输入 0 到 100 之间的整数"
    MaximumValue="100"   MinimumValue="0" Type="Integer"></asp:RangeValidator>
<br />
<asp:Label ID="Label2" runat="server" Text="输入字符："></asp:Label>
<asp:TextBox ID="TextBox2" runat="server"></asp:TextBox>
<asp:RangeValidator ID="RangeValidator2" runat="server"
    ControlToValidate="TextBox2" ErrorMessage=""请输入 a 到 z 之间的小写字母"
    MaximumValue="z" MinimumValue="a"></asp:RangeValidator>
<br />
<asp:Label ID="Label3" runat="server" Text="输入日期："></asp:Label>
<asp:TextBox ID="TextBox3" runat="server" Width="143px"></asp:TextBox>
<asp:RangeValidator ID="RangeValidator3" runat="server"
    ControlToValidate="TextBox3" ErrorMessage="RangeValidator"
     MaximumValue="2010-01-01" MinimumValue="2009-01-01"
     Type="Date"></asp:RangeValidator>
<asp:Button ID="Button1" runat="server" onclick="Button1_Click" Text="确定" />
```

ControlToValidate 属性值为要验证的输入内容控件的 ID；Type 属性指定数据类型，包括整型、小数型、字符型、日期型等；ErrorMessage 属性值为提示的信息，运行结果如图 13-6 所示。

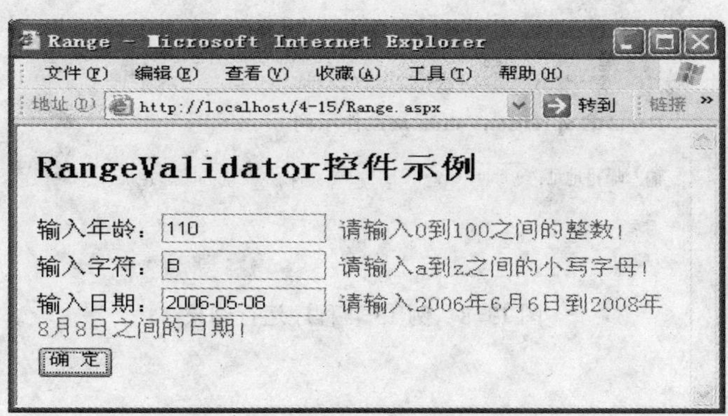

图 13-6 例 13-3 程序运行结果

4．RegularExpressionValidator 控件示例

【例 13-4】 使用 RegularExpressionValidator 验证控件，如果用户输入的邮箱地址格式不正确，则给出提示。

```
<asp:Label ID="Label1" runat="server" Text="输入邮箱地址："></asp:Label>
        <asp:TextBox ID="TextBox1" runat="server" ></asp:TextBox>
        <asp:RegularExpressionValidator ID="RegularExpressionValidator1"
          runat="server"  ControlToValidate="TextBox1"  ErrorMessage="请输入正确的邮箱地址"
ValidationExpression="\w+([-+.']\w+)*@\w+([-.]\w+)*\.\w+([-.]\w+)*"></asp:RegularExpressionValidator>
      <asp:Button ID="Button1" runat="server" onclick="Button1_Click" Text="确定" />
```

ControlToValidate 属性值为要验证的输入内容控件的 ID 号；ErrorMessage 属性值为没有输入内容时所提示的信息。其中 ValidationExpression 是正则表达式，可以直接在编辑中选择。在 RegularExpressionValidator 控件上单击右键，找到 ValidationExpression 属性，单击该属性后面的按钮，弹出如图 13-7 所示的对话框，找到需要的正则表达式。

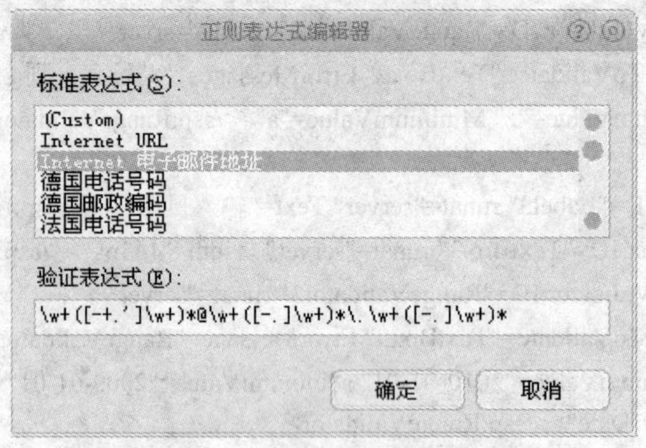

图 13-7　正则表达式编辑器

运行结果如图 13-8 所示。

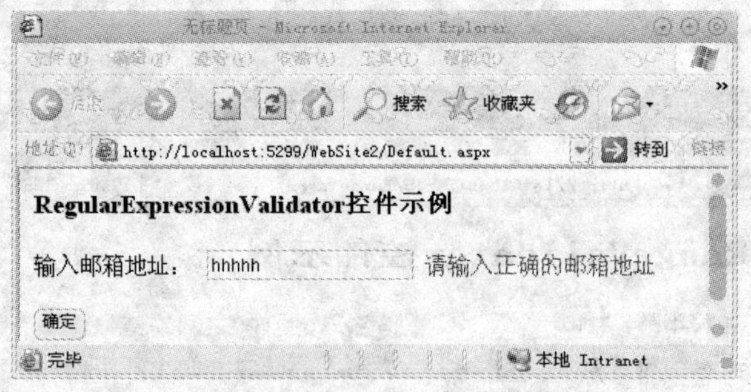

图 13-8　例 13-4 程序运行结果

13.5　用户控件

ASP.NET 用户控件（User Control）作为 ASP.NET 网页创建的控件，可以嵌入到其他 ASP.NET 网页中，这是一种创建工具栏和其他可重用元素的捷径。用户控件实际上是被转换成控件的 ASP.NET 页面，文件扩展名为.ascx。它与 Web 窗体类似，可以使用任何文本编辑器编写这些控件，或者使用代码隐藏类开发它们。但与 Web 窗体不同的是，客户端不能单独请求用户控件，它必须被包含在 Web 页中才能正常运行。

编写用户控件时，先在解决方案资源管理器的右键弹出菜单中，选择“添加”子菜单项中的“添加 Web 用户控件”，然后在生成的*.ascx 页面中按照普通 Web 页面进行设计。只需要把创建好的用户控件拖拽进入普通的页面（.aspx）即可使用，添加的用户控件如图 13-9 所示。

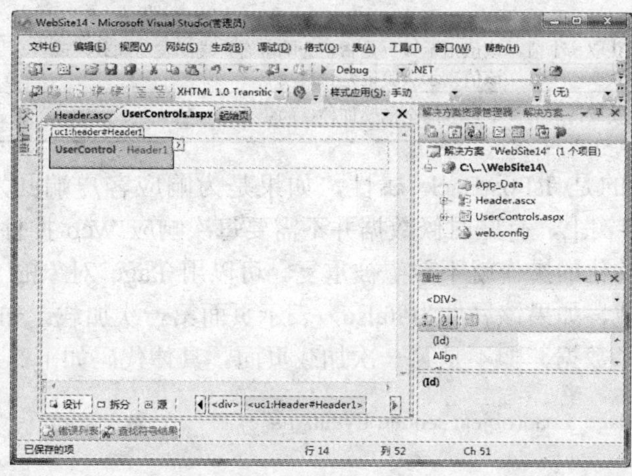

图 13-9 添加用户控件

13.6 内置对象

ASP.NET 提供了大量的内置对象，通过调用这些对象的方法可以实现丰富的功能，开发人员可以更加自由和灵活地编写程序。这些内置对象可以通过 Web 窗体页的相关属性访问，多数的内置对象是通过具有 HTTP 前缀的框架类实现的，如 Request 对象是由 System.Web.HttpRequest 类实现的。常用的内置对象包括 Page、Request、Response、Server、Cookie、Session 和 Application 等，它们各自的功能如表 13-4 所示。

表 13-4 常用内部对象及其功能

对　象	功　能
Page对象	对ASP.NET页面相关的内容进行处理
Request对象	获取客户端及服务器端的相关信息
Response对象	将 HTTP 响应数据及有关该响应的信息发送到客户端
Session对象	为客户的会话存储信息
Server对象	获取服务器的相关信息的对象
Cookie对象	存储与客户和网站相关的信息
Application对象	保存应用程序需多次访问的信息或Web服务的实例

下面对常用内置对象的功能、属性等进行讲述。

1. Page 对象

Page 对象由 System.Web.UI.Page 类实现，类中包含了用于所有 ASP.NET 页面的方法和属性，如表 13-5 所示。

表 13-5 Page 对象的常用属性

属　性	说　明
IsPostBack	获取一个值，该值指示该页是否正为响应客户端回发而加载，或者它是否正被首次加载和访问
IsValid	获取一个值，该值指示页验证是否成功
Validators	获取请求的页上包含的全部验证控件的集合

其中，最为常用的是 IsPostBack 属性，如果是为响应客户端回发而加载该页，则为 true；否则为 false。事实上，有些时候数据并不需要每次响应 Web 控件回传事件的时候都重新加载，比如页面初始化的操作就不希望被重复。可以用 Page 对象的 IsPostBack 属性，判断页面是否第一次加载，如果该属性为 false，表示页面第一次加载；如果为 true，表示客户端已经向服务器发回了数据，即不是第一次加载页面。具体代码如下。

```
protected void Page_Load(object sender, EventArgs e)
{
        if (!IsPostBack)
        {
                //仅在页面第一次加载时，执行初始化操作
        }
}
```

2. Request 对象

Request 对象是用来获取客户端的信息，可以收集客户端的 Form、Cookies、超链接或者收集服务器端的环境变量。当某人打开 Web 浏览器，并向某站点请求 Web 页的时候，该站点的 Web 服务器就接收到 HTTP 请求，所有这些信息都可以利用 Request 对象中提供的方法得到。Request 对象常用属性如表 13-6 所示。

表 13-6 Request 对象的常用属性

属　性	说　明
Form	获取Web表单<form>标记的字段内容
QueryString	利用URL传递参数，并获取参数的内容
ServerVaiables	获取服务器端或客户端的系统信息
Browser	获取客户端浏览器信息，如版本号等
Cookies	获取客户端浏览器的Cookies信息
ClientCertificate	获取客户端的安全证书

Request 对象获取各种客户端信息的方法非常类似。下面主要分析常用的客户端信息。

首先是通过 URL，获取页面跳转时传递的内容，利用 QueryString 属性的语法如下。

```
Request.QueryString["字段名称"];
```

另外，利用 Request 对象的 ServerVariables 属性可以方便地获取服务器环境变量的内

容，其语法如下。

```
Request.ServerVariables["环境变量名称"];
```

表 13-7 是常用的服务器环境变量列表。

表 13-7　常用环境变量列表

环境变量名称	说　明
ALL_HTTP	传送给客户端浏览器的HTTP标题内容
APPL_RAW	所有传送给客户端浏览器的原始信息
APPL_MD_PATH	Web应用程序的相对路径
APPL_PHTSICAL_PATH	Web应用程序的物理路径
AUTH_PASSWORD	客户认证信息的密码
AUTH_USER	客户认证的用户账号信息
AUTH_TYPE	当客户访问被保护的脚本时，判断该客户是否合法
CONTENT_LENGTH	发送到客户端的文件长度
CONTENT_TYPE	发送到客户端的文件类型
GATEWAY_INTERFACE	服务器端的CGI版本
HTTP_ACCEPT_LANGUAGE	服务器端允许使用的语系
HTTP_CONNECTION	服务器端的联机状态
HTTP_HOST	服务器的主机别名
HTTP_USER_AGENT	服务器端所使用的Cookie
HTTP_ACCEPT_ENCODING	服务器端允许使用的编码方式
LOCAL_ADDR	服务器端的IP地址
LOGON_USER	当用户以Windows NT登录时，所记录的客户端信息
QUERY_STRING	使用URL所传递的参数数据
REMOTE_ADDR	客户端IP地址
REMOTE_HOST	客户端主机名称
REQUEST_METHOD	传送Web表单数据的方式，可以是GET或POST
SCRIPT_NAME	当前ASP.NET文件的相对路径与文件名称
SERVER_NAME	服务器端的IP地址或名称
SERVER_PORT	用HTTP做数据请求时，所用到的服务器端的端口号
SERVER_PROTOCOL	服务器端所使用的通信协议
SERVER_SOFTWARE	服务器端所使用的软件、版本和名称
URL	URL的相对网址

利用 Request 对象的 Browser 属性来获取客户端浏览器的属性值，主要原因是用户使用不同的浏览器对同一网页进行浏览时，可能会产生不同的结果，这样就需要针对浏览器编写不同的 Web 文件，首先就需要获取浏览器属性，可以通过 Browser 属性达到目的，其语法规则如下。

```
Requst.Browser["浏览器属性名称"];
```

表 13-8 是浏览器常用属性列表。

表 13-8 浏览器常用属性

属 性	说 明
Type	客户端浏览器的名称和主（整数）版本号
BackgroundSounds	客户端浏览器是否支持背景声音
Browser	客户端浏览器的名称
Version	客户端浏览器的完整（整数和小数）版本号
MajorVersion	客户端浏览器的主（整数）版本号
MinorVersion	客户端浏览器的次（小数）版本号
Platform	客户端使用平台的名称
Frames	客户端浏览器是否支持 HTML 框架
Tables	客户端浏览器是否支持 HTML 框架
Cookies	客户端浏览器是否支持Cookies
ClrVersion	客户端安装的.NET公共语言运行库的版本号
JaveApplets	客户端浏览器是否支持java小程序
JaveScript	客户端浏览器是否支持javascript
ActiveXControls	客户端浏览器是否支持ActiveX控件
Win16	客户端是否为基于 Win16 的计算机
Win32	客户端是否为基于 Win32 的计算机

3. Response 对象

在 ASP.NET 中，Response 对象的作用和 Request 对象的作用可以认为是相反的。Response 对象用于动态响应客户端请求，并将动态生成的响应结果返回到客户端浏览器中。表 13-9 是常用的 Response 对象的属性。

表 13-9 Response 对象的常用属性

属 性	说 明
Buffer	获取或设置一个值，该值指示是否缓冲输出，并在完成处理整个响应之后将其发送
BufferOutput	获取或设置一个值，该值指示是否缓冲输出，并在完成处理整个页之后将其发送
Cache	获取Web页的缓存策略（过期时间、保密性、变化子句）
Charset	获取或设置输出流的HTTP字符集
ContentType	获取或设置输出流的HTTP MIME类型
Cookies	获取响应Cookie集合（关于Cookie将在本章的后面详细介绍）

另外，Response 对象最常用的方法是 Write 方法和 Redirect 方法。Write 方法可以在客户端输出信息，其语法规则如下。

```
Response.Write(变量数据或字符串);
```

比如用 Response 对象的 Write 方法向浏览器输出时间：

```
Response.Write(DataTime.now.ToString());
```

Redirect 方法用于将客户端重新定向到新的 URL，语法规则如下。

```
Response.Redirect(目标页面);
```

某些情况下，页面跳转的同时需要在页面间传递值信息。Response 对象和 Request 对象可以结合使用。

发送页面　url="Target.aspx?name="+TextBox1.Text;
　　　　　Response.Redirect(url);
接收页面　Label1.Text=Request.QueryString["name"];

【例 13-5】 进行跨页面传值，在发送页面使用问号（"?"）进行传值，接收页面使用 Request.QueryString 进行取值。

选择"文件"→"新建网站"对象框，创建一个新的网站。在默认页面添加一个 Label 控件，修改其 Text 属性为"用户名"，再添加一个 TextBox 控件和一个 Button 按钮控件，设置按钮控件的 Text 属性为"跳转到新页面"，完成后界面如图 13-10 所示。

图 13-10　界面

选择"网站"→"添加新项"，创建一个 Default2.aspx 页面，并添加一个 Label 控件用于显示接收的内容，希望能把用户输入的名字在新的页面上显示，代码如下。

```
11Refault.aspx.cs
protected void Button1_Click(object sender, EventArgs e)
{
    string name = TextBox1.Text;
    Response.Redirect("Default2.aspx?name=" + name);
}
```

```
Refault2.aspx.cs
protected void Page_Load(object sender, EventArgs e)
{
    Label1.Text = Request.QueryString["name"] + "欢迎您";
}
```

将 Default.aspx 上单击鼠标右键，选择"设为起始页"，以确保首先运行这个页面，结果如图 13-11 所示。

图 13-11　Default 页面

点击"跳转到新页面"按钮，显示如图 13-12 结果。

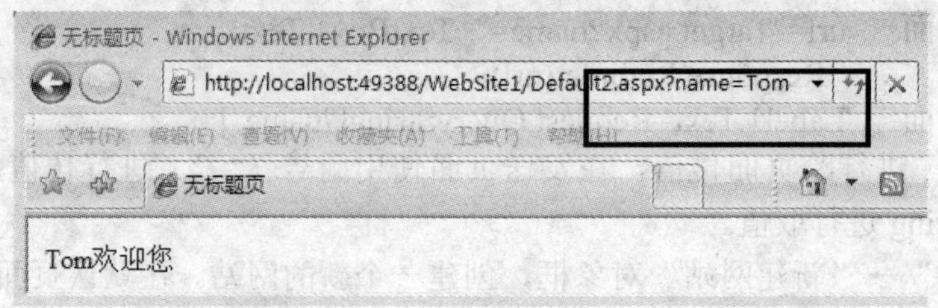

图 13-12　例 13-5 运行结果

4. Session 对象

页面间传递值信息除了使用上述两个对象外，还可以用 Session 对象。Session 对象是用来记载一次会话中的客户的信息。客户对某一网站的一次访问称为一个会话，ASP.NET 应用程序为每个用户维护一个 Session 对象，在对这个网站的此次访问中，从一个页面转移到另一个页面时，存储在 Session 中的信息都将被保存。表 13-10 描述的是 Session 对象常用属性。

表 13-10　Session 对象的常用属性

属　性	说　明
SessionID	用于标识会话的唯一ID
TimeOut	会话状态下Session对象的保存时间，默认值为20min

利用 Session 对象可以方便地记录客户的信息，该信息可以是变量或字符串信息，其语法规范如下。

```
Session["Session 名称"]=变量|常量|字符串|表达式;
```

在第一次给 Session 赋值时，就自动创建了一个 Session 对象；以后如果再对该 Session 对象赋值，就是修改其中的值了；如果读取一个不存在的 Session，将会返回空。具体的使用方法如下。

发送页面　Session["name"]=TextBox1.Text;
　　　　　Response.Redirect("Target.aspx");
接收页面　Label1.Text=Session["name"].ToString();

需要注意的是，当客户在 20min 内没有访问服务器时，会话结束，即保存了该用户信息的 Session 对象会失效。

【例 13-6】 使用 Session 对象进行跨页面传值，再次按照图 13-10 设计页面，使用 Session 对象实现同样的跨页面传值功能，代码如下所示。

```
protected void Button1_Click(object sender, EventArgs e)
{
    Session["name"] = TextBox1.Text;
    Response.Redirect("Default2.aspx?name=" );
}
```

```
protected void Page_Load(object sender, EventArgs e)
{
    Label1.Text = Session["name"].ToString() + "欢迎您";
}
```

将 Default.aspx 设为起始页，结果如图 13-13 所示。

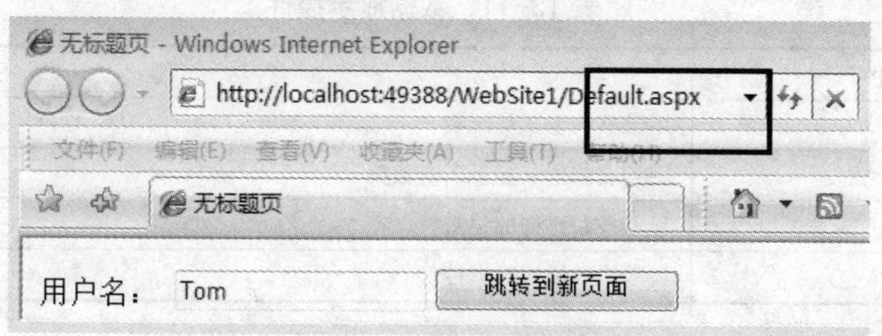

图 13-13 Default 页面

单击“跳转到新页面”按钮，结果如图 13-14 所示。

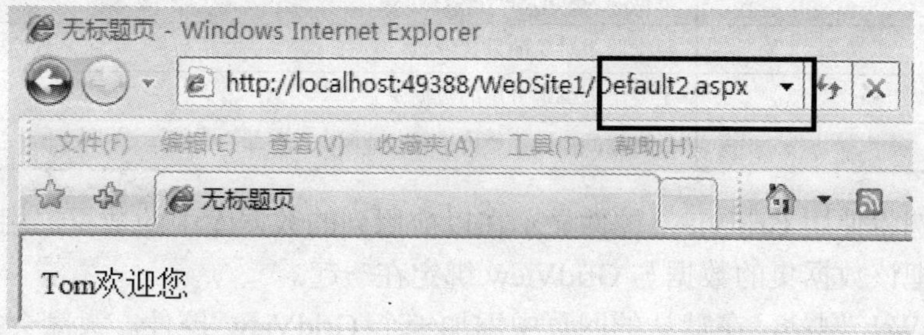

图 13-14 例 13-6 运行结果

两种页面传值方法是有所不同的，对比图 13-12 和图 13-14 的结果，发现用 Response 对象跳转页面的时候发现要传递的信息显示在地址栏上（观察图 13-12），这可能不是用户希望看到的情景。Session 传值就不会发生这种情况（观察图 13-14）。

5．Application 对象

很多网站上都有留言版功能，大家能够发言，同时能看到其他人的发言。实现这个功能就需要使用 Application 对象。使用 Application 对象进行信息存储的方法和使用 Session 对象非常类似，二者的主要区别是 Application 对象是一个公有变量，允许多个用户对它进行访问。Application 对象的生命周期是与 IIS 服务器同步的，所以重启 IIS 服务器或计算机后，原来的 Application 对象中的所有内容都会消失；也可以使用 Application 对象的 Clear 方法来清除 Application 对象中的所有内容。

利用 Application 对象，可以产生一个全部 Web 应用程序都可以存取的变量，其语法规范如下。

```
Application[“Application 名称”]=变量|常量|字符串|表达式;
```

13.7 使用 ADO.NET 显示数据库信息

在前面章节中描述了如何在控制台应用程序和 Windows 窗体中显示数据库的数据，现在尝试在 Web 窗体上显示数据。工具箱中提供一个独立的 Data 区域，表示数据控件。数据控件分为两种类型：数据显示控件和数据源控件。数据显示控件，顾名思义是用来显示数据的，不同的数据显示控件表示不同的数据显示形式，具体如表 13-11 所示。而数据源控件用于连接数据源，表 13-12 是常用数据源控件。

表 13-11　数据显示控件

控　件	功　能
GridView	用表格的形式显示数
DataList	用列表的形式显示所有数据
DatatailsView	显示一条详细的记录行
Repeater	最基本的模板数据控件

表 13-12　数据源控件

控　件	功　能
SqlDataSource	数据源为SQL Server数据库
ObjectDataSource	数据源用对象的方式表达
XmlDataSource	主要用来绑定分层的数据
SiteMapDataSource	该数据源控件主要用于导航地图

下面的示例将使用 GridView 控件显示在以前用到的数据库中的数据。用 DataSet 数据集读取数据，并把该数据集的数据与 GridView 绑定在一起。

创建一个 Web 网站，在默认的网页中添加一个 GridView 控件。大家会发现这个数据显示控件外观单调，可以单击 GridView 控件上的小箭头，弹出“GridView 任务”菜单项，再选择“自动套用格式”，这样就可以选择喜欢的样式了。本示例选的是“沙滩和天空”样式，效果如图 13-15 所示。

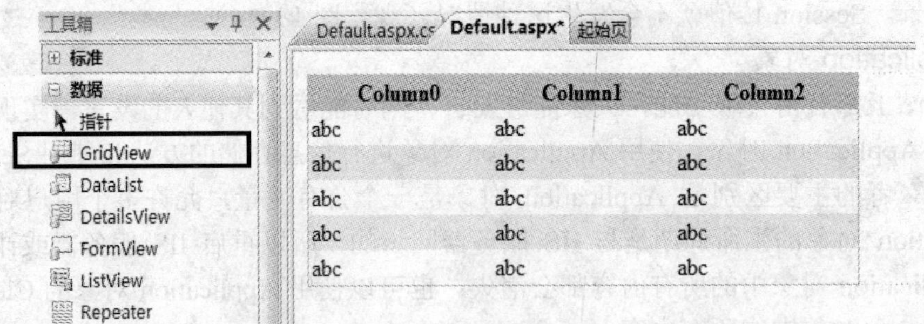

图 13-15　GridView 样式

可以找到前面章节中 DataSet 读取数据的方法，并将返回的数据集与 GridView 控件绑定在一起，即将数据集赋给控件的 Source 属性。

【例 13-7】 在网页中，使用 DataSet 对象显示数据库数据，代码如下。

```
protected void Page_Load(object sender, EventArgs e)
{
    //连接数据源
```

```
        string thisStr = @"Data Source = .\SQLexpress;Initial Catalog = Training;Integrated  Security =
                                                    True ";
        SqlConnection thisConnect = new SqlConnection(thisStr);
        //创建 SqlDataAdapter 对象
        string sqlStr = "select * From Task";
        SqlDataAdapter thisAdapter = new SqlDataAdapter(sqlStr, thisConnect);
        //创建填充数据
        DataSet thisDataset = new DataSet();
        thisAdapter.Fill(thisDataset, "newTable");
        //关闭连接
        thisConnect.Close();

        GridView1.DataSource = thisDataset;
        GridView1.DataMember = "newTable";
        GridView1.DataBind();
    }
```

注意：数据集对象 thisDataSet 充当了 GridView 控件的数据源，赋给控件的 Source 属性；GridView 控件的 Datamember 属性指定数据绑定的数据表，需要将数据集中的“newTable”表对象赋给它； DataBind()方法表示将数据源绑定到 GridView 控件上。

启动页面，会发现所有数据显示在一个很漂亮的表中，如图 13-16 所示。

id	taskName	createTime	taskStatus	userID
31	变形金刚	2007/8/14 9:33:00	0	1
24	西雅图夜未眠	2007/8/12 15:56:19	1	1
4	一条叫旺达的鱼	2007/8/2 14:55:23	1	1
19	一二三四五六七八九十	2007/8/9 11:18:09	0	1
6	测试小例子	2007/8/2 16:24:27	0	0
23	导火线	2007/8/12 15:04:04	1	1
25	电子情书	2007/8/13 16:59:00	0	1
32	搏击俱乐部	2007/8/14 9:43:19	0	1

图 13-16　例 13-7 程序运行结果

数据绑定控件与前一章中使用 ADO.NET 处理数据记录的方法相结合，同样可以实现数据的添加、更新和删除，具体请参见本章后面的综合项目。

13.8　使用 AJAX

在.NET Framework 3.5 中，添加的最吸引人的新技术就是 AJAX。AJAX(Asynchrono us JavaScript and XML)是多种技术的综合，它使用 XHTML 和 CSS 标准化呈现，使用 DOM 实现动态显示和交互，使用 XML 和 XSTL 进行数据交换与处理，使用 XMLHttpRequest 对象进行异步数据读取，使用 Javascript 绑定和处理所有数据。更重要的是，它打破了使用页面重载的惯例技术组合，可以说 AJAX 已成为 Web 开发的重要武器。

AJAX 的优势明显，首先，可以局部刷新页面。通常希望修改什么地方就刷新什么地方，但是以往的页面达不到这个要求。比如，希望在页面上显示当前时间，但是这个过程的本质是要每隔一秒钟刷新一次页面显示新的时间，这样每秒页面闪烁一次，没有用户会喜欢这样的效果。这是一个比较极端的例子，在以往的 ASP.NET 中会有一定的解决方法，但是需要程序员做大量的工作。AJAX 的出现，可以极快地解决这个问题，局部刷新让页面整体似乎没有变化，例 13-8 就是对这个例子的简单实现。AJAX 的第二个优势是页面处理速度快，运行比较流畅。因为页面可以做到局部刷新，使用者的感觉自然就是运行流畅。

使用 VS 2008 创建一个网站项目，即可在这个网站中使用 AJAX 功能，不需要做其他额外工作。下面的例子就来演示使用 AJAX 页面效果的差别。

【例 13-8】 在网页上显示系统当前时间。使用传统和 AJAX 控件分别完成同样功能，比较 AJAX 控件所带来的页面效果。

传统的做法，在网站的页面中拖入一个 Label 控件和一个 Button 控件，并在 Button 控件的 Click 事件中写入如下代码。

```
protected void Button1_Click(object sender, EventArgs e)
{
    Label2.Text = DateTime.Now.ToString();
}
```

每次单击按钮 Label1 控件中显示了系统当前时间，并且刷新整个页面。

使用 AJAX 的方法，从工具箱中拖入一个 ScriptManager 控件（或双击），此控件位于 AJAX Extensions 下。然后拖入一个 UpdatePanel 控件，在其中放入一个新的 Label 和一个 Button 控件，如图 13-17 所示。

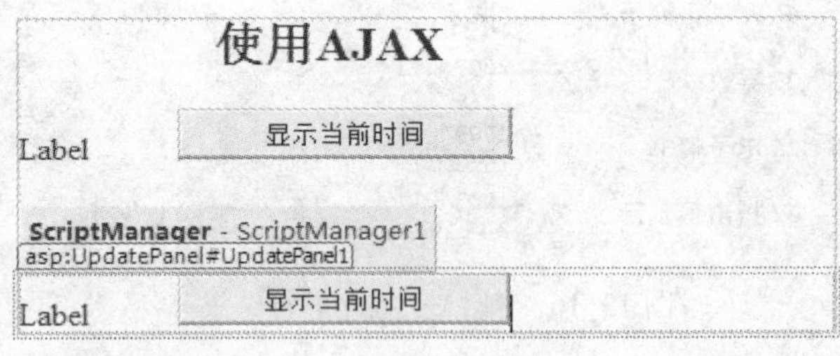

图 13-17 页面设计

```
<asp:Label ID="Label1" runat="server" Text="Label"></asp:Label>
<asp:Button ID="Button1" runat="server" onclick="Button1_Click" Text="显示当前时间" />
<br />
<asp:ScriptManager ID="ScriptManager1" runat="server">
    </asp:ScriptManager>
<asp:UpdatePanel ID="UpdatePanel1" runat="server">
```

```
<ContentTemplate>
    <asp:Label ID="Label2" runat="server" Text="Label"></asp:Label>
    <asp:Button ID="Button2" runat="server" onclick="Button2_Click" Text="显示当前时间"/>
</ContentTemplate>
</asp:UpdatePanel>
```

注意：ScriptManager 在页面中最多有一个，且其他 AJAX 的控件都需要出现在其后边。

双击 UpdatePanel 控件中的 Button2，在 Button2 控件的 Click 事件中同样显示系统时间。写入如下代码。

```
protected void Button2_Click(object sender, EventArgs e)
{
    Label2.Text = DateTime.Now.ToString();
}
```

运行网页，点击两个按钮，会发现运行效果明显不同。单击上方的按钮，Label1 中时间变化，同时整个页面刷新，每单击一次页面刷新一次；单击下方的按钮，Label2 中时间变化，但整个页面没有刷新。

使用 AJAX，执行了后台代码，但只进行了局部刷新，整个页面没有变化，AJAX 的局部刷新就是 UpdatePanel 内的局部。

13.9 小结

本章学习了 ASP.NET 的体系结构、编译方法以及服务器控件的用法，同时介绍了 ASP.NET 的 7 个内置对象，在网页上显示数据库数据的方法，以及 AJAX 技术。

通过本章的学习，读者应该掌握以下内容

- ASP.NET 的编译机制
- 用 ASP.NET 创建 Web 页面
- 能够使用各种服务器控件
- 如何使用验证控件
- 如何创建用户控件
- 了解 ASP.NET 内置对象的作用
- 如何使用 SGridView 控件显示数据库中的值
- 使用 AJAX

13.10 习题

一、选择题

1．下列标记不属于 HTML 文档的基本结构的是（　　）。

A　<html>　　B　<body>　　C　<head>　　D　<form>

2．请问下面程序段执行完毕，页面上显示内容是（　　）。

Response.Write ("<a href='http://www.sina.com.cn'>新浪</a>")

A 新浪 B <a href='http://www.sina.com.cn'>新浪</a>

C a D 该句有错，无法正常输出

3．Session 对象的默认有效期为（ ）分钟。

A 10 B 15 C 20 D 应用程序从启动到结束

4．下面代码的执行后的结果为（ ）。

```
Application["a"]=Label1.Text;
Label2.Text=Application["a"];
```

A a B Label1.Text C 没有输出结果 D 有语法错误

5．下列说法正确的是（ ）。

A 页面上有动态的东西就是动态网页

B 静态网页内容固定，交互性能比动态网页差

C ASP、JSP 和 ASP.NET 技术都是把脚本语言嵌入到 HTML 文档中

D ASP.NET 程序和 ASP 程序一样都是解释执行

6．下面关于 HTML 的描述错误的是（ ）。

A 超文本标记语言，一种为 Internet 文档设计的标记语言

B 与操作系统平台的选择无关，只要有浏览器就可以运行 HTML 文档

C 所有的标记都是成对出现

D 由浏览器解释 HTML 标记符号并以它们指定的格式把相应的内容显示在屏幕上

7．下列关于 ASP.NET 的验证控件描述错误的是（ ）。

A 在客户端和服务器端都能进行验证

B 其客户端验证和服务器端验证对所有浏览器都适用

C 如果页面调用了多个验证控件，当有其中的一个验证未通过时，整个页面不会被通过验证

8．如果页面上有一个 DropDownList 控件，想要实现当用户对 DropDownList 控件中选项的选择发生变化时，就重新加载页面的功能，需要设置该控件的（ ）值为 true。

A AutoPostBack B Enabled C IsPostBack D Visible

9．如果需要确保用户输入大于 30 的值，应该使用（ ）验证控件。

A RequiredFieldValidator

B CompareValidator

C RangeValidator

D RegularExpressionValidator

10．下面的（ ）不是网页文件的后缀名。

A htm B aspx C asp D txt

二、填空题

1．列举 ASP.NET 中的 7 个内置对象：________、________、________、________、________、________、________。

2．URL 的中文意思是指________。

3．几乎所有的 HTML 标记都可以转化为 HTML Server 控件，只需要在标记中加入____________即可。

4．控件 TextBox 的 AutoPostBack 属性的作用是____________。

三、编程题

制作网站的时候，常常需要实现这样的功能：如果用户没有登录，就只能访问登录页面。请用两个网页来模拟上面的功能，其中一个页面为用户登录页面，在用户输入了特定的用户名和密码之后，将用户引导至第二个页面，并显示用户名；如果用户通过 URL 直接访问第二个页面的时候，将用户重定向到登录页面上。

13.11 综合实例项目——图书管理系统

13.11.1 项目分析

本项目是一个 B/S 架构的图书管理系统，主要应用了 ADO.NET 数据库技术和网站开发技术。运用了增、删、改、查这 4 项数据库程序中最常用的语句实现功能，运用了 ASP.NET 中的基本控件、用户控件和内置对象实现一个简单的网站。

该网站实现的功能。

1）用户登录：用户输入正确的用户名和密码后，登录到该系统。

2）图书借阅排行榜：按照图书借阅次数从多到少的顺序显示图书列表。

3）图书管理：可以增加、删除图书类型，或者修改图书类型信息。

13.11.2 项目设计

（1）登录页面

运行网站时，首先进入登录页面，用户输入用户名和密码，单击“确定”按钮，进行验证，通过则跳到首页；单击“关闭”按钮则退出登录。

登录流程如图 13-18 所示，页面设计如图 13-19 所示。

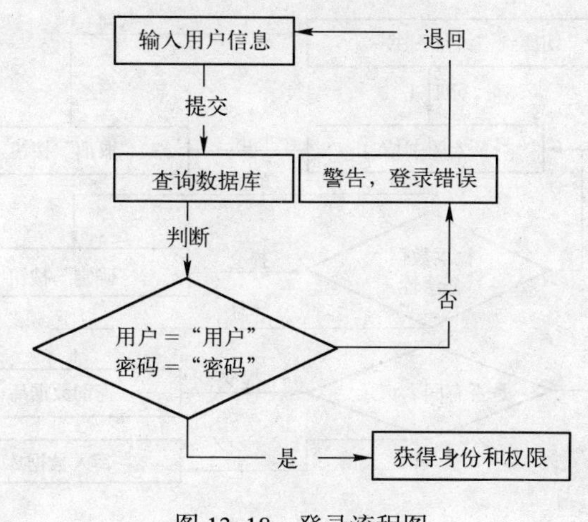

图 13-18　登录流程图

图 13-19　登录页面

（2）图书借阅排行榜页面

登录成功后，进入首页，按照借阅次数从多到少的顺序列出所有图书信息，如图 13-20 所示。

图书借阅排行榜　ReaderBorrowSort

排名	图书条形码	图书名称	图书类型	图书书架	出版社	作者	图书定价	借阅次数
	数据绑定	数据绑定	数据绑定	数据绑定	数据绑定	数据绑定	数据绑定	数据绑定
	数据绑定	数据绑定	数据绑定	数据绑定	数据绑定	数据绑定	数据绑定	数据绑定
	数据绑定	数据绑定	数据绑定	数据绑定	数据绑定	数据绑定	数据绑定	数据绑定
	数据绑定	数据绑定	数据绑定	数据绑定	数据绑定	数据绑定	数据绑定	数据绑定
	数据绑定	数据绑定	数据绑定	数据绑定	数据绑定	数据绑定	数据绑定	数据绑定

CopyRight © 2006 www.bcty365.com 图书馆管理系统

本站请使用IE6.0或以上版本 1024*768为最佳显示效果

图 13-20　图书借阅排行榜页面

（3）图书管理页面

图书管理主要实现添加、修改、删除图书类型 3 个基本功能。其流程如图 13-21 至图 13-23 所示，界面如图 13-24 至图 13-25 所示。其中，添加和修改使用同样的界面。

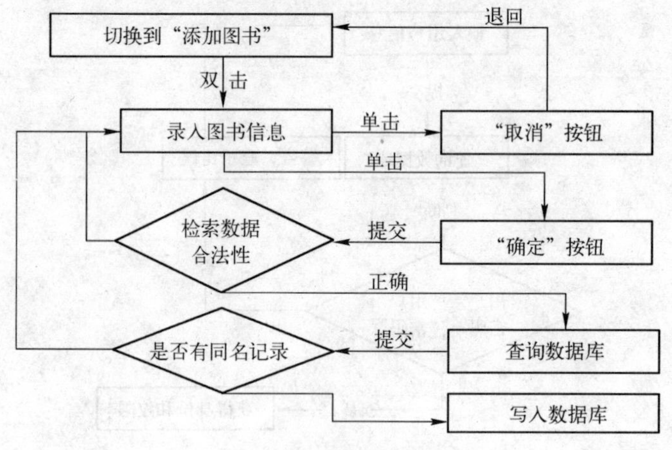

图 13-21　添加功能流程图

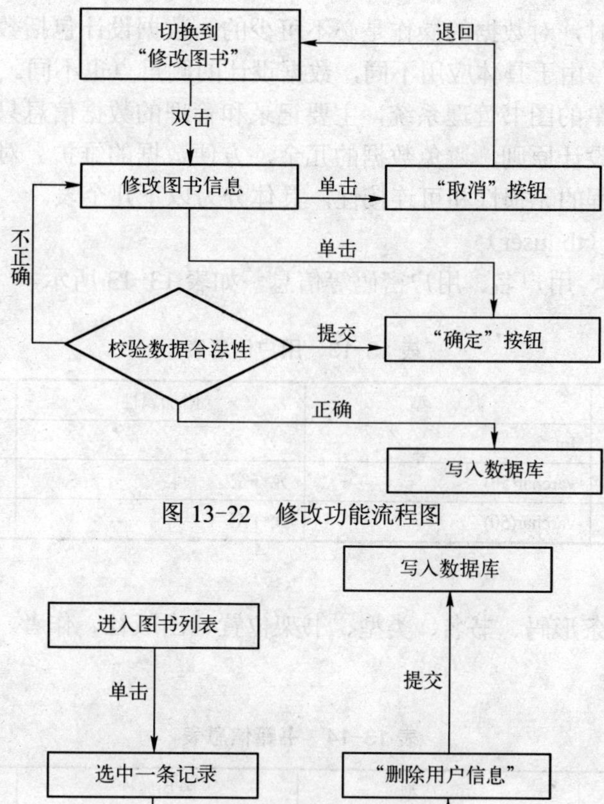

图 13-22　修改功能流程图

图 13-23　删除功能流程图

添加图书类型信息

图书类型名称	可借天数	修改	删除
数据绑定	数据绑定	修改	删除
数据绑定	数据绑定	修改	删除
数据绑定	数据绑定	修改	删除
数据绑定	数据绑定	修改	删除
数据绑定	数据绑定	修改	删除
数据绑定	数据绑定	修改	删除
数据绑定	数据绑定	修改	删除
数据绑定	数据绑定	修改	删除
数据绑定	数据绑定	修改	删除
数据绑定	数据绑定	修改	删除

图 13-24　图书管理页面

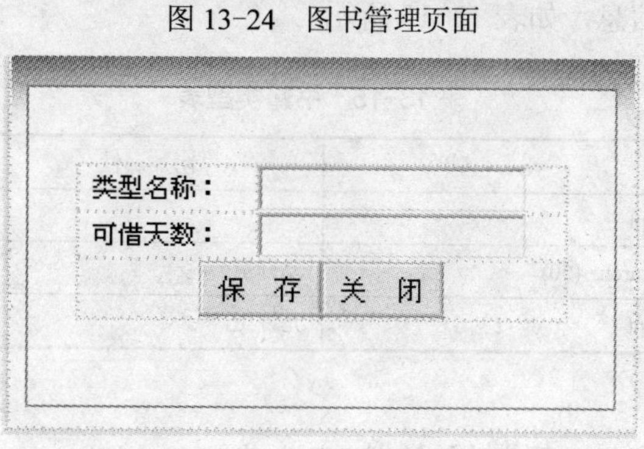

类型名称：

可借天数：

保　存　关　闭

图 13-25　添加(修改)页面

在开发信息系统时，对数据的操作是必不可少的，数据设计包括数据库设计，数据文件设计和数据结构设计。由于具体应用不同，数据设计的侧重点也不同。

这是一个比较简单的图书管理系统，主要记录和管理的数据信息只有书籍信息和读者信息。根据数据库表的设计原则，避免数据的冗余，方便数据的维护。对大部分表可以进行分解，但要注意分解过程的无损性和可连接性，具体分为以下几个表。

（1）用户信息表（tb_user）

该表存储用户ID、用户名、用户密码等信息，如表13-13所示。

表13-13 用户信息表

字段名称	类　型	附加属性	备　注
userId	Int		标识
userName	varchar(50)	允许空	用户名
userPwd	varchar(50)	允许空	密码

（2）书籍信息表

该表存放书本的条形码、书名、类型、书架位置、出版社、作者、价格、借阅次数等数据，如表13-14所示。

表13-14 书籍信息表

字段名称	类　型	附加属性	备　注
bookBarCode	varchar(100)		图书条形码
bookName	varchar(100)	允许空	图书名
bookType	int	允许空	类型
Bookcase	int	允许空	书架位置
bookConcern	varchar(100)	允许空	出版社
Author	varchar(80)	允许空	作者
Price	money	允许空	价格
borrowSum	int	允许空	借阅次数

（3）书籍类型表（tb_bookType）

该表存放书籍类型信息，如表13-15所示。

表13-15 书籍类型表

字段名称	类　型	附加属性	备　注
typeID	int		图书类型编号
typeName	varchar(50)	允许空	类型名称
borrowDay	int	允许空	允许借阅天数

（4）书架位置表

该表存放书架位置信息，如表13-16所示。

表 13-16　书架位置表

字段名称	类　型	附加属性	备　注
bookcaseID	int	允许空	书架编号
bookcaseName	varchar(80)	允许空	书架位置

13.11.3　项目实现

在项目启动之前，可以使用提供的数据库备份文件。找到光盘下“数据库备份”文件夹下的“db_tsrj_Data.MDF”，准备附加到 SQL Server 2005 中，步骤如下。

第一步：选择“开始”→“程序”→“Microsoft SQL Server 2005”→“SQL Server Management Studio”项，进入到“连接到服务器”页面，如图 13-26 所示。

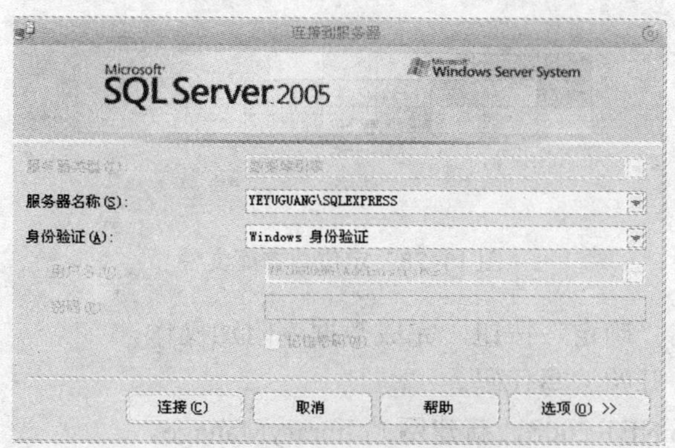

图 13-26　连接到服务器

第二步：在“服务器名称”下拉列表中选择 SQL Server 2005 服务器名称，然后单击“连接”按钮。

第三步：在“对象资源管理器”中右键单击“数据库”结点，在弹出的菜单中选择“附加”项，弹出“附加数据库”对话框，如图 13-27 所示。

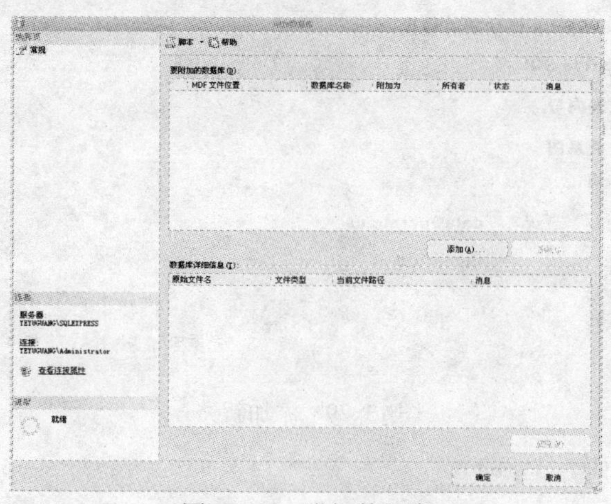

图 13-27　附加数据库

第四步：单击“添加”按钮，在弹出的“定位数据库文件”对话框中选择数据库文件路径，如图 13-28 所示。

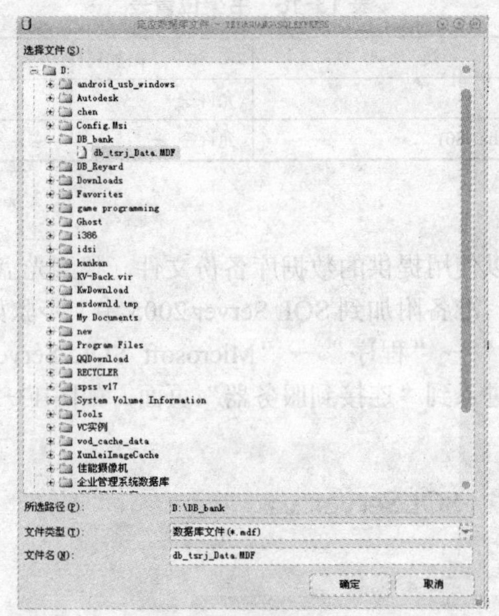

图 13-28　定位数据库文件

第五步：依次单击“确定”按钮，完成数据库附加操作。

数据库准备好后，开始编写代码。

打开 Visual Studuo.NET 2008，新建网站 libraryManage。

将连接数据库、数据库增、删、改、查等会反复调用的方法，放在一个单独的类中。在“App_Code”文件上单击右键，选择“添加新项”，在弹出的对话框中，选择“类”，同时修改类名为 dataOperate.cs，如图 13-29 所示。

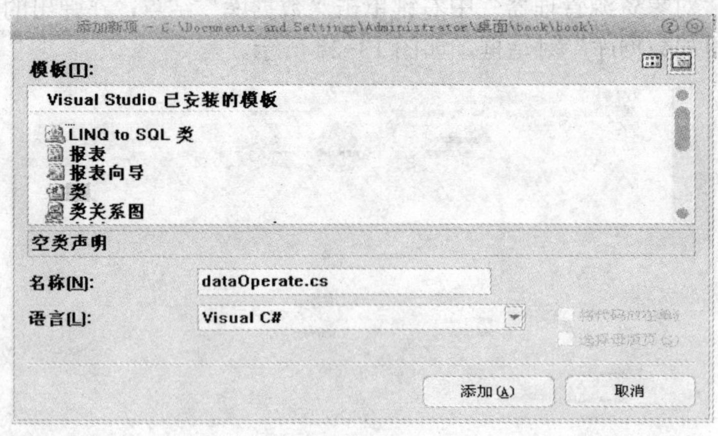

图 13-29　添加新类

在类中添加如下代码。

```
public class dataOperate
{
    static SqlConnection    con;
```

```
public dataOperate()
{           }
//执行数据库的添加删除更新操作
public static bool execSQL(string sql)
{
    SqlConnection con = createCon();
    con.Open();
    SqlCommand com = new SqlCommand(sql, con);
    try
    {
        com.ExecuteNonQuery();
        con.Close();
    }
    catch (Exception e)
    {
        con.Close();
        return false;
    }
    return true;
}
//查找记录是否存在
public static int seleSQL(string sql)
{
    SqlConnection con = createCon();
    con.Open();
    SqlCommand com = new SqlCommand(sql, con);
    try
    {
        return Convert.ToInt32(com.ExecuteScalar());
        con.Close();
    }
    catch (Exception e)
    {
        con.Close();
        return 0;
    }
}
//返回所有记录
public static DataSet getDataset(string sql, string table)
{
    SqlConnection con = createCon();
    con.Open();
    DataSet ds;

    SqlDataAdapter sda = new SqlDataAdapter(sql, con);
    ds = new DataSet();
    sda.Fill(ds, table);
```

```
        return ds;
    }
    //返回一条记录
    public static SqlDataReader getRow(string sql)
    {
        SqlConnection con = createCon();
        con.Open();
        SqlCommand com = new SqlCommand(sql, con);
        return com.ExecuteReader();
    }
    //返回连接字符串
    public static SqlConnection createCon()
    {
        con = new SqlConnection("data Source=.\\SQLEXPRESS;database=db_tsrj;Integrated
Security=True;");
        return con;
    }
}
```

修改默认网页名为 entry.aspx，其页面设计如图 13-19 所示，实现登录功能。具体代码如下。

```
public partial class entry : System.Web.UI.Page
{
    protected void Page_Load(object sender, EventArgs e)
    {
        if (!IsPostBack)
        {
            Session["userName"] = null;
        }
    }
    protected void btnEntry_Click(object sender, EventArgs e)
    {
        string userName = txtName.Text;
        string Pwd = txtPwd.Text;
        string sql="select * from tb_user where userName='"+userName+"' and userPwd='"+Pwd +"'";
        if (dataOperate.seleSQL(sql) > 0)
        {
            Session["userName"] = txtName.Text;
            Response.Redirect("index.aspx");
        }
        else
        {
            RegisterStartupScript("", "<script>alert('登录失败！ ')</script>");
        }
    }
}
```

1）创建一个新的页显示图书借阅排行榜。在网站上单击右键，选择“添加新项”，在弹出的对话框中选择“Web 窗体”，将名称修改为 index.aspx，如图 13-30 所示。

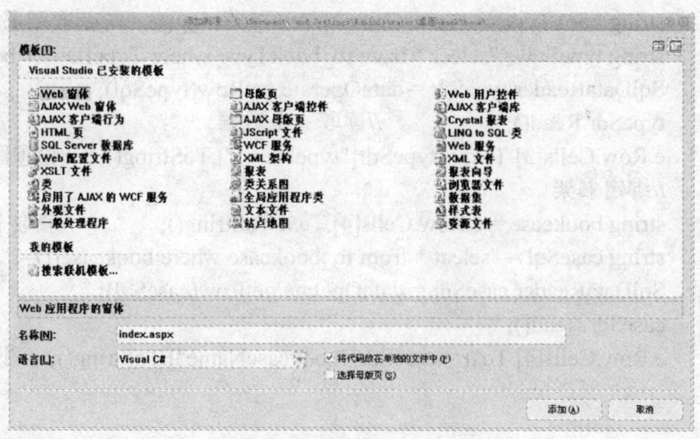

图 13-30　添加新窗体

按照图 13-20 进行页面设计，主要加上 GridView 控件，数据绑定代码如下。

```
public partial class index : System.Web.UI.Page
{
    protected void Page_Load(object sender, EventArgs e)
    {
        if (Session["userName"] != null)          //判断用户是否登录
        {
            bindBookInfo();                       //调用自定义方法用来绑定图书借阅排行
        }
        else
            Response.Redirect("entry.aspx");      //跳转到登录页面
    }
    protected void bindBookInfo()
    {
        //设置 SQL 语句
        string sql = "select top 10 * from tb_bookInfo order by borrowSum desc";
        //获取图书信息数据源
        gvBookTaxis.DataSource = dataOperate.getDataset(sql, "tb_bookInfo");
        //绑定 GridView 控件
        gvBookTaxis.DataBind();
    }
    protected void gvBookTaxis_RowDataBound(object sender, GridViewRowEventArgs e)
    {
        if (e.Row.RowIndex != -1)     //判断 GridView 控件中是否有值
        {
            int id = e.Row.RowIndex + 1;   //将当前行的索引加上一赋值给变量 id
            //将变量 id 的值传给 GridView 控件的每一行的单元格中
            e.Row.Cells[0].Text = id.ToString();
        }
```

```
            if (e.Row.RowType == DataControlRowType.DataRow)
            {
                //绑定图书类型
                string bookType = e.Row.Cells[3].Text.ToString();     //获取图书类型编号
                string typeSql = "select * from tb_bookType where TypeID=" + bookType;
                SqlDataReader typeSdr = dataOperate.getRow(typeSql);
                typeSdr.Read();             //读取一条数据
                e.Row.Cells[3].Text = typeSdr["typeName"].ToString();   //设置图书类型
                //绑定书架
                string bookcase = e.Row.Cells[4].Text.ToString();           //获取书架编号
                string caseSql = "select * from tb_bookcase where bookcaseID=" + bookcase;
                SqlDataReader caseSdr = dataOperate.getRow(caseSql);
                caseSdr.Read();
                e.Row.Cells[4].Text = caseSdr["bookcaseName"].ToString();   //设置书架
            }
        }
    }
```

2）实现图书管理功能，即添加、修改、删除图书类型。再次在网站上添加新的页面bookType，页面设计如图 13-24 所示，具体代码如下所示。

```
    public partial class bookType : System.Web.UI.Page
    {
        protected void Page_Load(object sender, EventArgs e)
        {
            if (Session["userName"] != null)                //判断管理员是否登录
            {
                bindBookType();
            }
            else
            {
                Response.Redirect("entry.aspx");              //返回到登录页面
            }
        }
        //自定义方法绑定图书类型信息
        public void bindBookType()
        {
            string sql = "select * from tb_bookType";
            gvBookType.DataSource = dataOperate.getDataset(sql, "tb_bookType");
            gvBookType.DataKeyNames = new string[] { "typeID" };
            gvBookType.DataBind();
        }

        protected void gvBookType_RowDeleting(object sender, GridViewDeleteEventArgs e)
        {
            string id = gvBookType.DataKeys[e.RowIndex].Value.ToString();
            string seSql = "select count(*) from tb_bookInfo where bookType=" + id;
            if (dataOperate.seleSQL(seSql) <=0)
```

```
            {
                string sql = "delete tb_bookType where typeID=" + id;
                dataOperate.execSQL(sql);
                bindBookType();
            }
            else
                RegisterStartupScript("", "<script>alert('不可以删除！ ')</script>");
        }
    }
}
```

3）当用户希望添加或者修改图书类型时，会跳到新的页面“addBookType.aspx”。在网站上添加一个新的页面 addBookType，页面设计如图 13-25 所示，具体代码如下。

```
public partial class addBookType : System.Web.UI.Page
{
    string id = "";
    protected void Page_Load(object sender, EventArgs e)
    {
        //获取对图书操作的方式
        id = Request.QueryString["bookTypeID"].ToString();
        if (!IsPostBack)                                    //判断是否是首次加载
        {
            //判断是否是添加操作
            if (id != "add")                                /
            {
                this.Title = "修改图书类型";
                string sql = "select * from tb_bookType where typeID=" + id;
                SqlDataReader sdr = dataOperate.getRow(sql);
                sdr.Read();
                txtTypeName.Text = sdr["typeName"].ToString();
                txtBorrowDay.Text = sdr["borrowDay"].ToString();
                sdr.Close();
            }
            else
                this.Title = "添加图书类型";
        }
    }
    protected void btnSave_Click(object sender, EventArgs e)
    {
        string typeName = txtTypeName.Text;
        string borrowDay = txtBorrowDay.Text;
        string sql = "";
        if (id == "add")
        {
            sql="insert into tb_bookType values('" + typeName + "','"+borrowDay+"')";
        }
```

```
            else
                sql="updatetb_bookTypesettypeName='"+typeName+
              "',borrowDay='"+borrowDay+"'where typeID=" + id;

            if (dataOperate.execSQL(sql))     //判断添加或修改是否成功
            {
                Response.Write("<script language=javascript>alert('保存成功！');
                 </script>");
            }
            else
                {
                RegisterStartupScript("", "<script>alert('保存失败！')</script>");
                }
        }
    }
```

具体实现请参见示例代码。登录系统的默认用户名：reyard，密码：300304。

参 考 文 献

[1] Christian Nagel，Bill Evjen，Jay Glynn. C#高级编程 [M]. 6 版. 北京：清华大学出版社，2008.

[2] karliWatson，ChristianNagel. C#入门经典 [M]. 4 版. 北京：清华大学出版社，2008.

[3] EvjenB，HanselmanS，RaderD. ASP.NET 3.5 高级编程 [M]. 5 版. 北京：清华大学出版社，2008.

[4] Mark Michaelis. C#本质论[M]. 北京：人民邮电出版社，2008.

[5] 李继攀，黄国平.Visual C#2008 开发技术实例详解[M]. 北京：电子工业出版社，2008.

[6] 刘丹妮，郭洪涛，陈明华，贾跃. ASP.NET2.0（C#）大学实用教程[M]. 北京：电子工业出版社，2009.

[7] 微软公司. http://msdn.microsoft.com/zh-cn/library/.2010.

[8] 李建华，刘玉生. Visual C# 2005 全程指南[M]. 北京：电子工业出版社，2008.

[9] 李乃文，傅游，沈学利，任建华. C#程序设计实践教程[M]. 北京：清华大学出版社，2007.

[10] 唐耀. C#程序设计实用教程[M]. 北京：中国水利水电出版社，2005.